高等教育规划教材

基于 Proteus 的计算机系统实验教程

——逻辑、组成原理、体系结构、微机接口

赖晓铮 编著

机械工业出版社

本书是"数字逻辑""计算机组成原理""计算机体系结构""微机接口"等课程的配套实验教材，系统介绍了数字逻辑基础，计算机的组成原理、体系结构及接口技术。全书分 4 章，共 22 个实验。第 1 章是基础的数字逻辑实验，包括触发器与寄存器、逻辑门与算术电路、组合逻辑电路、比较器和仲裁电路、时序逻辑电路；第 2 章是计算机组成原理实验，从状态机开始，依次论述了 CPU 主要组成部件（运算器、存储器、微程序控制器和硬布线控制器）的设计与使用；第 3 章是计算机体系结构实验，介绍了 3 种主流的 CPU 架构（微程序、硬布线、流水线），并且给出了堆栈及 CPU 嵌套中断的硬件实现方法；最后，第 4 章介绍了 8 种常用的微型计算机接口，并且分别与第 3 章中的微程序 CPU 一起，搭建一个完整的微型计算机最小系统。

本书内容全面，方法新颖：本书所有实验只涉及基本的数字逻辑器件，不需要学习 FPGA 及 EDA 设计的知识；本书所有实验可以在虚拟仿真工具——Proteus 上仿真进行，也适用于实验箱教学模式；本书所有实验都是开放式设计，鼓励学生自己动手设计 CPU 和计算机系统。

本书可作为高等院校计算机、软件及电子信息等专业本科生的实验教材，也可供计算机硬件爱好者、创客及工程技术人员参考使用。

图书在版编目(CIP)数据

基于 Proteus 的计算机系统实验教程：逻辑、组成原理、体系结构、微机接口/赖晓铮编著.—北京：机械工业出版社，2017.6

高等教育规划教材

ISBN 978-7-111-57043-1

Ⅰ.①基…　Ⅱ.①赖…　Ⅲ.①计算机系统 – 高等学校 – 教材
Ⅳ.①TP3

中国版本图书馆 CIP 数据核字（2017）第 129409 号

机械工业出版社（北京市百万庄大街 22 号　邮政编码　100037）
策划编辑：王海霞　　责任编辑：王海霞
责任校对：张艳霞　　责任印制：常天培

涿州市京南印刷厂印刷

2017 年 7 月第 1 版·第 1 次印刷
184 mm×260 mm·18.5 印张·449 千字
0001–3000 册
标准书号：ISBN 978-7-111-57043-1
定价：49.00 元

出 版 说 明

当前，我国正处在加快转变经济发展方式、推动产业转型升级的关键时期。为经济转型升级提供高层次人才，是高等院校最重要的历史使命和战略任务之一。高等教育要培养基础性、学术型人才，但更重要的是加大力度培养多规格、多样化的应用型、复合型人才。

为顺应高等教育迅猛发展的趋势，配合高等院校的教学改革，满足高质量高校教材的迫切需求，机械工业出版社邀请了全国多所高等院校的专家、一线教师及教务部门，通过充分的调研和讨论，针对相关课程的特点，总结教学中的实践经验，组织出版了这套"高等教育规划教材"。

本套教材具有以下特点：

1) 符合高等院校各专业人才的培养目标及课程体系的设置，注重培养学生的应用能力，加大案例篇幅或实训内容，强调知识、能力与素质的综合训练。

2) 针对多数学生的学习特点，采用通俗易懂的方法讲解知识，逻辑性强、层次分明、叙述准确而精炼、图文并茂，使学生可以快速掌握，学以致用。

3) 凝结一线骨干教师的课程改革和教学研究成果，融合先进的教学理念，在教学内容和方法上做出创新。

4) 为了体现建设"立体化"精品教材的宗旨，本套教材为主干课程配备了电子教案、学习与上机指导、习题解答、源代码或源程序、教学大纲、课程设计和毕业设计指导等资源。

5) 注重教材的实用性、通用性，适合各类高等院校、高等职业学校及相关院校的教学，也可作为各类培训班教材和自学用书。

欢迎教育界的专家和老师提出宝贵的意见和建议。衷心感谢广大教育工作者和读者的支持与帮助！

机械工业出版社

前　言

本书主要为"数字逻辑""计算机组成原理""计算机体系结构""微机接口"等计算机系统类课程的实验和课程设计提供一条不同以往"面板插线"和"可编程逻辑"的实验教学路线——基于Proteus的"虚拟仿真"实验教学。

传统的"面板插线"实验教学方式已经推行了几十年，积累了丰富的实验资源。但是受限于动手能力和实验条件，学生仅能通过在实验箱面板上插线连接去验证实验箱的功能，不可能去改动实验箱硬件，所以学生缺乏动手实践的机会。而且实验过程的插拔线操作烦琐，实验箱损坏率较高。学生耗费大量时间在线缆连接上，枯燥无味，实验效果较差。

新晋的"可编程逻辑"实验教学方式允许学生运用硬件描述语言在可编程逻辑芯片FP-GA上进行数字逻辑实验和CPU设计，灵活度很高，可以实现达到工业级应用标准的复杂CPU架构。但是，学生要有较好的EDA技术基础和硬件描述语言编程实践，才能很好地在FPGA上进行实验，否则无法理解FPGA设计的相关细节。由于专业课程体系的安排，计算机或软件专业的学生很难在"计算机组成原理""计算机体系结构"基础课之前有足够的时间和精力去深入掌握FPGA设计知识。而且，计算机或软件专业亦缺乏对FPGA领域熟悉的老师，需要重新培训。

本书力图用简单、直观的方法，使枯燥的计算机系统硬件的基础知识变得直观、形象，让学生方便、快捷地进行数字逻辑、计算机组成原理、计算机体系结构实验，而不是追求"高、深、难、炫"的设计技术，以减轻学生和老师的负担。学生应在掌握了基础的计算机硬件知识之后，在实际需要的时候再学习FPGA技术去指导研发工作，而不是本末倒置，为了做课程实验而去学习FPGA技术，耗费大量时间和精力在实验工具上。

本书论述的虚拟仿真实验教学方法，首先继承了传统面板插线实验教学的"低门槛"特点，即只要掌握基本的数字逻辑概念，不需要深入学习FPGA设计等专业知识，也能在虚拟环境中运用常见的中小逻辑器件"积木式"设计和搭建CPU；其次，虚拟仿真实验教学具有跟可编程逻辑实验教学一样的"高灵活性"特点，即在Proteus虚拟仿真环境中，学生可以从基本数字逻辑器件开始学习，进而验证计算机的组成部件功能，甚至参照主流的CPU体系结构，设计相同指令集而不同硬件架构的CPU。上述"低门槛"和"高灵活性"特点的结合，有利于提降低基础课的实验门槛，提高学生对计算机基础课的学习兴趣，增强学生的创新意识，培养动手实践能力。

本书设计和搭建的CPU架构都是"透明"的：硬件可以看见每根导线和每个端口上的电平高低，编程直接采用最底层的机器语言，有利于同学们直观了解CPU内部运作机制，牢固掌握所学的知识。而且，本书还挑选了常用的计算机I/O外设接口，与微程序CPU一起搭建一个完整且最小的微型计算机系统。学生还可以在本书实验的基础上，自己动手移植和搭建硬布线CPU或者流水线CPU的最小微机系统。

本书的编写得到了Proteus软件中国区代理——广州风标电子技术有限公司的大力支持，李垚圣、黄永燊、邓毓峰等同学为本书的编写付出了辛勤的工作，华南理工大学计算机科学与技术专业2012级、2013级、2014级的同学们对本书提出了大量宝贵的意见，在此对他们表示最诚挚的感谢！

目　录

出版说明
前言
第1章　数字逻辑实验 …………… 1
　1.1　触发器与寄存器实验 …………… 1
　　1.1.1　实验概述 …………… 1
　　1.1.2　总线通路 …………… 1
　　1.1.3　触发器 …………… 3
　　1.1.4　寄存器 …………… 4
　　1.1.5　实验步骤 …………… 6
　　1.1.6　思考题 …………… 7
　1.2　逻辑门与算术电路实验 …………… 7
　　1.2.1　实验概述 …………… 7
　　1.2.2　逻辑门 …………… 8
　　1.2.3　算术电路 …………… 9
　　1.2.4　串行进位加法器 …………… 9
　　1.2.5　并行进位加法器 …………… 12
　　1.2.6　实验步骤 …………… 13
　　1.2.7　思考题 …………… 14
　1.3　组合逻辑电路实验 …………… 14
　　1.3.1　实验概述 …………… 14
　　1.3.2　译码器 …………… 15
　　1.3.3　编码器 …………… 16
　　1.3.4　数据选择器 …………… 17
　　1.3.5　奇偶校验电路 …………… 18
　　1.3.6　实验步骤 …………… 18
　　1.3.7　思考题 …………… 19
　1.4　数据比较器和仲裁器电路
　　　　实验 …………… 20
　　1.4.1　实验概述 …………… 20
　　1.4.2　数据比较器 …………… 20
　　1.4.3　仲裁器 …………… 22
　　1.4.4　实验步骤 …………… 25
　　1.4.5　思考题 …………… 26
　1.5　时序逻辑电路实验 …………… 26

　　1.5.1　实验概述 …………… 26
　　1.5.2　计数器原理 …………… 26
　　1.5.3　异/同步计数器 …………… 28
　　1.5.4　加法/减法计数器 …………… 30
　　1.5.5　任意进制计数器 …………… 31
　　1.5.6　电子钟 …………… 32
　　1.5.7　实验步骤 …………… 34
　　1.5.8　思考题 …………… 34
第2章　计算机组成原理实验 …………… 35
　2.1　状态机实验 …………… 35
　　2.1.1　实验概述 …………… 35
　　2.1.2　状态机原理 …………… 35
　　2.1.3　环形计数器 …………… 35
　　2.1.4　扭环计数器 …………… 36
　　2.1.5　状态机示例：交通灯 …………… 37
　　2.1.6　实验步骤 …………… 41
　　2.1.7　思考题 …………… 42
　2.2　运算器实验 …………… 42
　　2.2.1　实验概述 …………… 42
　　2.2.2　算术逻辑运算器 74LS181 …………… 42
　　2.2.3　串行乘法运算 …………… 45
　　2.2.4　实验步骤 …………… 47
　　2.2.5　思考题 …………… 48
　2.3　存储器实验 …………… 48
　　2.3.1　实验概述 …………… 48
　　2.3.2　存储器电路 …………… 48
　　2.3.3　ROM 批量导入数据的技巧 …………… 52
　　2.3.4　实验步骤 …………… 55
　　2.3.5　思考题 …………… 56
　2.4　微程序控制器实验 …………… 56
　　2.4.1　实验概述 …………… 56
　　2.4.2　数据通路 …………… 58

2.4.3 微程序原理 ·············· 59

2.4.4 微程序控制器 ··········· 61

2.4.5 时序发生器 ·············· 64

2.4.6 实验步骤 ················· 64

2.4.7 思考题 ··················· 67

2.5 硬布线控制器实验··········· 68

2.5.1 实验概述 ················· 68

2.5.2 单周期硬布线控制器 ···· 68

2.5.3 多周期硬布线控制器 ···· 72

2.5.4 实验步骤 ················· 75

2.5.5 思考题 ··················· 76

第3章 计算机体系结构实验 ········· 77

3.1 微程序 CPU 实验 ············ 77

3.1.1 实验概述 ················· 77

3.1.2 CPU 指令集 ············· 77

3.1.3 微程序 CPU 架构 ········ 81

3.1.4 时序电路（CLOCK） ···· 83

3.1.5 微程序控制器

（CONTROLLER） ······· 84

3.1.6 取指及中断处理过程 ···· 89

3.1.7 寄存器及 I/O 操作指令 ·· 92

3.1.8 存储器及堆栈操作指令 ·· 94

3.1.9 跳转系列指令 ··········· 96

3.1.10 算术逻辑运算系列指令 ·· 97

3.1.11 实验步骤 ··············· 101

3.1.12 思考题 ················· 104

3.2 硬布线 CPU 实验 ·········· 105

3.2.1 实验概述 ················ 105

3.2.2 硬布线 CPU 架构 ······· 105

3.2.3 硬布线 CPU 的控制器 ··· 107

3.2.4 硬布线 CPU 的状态机流程图 ··· 110

3.2.5 实验步骤 ················ 115

3.2.6 思考题 ·················· 117

3.3 流水线 CPU 实验 ·········· 118

3.3.1 实验概述 ················ 118

3.3.2 流水线 CPU 架构 ······· 118

3.3.3 指令流水线及取指（F）

阶段 ··················· 122

3.3.4 数据通路概述 ··········· 123

3.3.5 译码（D）阶段及"暂停"

机制 ··················· 126

3.3.6 执行（E）阶段及"气泡"

机制 ··················· 131

3.3.7 写回（W）阶段及"旁路"

机制 ··················· 139

3.3.8 中断处理过程及"中断延迟"

机制 ··················· 142

3.3.9 流水线相关问题 ········· 148

3.3.10 实验步骤 ·············· 149

3.3.11 思考题 ················· 152

3.4 嵌套中断 CPU 实验 ········ 153

3.4.1 实验概述 ················ 153

3.4.2 硬布线堆栈电路 ········· 153

3.4.3 基于硬布线堆栈的嵌套中断

CPU ··················· 158

3.4.4 实验步骤 ················ 164

3.4.5 思考题 ·················· 165

第4章 微机接口实验·············· 166

4.1 I/O 接口扩展实验 ·········· 166

4.1.1 实验概述 ················ 166

4.1.2 8255A 芯片的结构 ······ 166

4.1.3 8255A 芯片的工作方式 ·· 168

4.1.4 "CPU + 8255A" 微机系统 ······ 170

4.1.5 实验步骤 ················ 173

4.1.6 思考题 ·················· 176

4.2 定时器/计数器实验········· 176

4.2.1 实验概述 ················ 176

4.2.2 8253A 芯片的结构 ······ 176

4.2.3 8253A 芯片的工作方式 ·· 178

4.2.4 "CPU + 8253A" 微机系统 ······ 182

4.2.5 实验步骤 ················ 184

4.2.6 思考题 ·················· 185

4.3 串口通信实验 ············· 185

4.3.1 实验概述 ················ 185

4.3.2 8251A 芯片的结构及功能 ······ 186

4.3.3 8251A 芯片的工作方式 ·· 190

4.3.4 "CPU + 8253A + 8251A" 微机

系统 ··················· 192

4.3.5　实验步骤 ·················· 195
4.3.6　思考题 ·················· 197
4.4　模－数转换实验 ················ 197
4.4.1　实验概述 ·················· 197
4.4.2　ADC0809 芯片的结构及工作
方式 ·················· 197
4.4.3　"CPU＋ADC0809"微机
系统 ·················· 199
4.4.4　实验步骤 ·················· 201
4.4.5　思考题 ·················· 202
4.5　数－模转换实验 ················ 202
4.5.1　实验概述 ·················· 202
4.5.2　DAC0832 芯片的结构及工作
方式 ·················· 202
4.5.3　实验步骤 ·················· 206
4.5.4　思考题 ·················· 207
4.6　液晶屏显示实验 ················ 207
4.6.1　实验概述 ·················· 207
4.6.2　LCD1602 液晶芯片的结构 ····· 207
4.6.3　8255 芯片的工作方式 ········· 210
4.6.4　"CPU＋LCD1602"微机
系统 ·················· 212
4.6.5　实验步骤 ·················· 214
4.6.6　思考题 ·················· 216
4.7　中断控制器实验 ················ 216
4.7.1　实验概述 ·················· 216
4.7.2　8259 芯片的结构 ··········· 216
4.7.3　8259A 芯片的工作方式 ········ 218
4.7.4　8259A 芯片的命令字 ········· 221
4.7.5　8259A 芯片的初始化编程 ····· 224
4.7.6　8259A 芯片的中断响应过程 ··· 225

4.7.7　"嵌套中断 CPU＋8259A"微机
系统 ·················· 226
4.7.8　实验步骤 ·················· 230
4.7.9　思考题 ·················· 233
4.8　DMA 实验 ·················· 233
4.8.1　实验概述 ·················· 233
4.8.2　DMA 原理 ················ 233
4.8.3　8237A 芯片的结构 ·········· 234
4.8.4　8237A 芯片的内部寄存器 ····· 237
4.8.5　8237A 芯片的命令字和
状态字 ················ 240
4.8.6　8237A 芯片的初始化过程和工作
时序 ·················· 245
4.8.7　"CPU＋外部存储器＋8237A"
微机系统 ·············· 246
4.8.8　实验步骤 ·················· 250
4.8.9　思考题 ·················· 253
附录 ·················· 254
附录 A　Proteus 虚拟仿真软件
简介 ················ 254
A.1　Proteus 软件概述 ··········· 254
A.2　电路绘制与仿真技巧 ········· 254
附录 B　计算机硬件课程综合实验
平台系统 ·············· 271
B.1　实验平台系统简介 ··········· 271
B.2　实验平台系统操作说明
（交通灯） ·············· 273
B.3　实验平台系统操作说明（CPU＋
8255A） ·············· 277
B.4　仿真器驱动安装步骤详解 ······ 280
B.5　实验箱硬件电路原理图 ········· 281

第1章 数字逻辑实验

1.1 触发器与寄存器实验

1.1.1 实验概述

本实验的主要内容是构建一条8位总线通路，将拨码开关、数码管及触发器、寄存器等逻辑器件通过单条总线连接起来；通过拨码开关手动输入数据到某个触发器或寄存器；从一个寄存器向另一个寄存器赋值；利用移位寄存器实现数据的置数、左移、右移等功能。通过本实验加深理解总线和触发器的概念，同时熟悉由触发器组成的寄存器和移位寄存器的功能。

1.1.2 总线通路

总线是指为多个器件服务的一组公用信息线，其主要用途是作为多个器件之间进行数据传送的公共通路。如图1-1所示，触发器、寄存器堆、8位总线（BUS）、输入单元（拨码开关）和输出单元（数码管）等不同的器件都挂在同一条总线上。其中，触发器包括JK触发器和D触发器；寄存器堆则由4位寄存器74LS175、8位寄存器74LS374（R0）和74LS273（DR），以及8位移位寄存器74LS194构成。除了寄存器74LS374自带三态门结构外，其他寄存器的输出都经过三态门74LS244和总线BUS_［0..7］相连，以保证在任何时刻总线上都只有唯一的数据存在，避免数据冲突。

在图1-1中，左边是上述器件的控制开关，其中，除CLK、R0_CLK、DR_CLK和SFT_CLK为上升沿控制信号，其余开关均为电平控制信号。

上升沿有效的开关CLK（触发器74LS73、74LS74和寄存器74LS175共用）、R0_CLK（寄存器74LS374）、DR_CLK（寄存器74LS273）和SFT_CLK（移位寄存器74LS194）负责把总线BUS上的数据打入各自的器件。

低电平有效的开关 $\overline{R0\_BUS}$（寄存器74LS374）、$\overline{DR\_BUS}$（寄存器74LS273）和 $\overline{SFT\_BUS}$（移位寄存器74LS194）负责控制各个器件输出所保存的数据到总线BUS。

低电平有效的开关 $\overline{SET}$ 是74LS74的置1开关，低电平有效的开关 $\overline{CLR}$（触发器74LS73、74LS74和寄存器74LS175共用）和 $\overline{MR}$（移位寄存器74LS194）是各个器件相应的清零开关。

注意： 寄存器74LS374是没有清零功能的，而寄存器74LS273虽有置0端 $\overline{MR}$，可以设置清零功能，但是在本实验中MR端接高电平，实际上是取消了74LS273的清零功能。

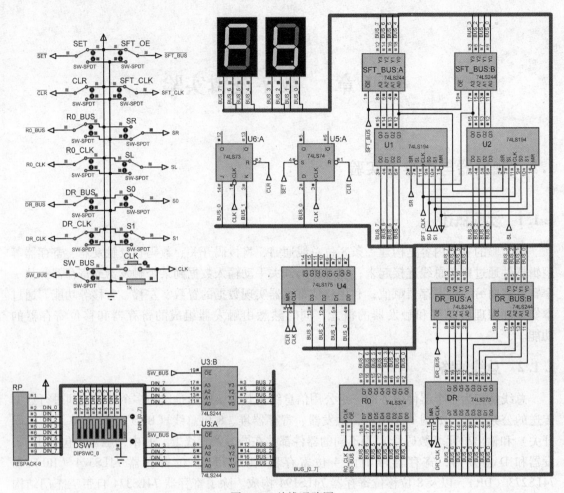

图 1-1　总线通路图

高电平有效的开关 S_L、S_R、S_0、S_1 是移位寄存器 74LS194 的专用开关，负责其置数、移位等功能的设置，详见下文移位寄存器 74LS194 的真值表 1-1。

表 1-1　三态门 74LS244 的真值表

输　　入		输　　出
A	$\overline{OE}$	Y
0	0	0
1	0	1
×	1	Z

注：表中的 × 表示任意选取 0/1 值。后文不一一说明。

总线输入单元如图 1-2 所示。其中，拨码开关 DSW1 和上拉电阻 RP 连接一个 8 位的输入总线 DIN，用来设置输入 DIN 总线的数据；低电平有效的开关 $\overline{SW\_BUS}$ 控制三态门 74LS244（逻辑功能见表 1-1），实现总线 DIN 与总线 BUS 的一对一连通（BUS 总线数据格式见表 1-2）。总线输出单元则是一对数码管，用来显示总线 BUS 上的当前数据。

2

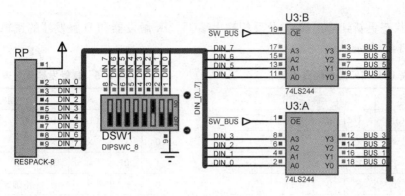

图1-2 总线的输入单元

表1-2 BUS 总线数据格式

BUS_7 (最高位)	BUS_6	BUS_5	BUS_4	BUS_3	BUS_2	BUS_1	BUS_0 (最低位)	总线数据 (十六进制)
1	1	1	1	1	0	1	1	0xFB

1.1.3 触发器

触发器是一种具有记忆功能的逻辑器件，它具有两个稳定的状态："0"和"1"。在适当的触发信号作用下，触发器状态会发生翻转，即触发器可由一个稳态转换到另一个稳态。当输入的触发信号消失后，触发器翻转后的状态保持不变。触发器是构成时序逻辑电路的基础部件，可用作数据的寄存、移位、计数、分频、波形发生等用途。根据电路结构和功能不同，触发器有 RS 触发器、JK 触发器、D 触发器、T 触发器等不同类型，RS 触发器和 T 触发器如表1-3所示。本实验使用的是 JK 触发器 74LS73 和 D 触发器 74LS74，如图1-3所示。

表1-3 RS 触发器和 T 触发器真值表

元器件	符 号	逻辑功能			
RS 触发器	$\overline{S}_d$ Q $\overline{Q}$ $\overline{R}_d$ CP D	S	0	0	1	1
		R	0	1	0	1
		Q^{n+1}	Q^n	0	1	×
T 触发器	$\overline{S}_d$ Q $\overline{Q}$ $\overline{R}_d$ CP T	T	0	0	1	1
		Q^n	0	1	0	1
		Q^{n+1}	0	1	1	0

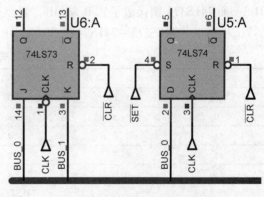

图1-3 JK 触发器和 D 触发器

JK 触发器是双端输入的边沿触发器，其 CLK 端为触发信号的时钟端，$\overline{R}_d$ 为异步置 0 端。在 CLK 信号下降沿时刻，若输入端 J、K 和 $\overline{R}_d$ 皆为 1，则触发 JK 触发器输出端 Q^n 和 $\overline{Q}^n$ 翻转。D 触发器则是单端输入的边沿触发器，其 CLK 端亦为触发信号的时钟端，$\overline{S}_d$ 和 $\overline{R}_d$ 分别为异步置 1 端和置 0 端。与 JK 触发器不同的是，D 触发器是在 CLK 信号上升沿时刻，将输入端 D 的状态更新到输出端 Q^n 及反相输出端 $\overline{Q^n}$。JK 触发器和 D 触发器的逻辑功能分别如表 1-4 和表 1-5 所示。

表 1-4　JK 触发器真值表

输　　入				输　　出	
$\overline{R_d}$	CLK	J	K	Q^{n+1}	$\overline{Q^{n+1}}$
0	×	×	×	0	1
1	↓	1	1	Q^n	$\overline{Q^n}$
1	↓	1	0	1	0
1	↓	0	1	0	1
1	↓	0	0	Q^n	Q^n

表 1-5　D 触发器真值表

输　　　入				输　　出	
$\overline{S_d}$	$\overline{R_d}$	CLK	D	Q^{n+1}	$\overline{Q^{n+1}}$
0	1	×	×	1	0
1	0	×	×	0	1
0	0	×	×	不确定	
1	1	↑	1	1	0
1	1	↑	0	0	1
1	1	↓	×	Q^n	$\overline{Q^n}$

1.1.4　寄存器

作为具有记忆功能的逻辑器件，触发器最重要的功能就是组成寄存器。如图 1-4 所示，本实验使用了三种通用寄存器：74LS175、74LS273 和 74LS374。4 位寄存器 74LS175 相当于 4 个并行的 D 触发器 74LS74 组合，省略了置 1 端，保留了置 0 端 $\overline{MR}$ 用以清零。而 8 位寄存器 74LS273 的逻辑功能则相当于 8 个并联的 D 触发器 74LS74 组合，$D_0 \sim D_7$ 为并行输入端，$Q_0 \sim Q_7$ 为并行输出端（省略了反相输出端 $\overline{Q_X}$），CLK 端为时钟脉冲（上升沿触发）；输出端 Q_X 的状态只取决于 CLK 端时钟脉冲到来时刻输入端 D_X 的状态，输出状态的更新发生在 CLK 端脉冲的上升沿。另一方面，8 位寄存器 74LS374 与 74LS273 的逻辑功能基本相同，两者的区别是：74LS273 省略了置 0 端 $\overline{MR}$，其输出端必须经过三态门 74LS244 连接到数据总线 BUS；而 74LS374 则保留了置 0 端 $\overline{MR}$，且自带三态门输出控制结构（由输出使能端 OE 控制），相当于 "74LS273 + 74LS244" 电路。上述寄存器的逻辑功能详见表 1-6。

表 1-6　寄存器真值表

74LS175				
$\overline{MR}$	CLK	D	Q^{n+1}	$\overline{Q^{n+1}}$
0	×	×	0	1
1	↑	0	0	1
1	↑	1	1	0
1	0/1/↓	×	Q^n	$\overline{Q^n}$

74LS273&74LS374				
$\overline{MR}$	$\overline{OE}$	CLK	D	Q^{n+1}
0	0	×	×	0
1	0	↑	0	0
1	0	↑	1	1
1	0	0/1/↓	×	Q^n
×	1	×	×	Z

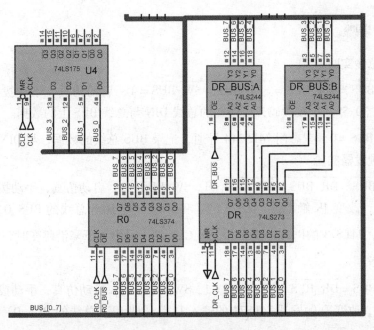

图 1-4   通用寄存器

除了上述通用寄存器，本实验还使用了一种既能存储数据又能对保存的数据进行移位操作的移位寄存器 74LS194（如图 1-5 所示）。其中，$D_0D_1D_2D_3$ 是并行输入端；$Q_0Q_1Q_2Q_3$ 是并行输出端；S_R 是右移串行输入端；S_L 是左移串行输入端；S_1、S_0 是操作模式控制端；MR 是清零端（注：74LS194 锁存或移位数据时，必须 $\overline{MR}=1$）；CLK 是时钟输入端。74LS194 是 4 位双向移位寄存器，有 4 种不同操作模式：①送数（并行寄存）；②右移（方向为 $Q_0 \rightarrow Q_3$）；③左移（方向为 $Q_3 \rightarrow Q_0$）；④保持。移位寄存器 74LS194 的逻辑功能见表 1-7。

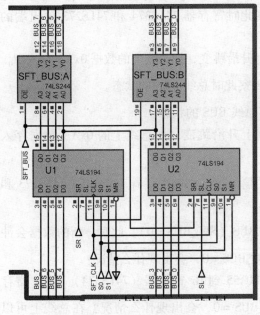

图 1-5   移位寄存器

表 1-7   移位寄存器 74LS194 真值表

CLK	$\overline{MR}$	S_1	S_0	功能	$Q_0Q_1Q_2Q_3$
×	0	×	×	清除	$Q_0Q_1Q_2Q_3 = 0$
↑	1	1	1	送数	$Q_0Q_1Q_2Q_3 = D_0D_1D_2D_3$
↑	1	0	1	右移	$Q_0Q_1Q_2Q_3 = S_RQ_0Q_1Q_2$
↑	1	1	0	左移	$Q_0Q_1Q_2Q_3 = Q_1Q_2Q_3S_L$
↑	1	0	0	保持	$Q_0^DQ_1^DQ_2^DQ_3^D = Q_0Q_1Q_2Q_3$

注："右移"和"左移"的定义跟 74LS194 的摆放位置有关（图 1-5 中 74LS194 的输出端从左到右是 $Q_0 \rightarrow Q_3$）。

1.1.5　实验步骤

实验1：总线实验

1）令$\overline{R0\_BUS} = \overline{DR\_BUS} = \overline{SFT\_BUS} = \overline{SW\_BUS} = 1$，启动仿真，手动拨码开关在总线 DIN 上置位数据 0x55，比较拨码开关所在的总线 DIN 与总线 BUS 上的数据。

2）令$\overline{SW\_BUS} = 0$，三态门 74LS244 导通，记录 BUS 总线的数据，与 DIN 总线相比较。

实验2：触发器实验

1）令$\overline{R0\_BUS} = \overline{DR\_BUS} = \overline{SFT\_BUS} = 1$，$\overline{SW\_BUS} = 0$，启动仿真，手动拨码开关输入数据到 BUS 总线，改变 JK 触发器 74LS73 的 J 和 K 端（即 BUS 总线的 BUS_0 和 BUS_1）状态，或者置位，74LS73 的$\overline{R_d}$端，观察并记录 CLK 端上升沿、下降沿跳变时刻 74LS73 输出 Q 端和$\overline{Q}$端的状态。

2）令$\overline{R0\_BUS} = \overline{DR\_BUS} = \overline{SFT\_BUS} = 1$，$\overline{SW\_BUS} = 0$，启动仿真，手动拨码开关输入数据到 BUS 总线，改变 D 触发器 74LS74 的输入 D 端（即 BUS 总线的 BUS_0）状态，或者置位 74LS74 的$\overline{S_d}$端、$\overline{R_d}$端，观察并记录 CLK 端上升沿、下降沿跳变时刻 74LS74 输出 Q 端和$\overline{Q}$端的状态。

实验3：寄存器实验

1）手动拨码开关输入数据到 BUS 总线，观察此时寄存器 74LS175 的输入端 D_X 状态，观察并记录 CLK 上升沿、下降沿跳变时刻，寄存器 74LS175 输出端 Q_X 和反相输出端$\overline{Q_X}$的状态。观察当 74LS175 的 MR 端置 0 后，寄存器 74LS175 输出端 Q_X 和反相输出端$\overline{Q_X}$的状态。

2）令$\overline{R0\_BUS} = \overline{DR\_BUS} = \overline{SFT\_BUS} = 1$，$\overline{SW\_BUS} = 0$，启动仿真，三态门 74LS244 导通，手动拨码开关输入数据 0xAA 到总线，观察此时寄存器 74LS374 和 74LS273 输出端的状态。

3）令寄存器 R_0（74LS374）的 R0_CLK 端上升沿跳变，把总线上的数据 0xAA 存入 R_0。

4）令$\overline{SW\_BUS} = 1$，三态门 74LS244 阻断，观察此时总线 BUS 的状态。

5）令$\overline{R0\_BUS} = 0$，74LS374 输出选通，观察总线 BUS 的状态。

6）令寄存器 D_R（74LS273）的 DR_CLK 端上升沿跳变，把总线上的 0xAA 数据存入 D_R，观察寄存器 74LS273 的输出端。

7）再令$\overline{R0\_BUS} = 1$，观察寄存器 74LS374 的输出端，比较寄存器 74LS175、74LS273 和 74LS374 的异同。

8）手动拨码开关输入新的数据 0x55 到总线 BUS（$\overline{SW\_BUS} = 0$）。此时，新的数据会冲掉 R_0 寄存器保存的原有数据 0xAA 么？若再令$\overline{R0\_BUS} = 0$，会出现什么情况？

9）假设手动拨码开关分别打入数据 0xAA 和 0x55 到 R_0 寄存器（74LS374）和 D_R 寄存器（74LS273），并且同时令$\overline{R0\_BUS} = 0$ 和 $\overline{DR\_BUS} = 0$，会出现什么情况？在总线上可以同时选择多个寄存器输出数据（导通输出端的三态门）么？

6

实验 4：移位寄存器实验

令 $\overline{R0\_BUS} = \overline{DR\_BUS} = \overline{SFT\_BUS} = 1$，$\overline{SW\_BUS} = 0$，启动仿真，通过拨码开关输入总线 BUS 任意 8 位二进制数，赋值 74LS194 的输入端 $D_0 D_1 D_2 D_3$。按照表 1–8 置位 74LS194 的 MR、S_1、S_0、S_L 和 S_R 端，观察并记录 CLK 端上升沿、下降沿跳变时刻输出端 $Q_0 Q_1 Q_2 Q_3$ 的状态，在表 1–8 中填写观测结果和功能总结。

表 1–8　移位寄存器实验记录表

清　除	模　式		时　钟	输　入	串　行		输　出	串　行		输　出
MR	S_1	S_0	CLK	$D_0 D_1 D_2 D_3$	S_L	S_R	$Q_0 Q_1 Q_2 Q_3$	S_L	S_R	$Q_0 Q_1 Q_2 Q_3$
1	0	0	↑		×	×		×	×	
1	1	1	↑		×	×		×	×	
1	0	1	↑		0	0		1	0	
1	0	1	↑		0	1		1	1	
1	1	0	↑		0	0		1	0	
1	1	0	↑		0	1		1	1	

1.1.6　思考题

1. 为什么常见的 CPU 都是 8 位、16 位或 32 位总线？可以使用 7 位或 10 位的总线么？计算机总线的位数是由什么决定的？32 位 CPU 是否一定比 8 位 CPU 的处理能力强？

2. 表 1–3 中所列的触发器可以互相转化，请以 D 触发器 74LS74 为基础构造电路实现 JK 触发器 74LS73 的功能，并分别以 JK 触发器 74LS73 和 D 触发器 74LS74 为基础构造电路实现 T 触发器的功能。

3. 在总线通路中，寄存器 74LS273 输出端能否直连总线 BUS？若不能，请说明原因。

4. 移位寄存器 74LS194 的 S_L 端和 S_R 端是提供 $D_0 D_1 D_2 D_3$ 端移入数据还是保存 $D_0 D_1 D_2 D_3$ 端移出数据？假设需要保存 $D_0 D_1 D_2 D_3$ 端移出的数据，怎么修改 74LS194 电路？

5. 请使用移位寄存器 74LS194 实现对 4 位二进制数进行"×2"乘法操作和"÷2"除法操作，并且给出适用上述操作的二进制数的表示范围（注意：4 位二进制数可能是无符号数，也可能是有符号数，两者的表示范围是不同的）。

1.2　逻辑门与算术电路实验

1.2.1　实验概述

本实验的主要内容是熟悉常用逻辑门的概念和功能；了解半加器和全加器电路的结构；理解补码的原理；通过逻辑门电路搭建 4 位串行进位加法器和并行进位加法器的算术电路，并且比较两种进位加法器结构的异同。

1.2.2 逻辑门

逻辑门是构成组合逻辑电路的基础部件，具有一个或多个输入端和唯一的输出。与触发器不同，逻辑门是一种无记忆的静态开关电路：任何时刻输出端的信号仅取决于该时刻输入端的信号组合，而与输入/输出端原有的状态无关。此处所指"信号"都是布尔代数的二值逻辑信号（只有两种离散状态"0"和"1"）。常用逻辑门见表1-9。

表1-9 常用逻辑门

输入		输出					
A	B	逻辑非	逻辑与	逻辑或	逻辑与非	逻辑或非	逻辑异或
0	0	1	0	0	1	1	0
0	1	1	0	1	1	0	1
1	0	0	0	1	1	0	1
1	1	0	1	1	0	0	0
表达式		$\overline{A}$	$A \cdot B$	$A + B$	$\overline{A \cdot B}$	$\overline{A + B}$	$A \oplus B$
国标符号		1	&	≥1	&	≥1	=1
仿真符号							

上述逻辑门电路如图1-6所示，最左边一列是最基础的逻辑门：与门、或门和非门，图中所有其他的逻辑门都可以由这三种逻辑门组合形成。例如，第2列的与非门等效于与门和非门串联，第3列的或非门等效于或门和非门串联。较为复杂的是最右边的异或门（输入相异则输出1，输入相同则输出0）74LS86及其等效逻辑电路（如图1-6中最右边方框内）。

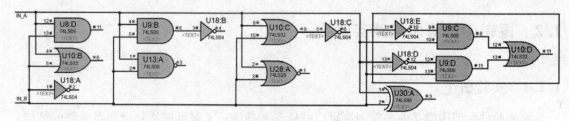

图1-6 逻辑运算电路图

1.2.3 算术电路

逻辑门除了可以实现逻辑运算以外，还可以组合电路形式实现算术运算，例如实现两个二进制数的加法：图1-7所示为最基本的一位二进制数加法电路——半加器和全加器（FA）。两者之间的区别在于半加器不考虑低位的进位，只考虑两个二进制数相加的结果S和向高位的进位C；而全加器则是在半加器的基础上考虑了来自低位的进位信号C_{i-1}。

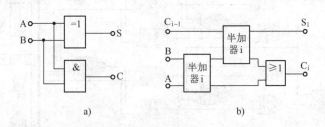

图1-7　一位半加器和全加器电路示意图

半加器的逻辑表达式：$S_i = A_i \oplus B_i$ 且 $C_{i+1} = A_i \cdot B_i$

全加器的逻辑表达式：$S_i = A_i \oplus B_i \oplus C_i$ 且 $C_{i+1} = A_i \cdot B_i + (A_i \oplus B_i) \cdot C_i$

本实验的算术电路如图1-8所示：在BUS总线下方是图1-6所示的逻辑门电路。而BUS总线左边是输入单元，由$\overline{\text{SW\_BUS}}$控制拨码开关向BUS总线输入数据。BUS总线上方则是由逻辑门组成的4位加法电路：串行进位加法器和并行进位加法器。总线BUS同时为两个加法器提供相同的输入端BUS_[0..3]和BUS_[4..7]，运算结果则显示在输出单元的数码管上（左侧数码管显示并行进位加法器结果，而右侧数码管显示串行进位加法器结果）。

1.2.4 串行进位加法器

串行进位加法器（又称为行波进位加法器）是由若干位全加器串行级联组成的多位二进制数加法电路，如图1-9所示。图1-9b所示是每一位加法器电路，即全加器（FA）电路。由4个相同的FA电路串联（低位FA的进位输出C直接与相邻高位FA的进位输入C_{i-1}相连），构成了图1-9a所示的4位串行进位加法器电路。其中最高位是符号位，加法器的位间进位从低位往高位逐位串行传送，最高数值位向符号位的进位和符号位本身的进位通过异或得到溢出判断位OF（LED显示）。

如图1-10a所示，计算机所能处理的数据是无限数轴的一部分，其范围与位数有关。图中，4位二进制数的最高位是符号位，其余3位是数值位；其数值表示范围是-8~7，并且构成一个闭合圆环（圆环内圈是数值的真值，圆环外圈是真值对应的补码）。当计算机的数值超过最大值+7（顺时针越过边界）时，即正溢出，变为最小值；反之，当数值小于最小值-8（逆时针越过边界）时，即负溢出，变为最大值。

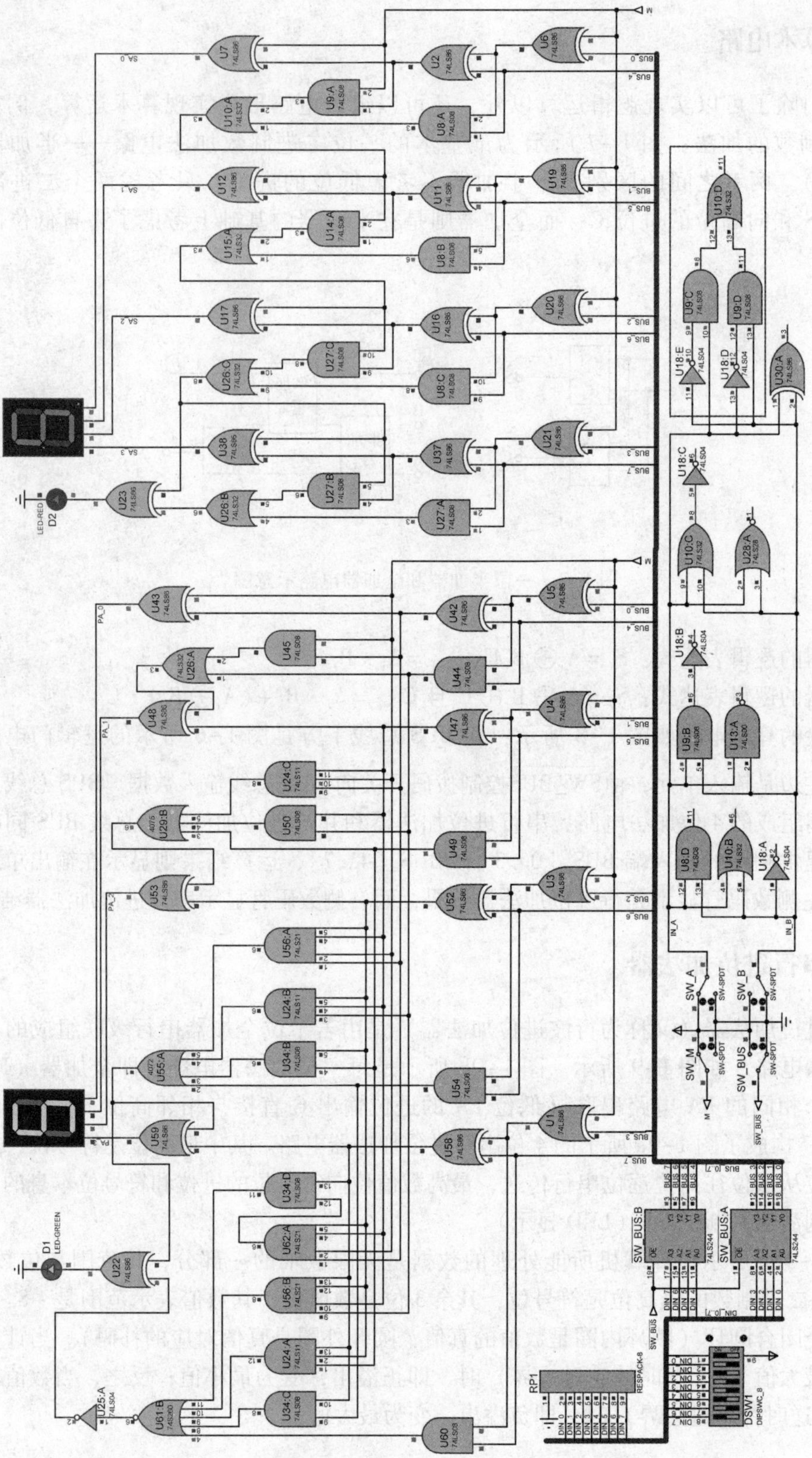

图1-8 算术电路图

10

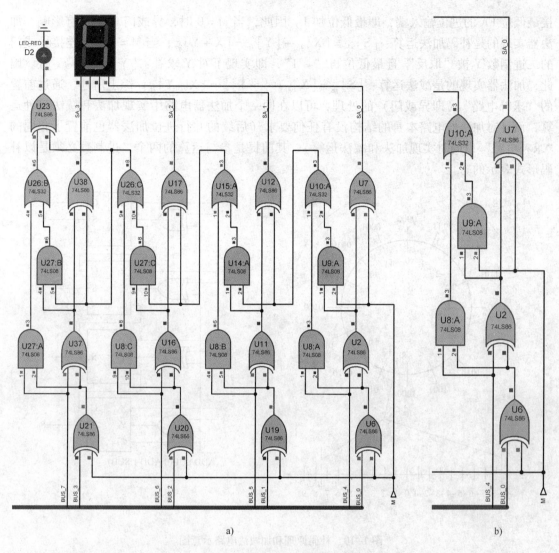

图 1-9　串行进位加法器电路图

a) 4 位串行进位加法器电路　b) 一位加法器电路

在图 1-10a 中，补码的加法运算相当于在闭合圆环上顺时针移动，而减法运算则相当于逆时针移动。为了避免每次运算前计算机都要先判断运算属性（加法还是减法），需要用一种方式在电路上把加法和减法运算统一起来。通过观察可知，在闭合圆环上逆时针移动距离 x 到某个点（"$-[x]_补$"）相当于顺时针绕过圆盘移动到同一个点（"$+[-x]_补$"）。从图 1-10a 所示的圆盘上可以看出来，$[-x]_补$ 是 $[x]_补$ 的"所有位取反再加 1"，从而使得在圆盘上，从一个点出发，逆时针移动 $[x]_补$ 的距离和顺时针移动 $[-x]_补$ 的距离都落到相同的另一个点，即"$[x]_补 + [-x]_补 = 0$（溢出）"。

因此，在图 1-9b 所示的电路中，输入的两个二进制数 X 和 Y，其中只有一个数 X 直接连在全加器 FA 的输入端，另一个数 Y 则经过异或门接入。异或门的另一个输入端是方式控制位 M，同时 M 是最低位全加器 FA 的进位输入。如图 1-10b 所示，异或门的作用是对输入数 Y 进行"求补"：当 M = 0，异或门是直通；当 M = 1，异或门是反相器；同时，M = 1 连

11

接最低位 FA 的进位输入端，即最低位加 1。因此，当 M = 0 时，异或门对 Y 没有影响，加法器实现的是补码加法运算：$[S]_{补} = [X]_{补} + [Y]_{补} = [X + Y]_{补}$；当 M = 1 时，连接异或门的二进制数 Y 被"取反"且最低位再"+1"，即实现了对 Y 求补：$[Y]_{补} \to [-Y]_{补}$。因此，加法器实现的是减法运算：$[S]_{补} = [X]_{补} + [-Y]_{补} = [X - Y]_{补}$。综上所述，通过前置的"求补电路"（即异或门）的处理，可以在同一个加法器电路中实现加法和减法两种运算，而且对加法器电路本身的结构没有任何要求（后续的并行进位加法器也前置了相同的"求补电路"以同时实现加法和减法运算），其前提是参与运算的两个二进制数必须是以补码形式表示的。

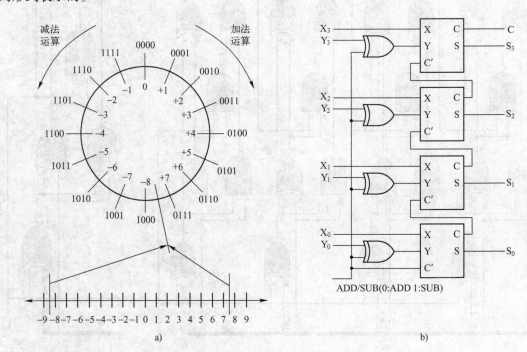

图 1-10　补码原理和加减法电路示意图

a）补码原理图　b）加减法电路示意图

1.2.5　并行进位加法器

在串行进位加法器中，由于位间进位从低位往高位逐位串行传送，因此每一次运算的大部分时间都在等待各位的进位结果，而且位数越多，耗时越长。为了缩短运算的时间，需要新的加法器结构，使得每一位的进位不依赖低位的进位，而是直接由输入 A_i 和 B_i 组合生成。

已知全加器（FA）表达式：$C_{i+1} = A_i \cdot B_i + (A_i \oplus B_i) \cdot C_i$，假设 $Y_n = A_n \cdot B_n$ 且 $X_n = (A_n \oplus B_n)$，则 $C_{n+1} = Y_n + X_n \cdot C_n$。通过递归推导，可知：

$C_1 = Y_0 + X_0 \cdot C_0$

$C_2 = Y_1 + X_1 \cdot C_1 = Y_1 + X_1 \cdot Y_0 + X_1 \cdot X_0 \cdot C_0$

$C_3 = Y_2 + X_2 \cdot C_2 = Y_2 + X_2 \cdot Y_1 + X_2 \cdot X_1 \cdot Y_0 + X_2 \cdot X_1 \cdot X_0 \cdot C_0$

$C_4 = Y_3 + X_3 \cdot C_3 = Y_3 + X_3 \cdot Y_2 + X_3 \cdot X_2 \cdot Y_1 + X_3 \cdot X_2 \cdot X_1 \cdot Y_0 + X_3 \cdot X_2 \cdot X_1 \cdot X_0 \cdot C_0$

由上述表达式可知，每一个 FA 所需的低位进位都不依赖相邻的 FA，而是根据最低进

位 C_0 及各个位的加数 A_n 和 B_n 即可同时计算所有进位 C_n。根据上述表达式实现的加法器如图 1-11 所示。图 1-11 中，加法器电路由若干位全加器（FA）组成，在每个 FA 的其中一个输入端前置了同样的"求补电路"。从右到左，随着位数越高，进位 C_n 生成电路越复杂。该加法器结构称为并行进位加法器（又称为超前进位加法器），其最高数值位向符号位的进位和符号位本身的进位通过异或得到溢出判断位 OF（LED 显示）。

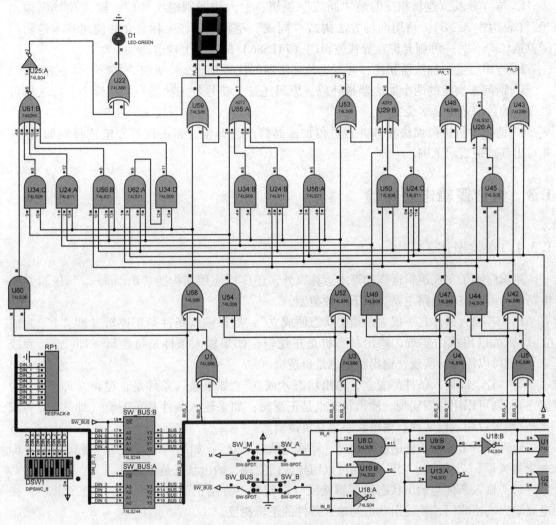

图 1-11　并行进位加法器电路图

1.2.6　实验步骤

1）启动仿真，令 BUS_[7..4] = 0101，BUS_[3..0] = 0010，M = 0，记录并比较串行进位加法器与并行进位加法器的运算结果，是否溢出？如果改为 BUS_[3..0] = 0011，M = 0 不变，结果如何？

2）启动仿真，令 BUS_[7..4] = 0101，BUS_[3..0] = 1010，M = 1，记录并比较串行进位加法器与并行进位加法器的运算结果，是否溢出？如果运算器的输入改为 BUS_[7..4] =

1010，BUS_[3..0] =0101，M =1 不变，结果如何？

3）启动仿真，令 BUS_[7..4] =1101，BUS_[3..0] =0011，M =0，记录并比较串行进位加法器与并行进位加法器的运算结果，是否溢出？如果改为 M =1，结果如何？

1.2.7　思考题

1．与"异或"逻辑相反的是"同或"逻辑：输入相同则输出"1"，输入相异则输出"0"（表达式 A⊙B）。请用两种方法构造"同或"逻辑电路，一种只允许使用基本逻辑门（与/或/非），另一种则允许在异或逻辑门（74LS86）的基础上构造。

2．与串行进位加法器相比，并行进位加法器的优势是什么？所谓"并行"体现在哪里？

3．请问本实验的两个加法器是补码、原码还是无符号数加法器？本实验中，加法器可以表示的数值范围是多少？

4．请把串行进位加法器和并行进位加法器修改为 5 位（带一位符号位）补码加法器，并写出其数值表示范围。

1.3　组合逻辑电路实验

1.3.1　实验概述

逻辑门除了实现逻辑运算和算术运算以外，还广泛应用在构造"if…then…"逻辑判断电路中。组合逻辑电路主要有以下 4 种类型。

1）"若输入条件之一成立，输出状态便成立"：如果输入条件是正逻辑（即"1"为成立），则可以用或门实现，输出状态也是正逻辑；如果输入条件是负逻辑（即"0"为成立），则可以用与门实现，输出状态也是负逻辑。

2）"若全部输入条件都成立，输出状态才成立"：如果输入条件是正逻辑（即"1"为成立），则可以用与门实现，输出状态也是正逻辑；如果输入条件是负逻辑（即"0"为成立），则可以用或门实现，输出状态也是负逻辑。

3）"若两个输入条件的逻辑相异，则输出状态成立"：如果两个输入条件逻辑相异（即一个为"1"，另一个为"0"），则可以用异或门实现，输出状态是正逻辑。

4）"输入条件与输出状态的逻辑相反（即其中一方用正逻辑，另一方用负逻辑）"：在电路输出端接非门，使输出状态与输入条件的逻辑相反。

在数字电路及计算机系统中，存在大量基于上述类型组合逻辑电路的功能模块（Functional Block），包括译码器、（优先级）编码器、数据选择器、奇偶校验电路等。本实验采用对比的方法，展示上述常用的功能模块及其等效组合逻辑电路，如下所述.

1）使用逻辑门构建一个 2 - 4 译码电路，实现与 2 - 4 译码器 74LS138 相同的逻辑功能。

2）使用 2 - 4 译码器 74LS138 和逻辑门构建一个 3 - 8 译码电路，实现与 3 - 8 译码器 74LS139 相同的逻辑功能。

3）使用逻辑门构建一个 4 - 2 优先编码电路，实现与 8 - 3 编码器 74LS138 相同的逻辑功能。

4）使用逻辑门构建一个 4 选 1 的数据选择电路，实现与双路 4 选 1 数据选择器 74LS153

相同的逻辑功能。

5）使用逻辑门构建一个奇偶校验码生成电路，可以从 7 位有效数据中生成 1 位偶校验码。

1.3.2 译码器

译码器是一种把 n 位的二进制编码转换成 m 种输出状态之一的组合逻辑电路，广泛应用在数据分配、存储器寻址和状态控制等场合。常见的 2 - 4 译码器 74LS139 有两个输入端（A、B），输入编码为 00 ~ 11，对应可以选择 4 个输出端（Y_0 ~ Y_3），其逻辑功能见表 1-10。74LS139 的功能可以用逻辑门搭建的等效逻辑电路实现，如图 1-12 所示。译码器逻辑属于"若全部输入条件都成立，输出状态才成立"，所以采用与非门实现（输出端负逻辑）。

表 1-10　译码器 74LS139 真值表

输　　　入			输　　　出			
$\overline{E}$	B	A	$\overline{Y_3}$	$\overline{Y_2}$	$\overline{Y_1}$	$\overline{Y_0}$
1	×	×	1	1	1	1
0	0	0	1	1	1	0
0	0	1	1	1	0	1
0	1	0	1	0	1	1
0	1	1	0	1	1	1

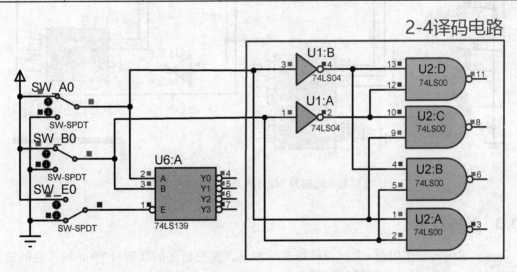

图 1-12　译码器 74LS139 及其等效逻辑电路

另一种常见的 3 - 8 译码器 74LS138 则有三个输入端（A、B、C），可以输入编码（000 ~ 111），对应选择 8 个输出端（Y_0 ~ Y_7）之一有效，其逻辑功能见表 1-11。3 - 8 译码器 74LS138 亦可以用两个 2 - 4 译码器 74LS139 组合实现，如图 1-13 所示。图 1-13 中，输入的最高位用来选择 2 - 4 译码器，其余 2 位则同时连接到两个 2 - 4 译码器 74LS138 上用以译码。

表 1–11　译码器 74LS138 真值表

输　入						输　出							
E_1	$\overline{E_2}$	$\overline{E_3}$	C	B	A	$\overline{Y_7}$	$\overline{Y_6}$	$\overline{Y_5}$	$\overline{Y_4}$	$\overline{Y_3}$	$\overline{Y_2}$	$\overline{Y_1}$	$\overline{Y_0}$
0	×	×	×	×	×	1	1	1	1	1	1	1	1
1	1/×	×/1	×	×	×	1	1	1	1	1	1	1	1
1	0	0	0	0	0	1	1	1	1	1	1	1	0
1	0	0	0	0	1	1	1	1	1	1	1	0	1
1	0	0	0	1	0	1	1	1	1	1	0	1	1
1	0	0	0	1	1	1	1	1	1	0	1	1	1
1	0	0	1	0	0	1	1	1	0	1	1	1	1
1	0	0	1	0	1	1	1	0	1	1	1	1	1
1	0	0	1	1	0	1	0	1	1	1	1	1	1
1	0	0	1	1	1	0	1	1	1	1	1	1	1

注："1/×"和"×/1"对应，表示 $\left[\overline{E_2}, \overline{E_3}\right]$ =01、10、11（"×"表示任意值，为 0 或 1）。

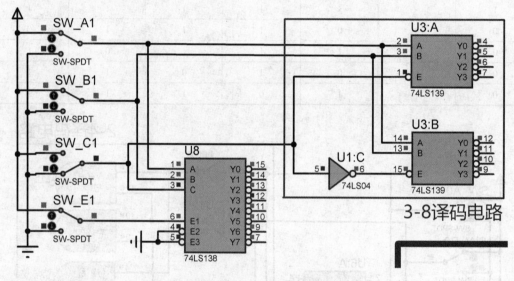

图 1–13　译码器 74LS138 及其等效逻辑电路

1.3.3　编码器

　　m – n 编码器的作用跟 n – m 译码器正好相反，是把输入的状态（有 m 种可能的输入状态）转换成对应的 n 位二进制编码的组合逻辑电路。值得注意的是，为了保证输出编码的唯一性，规定任何时候只允许对一个输入状态进行编码。因此，编码器的输入状态是有优先级的，高优先级的输入状态将自动屏蔽任何比其优先级低的输入状态。例如，8 – 3 编码器 74LS148 有 8 个输入端（$Y_0 \sim Y_7$），可以编码三位（000 ~ 111）。其中，输入端 Y_0 优先级最低，Y_7 优先级最高。在任何时刻，只有一个输入状态有效。74LS148 逻辑功能见表 1–12。

表 1–12　编码器 74LS148 真值表

输　　入									输　　出				
$\overline{E_I}$	I_0	I_1	I_2	I_3	I_4	I_5	I_6	I_7	A_2	A_1	A_0	$\overline{GS}$	EO
1	×	×	×	×	×	X	×	×	1	1	1	1	1
0	1	1	1	1	1	1	1	1	1	1	1	1	0
0	×	×	×	×	×	×	×	0	0	0	0	0	1
0	×	×	×	×	×	×	0	1	0	0	1	0	1
0	×	×	×	×	×	0	1	1	0	1	0	0	1
0	×	×	×	×	0	1	1	1	0	1	1	0	1
0	×	×	×	0	1	1	1	1	1	0	0	0	1
0	×	×	0	1	1	1	1	1	1	0	1	0	1
0	×	0	1	1	1	1	1	1	1	1	0	0	1
0	0	1	1	1	1	1	1	1	1	1	1	0	1

注：×表示任意值，即为 0 或 1。

74LS148 的功能亦可以用逻辑门搭建的等效逻辑电路实现，如图 1–14 所示。编码器 74LS148 的逻辑功能与译码器正好相反，属于"若输入条件之一成立，输出状态便成立"。例如，当最高优先级输入端 BUS_3 = 0（输入是负逻辑）时，输出端 $\overline{A_1}$ = $\overline{A_0}$ = 0（输出也是负逻辑），无论其他输入端是什么，因此可以采用与门实现。同样，当 BUS_2 = 0 时，将屏蔽 BUS_1 对输出端的影响，而 BUS_1 只控制输出端 $\overline{A_1}$，BUS_0 不控制输出端，默认输出端 $\overline{A_1}$ = $\overline{A_0}$ = 1。

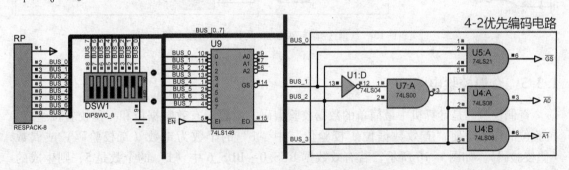

图 1–14　编码器 74LS148 及其等效逻辑电路

1.3.4　数据选择器

数据选择器又称多路开关（MUX），其主要功能是从多路输入端中选出所需要的一路数据源，送到唯一的输出端，相当于一个单刀多掷开关。常用的数据选择器有 8 选 1 数据选择器（74LS151）、双路 4 选 1 数据选择器（74LS153）等。74LS153 的逻辑功能见表 1–13。74LS153 及其单路等效电路如图 1–15 所示，主要分为选通端的译码电路（输出正逻辑）和 4 路输入端的使能电路（输入和输出皆为正逻辑）。最后，因为使能电路属于"若输入条件之一成立，输出状态便成立"，所以用或门整合产生唯一的输出端（输出正逻辑）。

表 1–13　数据选择器 74LS153 真值表

输 入 选 择		数 据 输 入				选 通 使 能	数 据 输 出
B	A	C_0	C_1	C_2	C_3	$\overline{E}$	Y
×	×	×	×	×	×	1	0
0	0	0	×	×	×	0	0
0	0	1	×	×	×	0	1
0	1	×	0	×	×	0	0
0	1	×	1	×	×	0	1
1	0	×	×	0	×	0	0
1	0	×	×	1	×	0	1
1	1	×	×	×	0	0	0
1	1	×	×	×	1	0	1

注："×"表示任意值，即为 0 或 1。

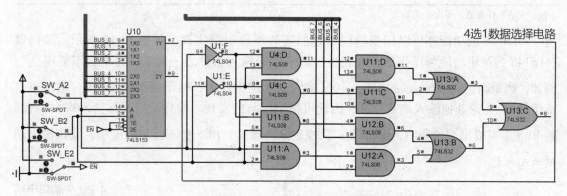

图 1–15　数据选择器 74LS153 及其单路等效电路

1.3.5　奇偶校验电路

　　奇偶校验码是计算机中最简单的数据校验编码，由若干有效数据位和一位校验位组成。校验位的作用是使"有效数据位 + 校验位"中"1"的个数为奇数（奇校验码）或偶数（偶校验码）。如图 1–16 所示，若有效数据 BUS_0 ~ BUS_6 中"1"的个数是 5，则生成的偶校验码为"1"，则 BUS_0 ~ BUS_6 和输出端（偶校验码）合起来的"1"个数为偶数。若传输过程中有一位数据位畸变（即"0"和"1"互换），则"1"的个数发生变化，与偶校验码定义冲突。因为属于"若两个输入条件的逻辑相异，则输出状态成立"，故可以用异或门生成偶校验码。

1.3.6　实验步骤

实验 1：译码器实验

　　1）请参考分层设计思想（图 1–13），只用逻辑门搭建 3 – 8 译码器的等效逻辑电路。

　　2）请以一个 3 – 8 译码器 74LS138 为基础，构造 1 位二进制全加器 FA 电路（全加器 FA 的逻辑表达式：$S_i = A_i \oplus B_i \oplus C_i$ 且 $C_{i+1} = A_i \cdot B_i + (A_i \oplus B_i) \cdot C_i$）。

偶校验码生成电路

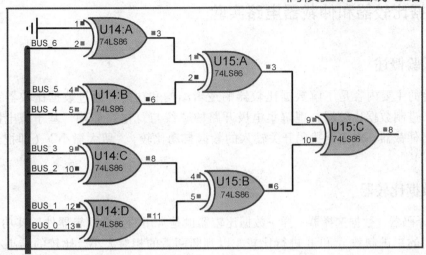

图 1-16　偶校验码生成电路

实验 2：编码器实验

请以 8－3 编码器 74LS148 和触发器 74LS175 为基础，设计一个简易的 4 人抢答电路：抢答开始后，1、2、3、4 号选手中最早按键的那一位获得答题权，由数码管显示其编号。

实验 3：数据选择器实验

1）请以一个双路 4 选 1 数据选择器 74LS153 为基础，构造一个 8 选 1 数据选择电路。

2）请以一个数据选择器 74LS153 为基础，构造 1 位二进制全加器 FA 电路（全加器 FA 的逻辑表达式：$S_i = A_i \oplus B_i \oplus C_i$ 且 $C_{i+1} = A_i \cdot B_i + (A_i \oplus B_i) \cdot C_i$）。

实验 4：奇偶校验电路实验

1）请参考偶校验码产生电路，设计两种不同结构的奇校验码产生电路。

2）请设计一个对 8 位二进制数（由 7 位有效数据和 1 位偶校验码组成）进行偶校验的电路，若数据正确，则输出 "1"，否则输出 "0"。

1.3.7　思考题

1. 请问奇偶校验码可以检测出错误位的位置么？在什么情况下，奇偶检验码无法检测出数据位发生畸变？如果不能保证奇偶校验码 100% 有效，为何还要使用这种方法？

2. 数据选择器的反相功能是 "数据分配器"，即把数据源从唯一的输入端送到多路输出端中所需要的一路输出。请使用逻辑门搭建 8 选 1 数据分配电路。

3. 请使用逻辑门搭建一个实现 "开平方" 功能的组合逻辑电路：输入 4 位二进制数，3 位输出端得到的是输入数据的平方根（若平方根不是整数，则四舍五入到最近的整数）。

4. 某实验室有红、黄两个故障指示灯，用来表示三台设备的工作情况，当只有一台设备有故障时，黄灯亮；当有两台设备同时发生故障时，红灯亮；当三台设备都发生故障时，红灯和黄灯都亮。请使用逻辑门设计一个故障报警指示（即控制灯亮）的组合逻辑电路。

1.4 数据比较器和仲裁器电路实验

1.4.1 实验概述

本实验的主要内容是了解数据比较器的逻辑结构和功能，通过数据比较器级联构造一个 8 位二进制数据比较器；理解集电极开路的"线与"电路原理，基于该电路结构设计一个多路仲裁器，对多路拨码开关输入的数据自动比较，"留大撤小"（即把最大数据输出到总线）。

1.4.2 数据比较器

与编/译码器、数据选择器一样，数据比较器也是常用的组合逻辑器件，其功能是对两个位数相同的二进制数 A 和 B 进行比较，以判断两者的相对大小，比较的结果有 A > B、A = B 以及 A < B 三种情况。最简单的一位数据比较器的逻辑电路和真值表如图 1–17 和表 1–14 所示。

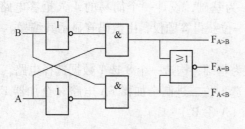

图 1–17　一位数据比较器的逻辑电路

表 1–14　一位数据比较器真值表

输	入	输		出
A	B	$F_{A>B}$	$F_{A<B}$	$F_{A=B}$
0	0	0	0	1
0	1	0	1	0
1	0	1	0	0
1	1	0	0	1

多位数据比较的方法则是先比较高位，再比较低位。当高位不等时，两个数的比较结果就是高位的比较结果；当高位相等时，两数的比较结果再由低位决定。双位数据比较器的逻辑电路和真值表如图 1–18 和表 1–15 所示。

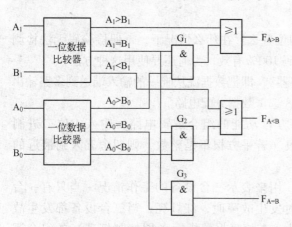

图 1–18　双位数据比较器的逻辑电路

表 1–15　双位数据比较器真值表

输	入		输		出
A_1　B_1	A_0　B_0	$F_{A>B}$	$F_{A<B}$	$F_{A=B}$
$A_1 > B_1$	×	1	0	0
$A_1 < B_1$	×	0	1	0
$A_1 = B_1$	$A_0 > B_0$	1	0	0
$A_1 = B_1$	$A_0 < B_0$	0	1	0
$A_1 = B_1$	$A_0 = B_0$	0	0	1

本实验的 8 位数据比较器电路如图 1-19 所示，采用了两个 4 位比较器 74LS85 串行级联的方式来实现。74LS85 的真值表见表 1-16。其工作原理与图 1-18 所示的双位数据比较器类似：若高 4 位不等，两个数据的比较结果就是高 4 位的比较结果；若高 4 位相等，则两个数据的比较结果再由低 4 位的比较结果决定。因此，当高 4 位比较器 U_H4B 的所有比较位都相等时（$A_i = B_i, i = 0 \sim 3$），$F_{A>B} = I_{A<B}$，$F_{A=B} = I_{A=B}$，$F_{A>B} = I_{A>B}$，即低四位比较器 U_L4B 的比较结果从比较器 U_H4B 的级联输入端直通级联输出端。在比较器 U_H4B 级联输出端外接红、黄、绿三色 LED 灯，分别表示 A > B、A = B 及 A < B 三种比较结果。理论上，任意位数的数据比较器都可以采用上述多个 74LS85 串行级联的方式来构造。

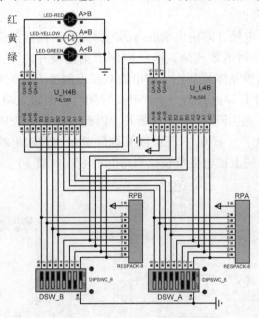

图 1-19　8 位数据比较器的电路图

表 1-16　8 位数据比较器真值表

输　入							输　出		
A_3　B_3	A_2　B_2	A_1　B_1	A_0　B_0	$I_{A>B}$	$I_{A<B}$	$I_{A=B}$	$F_{A>B}$	$F_{A<B}$	$F_{A=B}$
$A_3 > B_3$	×	×	×	×	×	×	H	L	L
$A_3 < B_3$	×	×	×	×	×	×	L	H	L
$A_3 = B_3$	$A_2 > B_2$	×	×	×	×	×	H	L	L
$A_3 = B_3$	$A_2 < B_2$	×	×	×	×	×	L	H	L
$A_3 = B_3$	$A_2 = B_2$	$A_1 > B_1$	×	×	×	×	H	L	L
$A_3 = B_3$	$A_2 = B_2$	$A_1 < B_1$	×	×	×	×	L	H	L
$A_3 = B_3$	$A_2 = B_2$	$A_1 = B_1$	$A_0 > B_0$	×	×	×	H	L	L
$A_3 = B_3$	$A_2 = B_2$	$A_1 = B_1$	$A_0 < B_0$	×	×	×	L	H	L
$A_3 = B_3$	$A_2 = B_2$	$A_1 = B_1$	$A_0 = B_0$	H	L	L	H	L	L
$A_3 = B_3$	$A_2 = B_2$	$A_1 = B_1$	$A_0 = B_0$	L	H	L	L	H	L
$A_3 = B_3$	$A_2 = B_2$	$A_1 = B_1$	$A_0 = B_0$	×	×	H	L	L	H
$A_3 = B_3$	$A_2 = B_2$	$A_1 = B_1$	$A_0 = B_0$	H	H	L	L	L	L
$A_3 = B_3$	$A_2 = B_2$	$A_1 = B_1$	$A_0 = B_0$	L	L	L	H	H	L

1.4.3 仲裁器

除了上述两路输入的数据比较器以外，在计算机总线或中断优先级判断的场合还会遇到需要输入多路二进制数据以进行比较，并且输出其中最大（或最小）值的情况，这被称之为"仲裁"。本实验采用了"线与"电路结构来构造多路仲裁器。"线与"的含义是多个元器件的输出端并联在同一条线路上，形成"与"逻辑关系：只要一个元器件的输出端是低电平"0"，所有元器件的输出端就都被拉低。普通逻辑元器件的输出端是不允许直接并联的，否则并联的元器件输出电平不一将导致元器件损坏，只有集电极开路（Open－Collector）输出的元器件可以并联。

如图1-20所示，集电极开路输出端的内部电路结构由前后两级晶体管组成。后级的晶体管集电极输出端不接任何电源或地，因此称作"集电极开路"。图1-20所示的电路中，当输入端为"0"时，前级晶体管截止（集电极C跟发射极E之间断开），电源通过$1k\Omega$电阻加到后级晶体管上，使其导通，相当于"开关"闭合；当输入端为"1"时，前级晶体管导通，后级晶体管截止，相当于"开关"断开。因此，开关闭合则后级晶体管输出端等效于"直连地"，输出低电平（置0），开关断开则后级晶体管输出端等效于"悬空"（高阻态），输出端电平被外接的上拉电阻负载拉到高电平+5V（置1）。

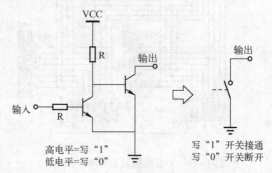

图1-20　集电极开路原理图

把多个集电极开路输出的元器件输出端并联到一条线上，通过一个上拉电阻连到电源，即构成了"线与"电路。并联在一起的集电极开路输出端形成"与"逻辑关系：只要一个输出端为低电平，其他元器件的输出端随即被拉到低电平（逻辑"0"）。

如图1-21所示，本实验构造了一个三路8位二进制数据的仲裁器，由三路8位输入端（拨码开关）及相应的仲裁电路、一路输出显示单元（数码管），以及8位仲裁总线BUS构成。每路的输入数据经过各自的仲裁电路，输出到仲裁总线上。三个8位拨码开关DSW_A、DSW_B和DSW_C同时挂在24位系统总线上，分别与A路、B路、C三路仲裁电路的8位集电极开路与非门74LS01输入端相连（图中，A路、B路、C路仲裁电路的输入值分别是0100 0000、0100 0010和0011 1111，仲裁总线上的仲裁结果则是最大值01000010。

如图1-22所示，A路的8位集电极开路的与非门74LS01输出端通过标号BUS_0~BUS_7连接到仲裁总线BUS，B路和C路的结构与A路类似，A路、B路、C路在同一个位上的与非门74LS01输出端在该位形成"线与"关系。每路仲裁电路都从最高位开始逐位进行比较。相邻位之间通过"或门＋与门"的菊花链电路将高位比较结果的影响传递到低位。下面以A路为例进行说明。

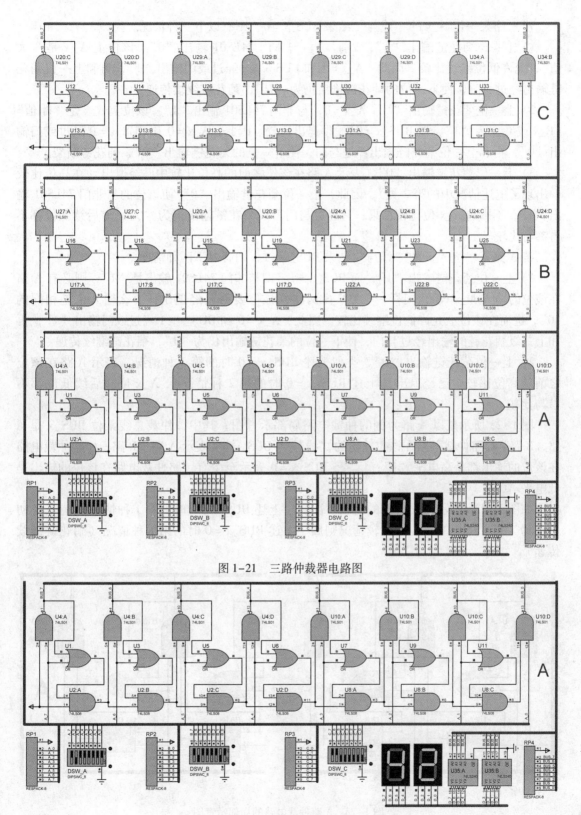

图 1-21 三路仲裁器电路图

图 1-22 输入 A 路及相关的仲裁电路图

若 A 路某一位 A_x 的"线与"结果 BUS_x = 0，则有以下三种情况。

1）上一位菊花链输出"1"，A_x = 1，与非门 74LS01 输出"0"。该位上 A_x 是"大值"，允许低位继续比较。因此，A_x = 1 和 BUS_x = 0 经过或门输出"1"，再和上一位菊花链输出经过与门，使下一位的菊花链输出仍为"1"，菊花链继续传递。

2）上一位菊花链输出"1"，A_x = 0，与非门 74LS01 输出"1"。该位上 A_x 是"小值"（B_x 或 C_x 为"1"，使 BUS_x = 0），须退出比较。因此，A_x = 0 和 BUS_x = 0 经过或门输出"0"，再和上一位菊花链输出经过与门，使下一位的菊花链输出"0"，菊花链断裂。

3）上一位菊花链输出"0"，表示 A 路在该位之前的高位比较中已经退出（在高位比较中出现了上述情况中的第 2 种），因此，上一位菊花链输出"0"使该位的与非门 74LS01 输出"1"，不影响 A_x 位比较结果；且经过与门形成菊花链输出仍为"0"，使后续低位都不再参与比较。

若 A 路某一位 A_x 的"线与"结果 BUS_x = 1，则有以下两种情况。

1）上一位菊花链输出"1"，而 BUS_x = 1，即与非门 74LS01 输出是"1"，则必有 A 路在该位的输入 A_x = 0。同样，B 路、C 两路在该位要么已经退出，要么输入也是相同的"0"，进而在该位上允许低位继续比较。因此，A_x = 0 和 BUS_x = 1 经过或门输出"1"，再和上一级菊花链的输出经过与门，使下一位的菊花链输出仍为"1"，菊花链继续传递。

2）上一位菊花链输出"0"，类似上述 BUS_x = 0 时的第 3 种情况，表示 A 路在该位之前的高位比较中已经退出（上述 BUS_x = 0 时的第 2 种情况），A_x 位和后续低位都不参与比较。

图 1-23 所示是以 A 路为例的仲裁电路局部示意图。其中，仲裁总线某位 BUS_x 是 A 路、B 路、C 路仲裁电路在该位输出的"线与"：BUS_x = 1 表示 A 路、B 路、C 路仲裁电路在该位的输出都是高电平"1"；反之，BUS_x = 0 表示至少有一路仲裁电路在该位的输出是低电平"0"。

如图 1-23a 所示，A_7 位的比较情况属于上述 BUS_x = 1 时的第 1 种情况（菊花链初始值为"1"），而 A_6 位的比较情况则属于上述 BUS_x = 0 时的第 1 种情况（菊花链继续传递）。

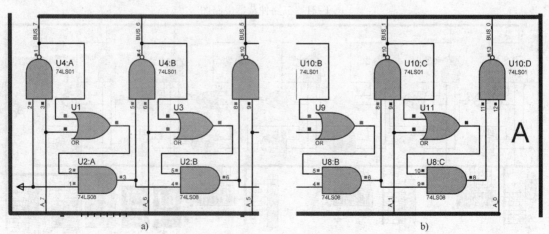

图 1-23 A 路仲裁电路的局部示意图

如图 1-23b 所示，A_1 位和 A_0 位的比较情况分别属于上述 BUS_x = 0 时的第 2 种情况和第 3 种情况（菊花链断裂和已经退出）。A 路从 A_1 位开始退出比较。

如图 1-24 所示，B 路输入值"0100 0010"，其 B_1 位比 A 路输入值"0100 0000"的 A_1 位大，所以 A_0 位不再参与比较。同样，C 路输入值"0011 1111"，C_6 = 0 小于 A 路和 B 路的同位，所以后续低位都不再参与比较。

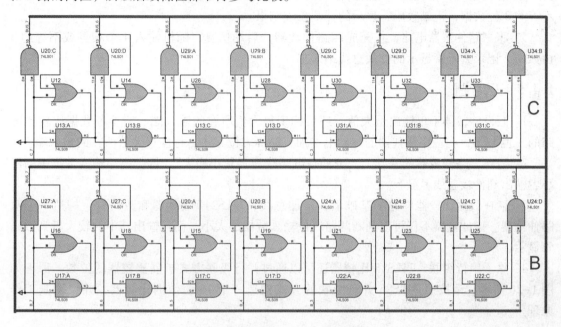

图 1-24　B 路和 C 路仲裁电路图

最终留在仲裁总线 BUS 上的数据 BUS_0 ~ BUS_7 即是最大值（B 路输入值）"01000010"的反相。经过一个 8 位反相三态缓冲器 74LS240 后，送到数码管显示，如图 1-25 所示。

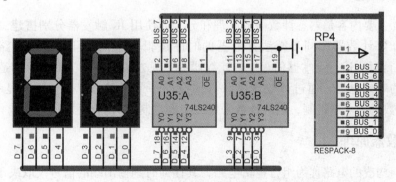

图 1-25　仲裁总线显示电路

1.4.4　实验步骤

1）请根据图 1-17 和图 1-18 制作一位数据比较器和双位数据比较器电路，并验证两个数据比较器的真值表。

2）启动仿真，在 8 位数据比较器的输入端 DSW_A 和 DSW_B 随机写入两个相等或不等的 8 位数据，记录数据比较器的输出结果（LED 显示）。

3）在 8 位数据比较器电路的基础上，通过 74LS85 串行级联的方式构造一个 16 位数据比较器。并且启动仿真，随机输入两个 16 位数据，记录 16 位数据比较器的输出结果。

4）启动仿真，在三路仲裁器的输入端 DSW_A、DSW_B 和 DSW_C 随机写入三个相等或不等的 8 位数据，记录数码管显示的仲裁总线结果。

5）将三路仲裁器电路，扩充成四路仲裁器。启动仿真，随机输入 4 个相等或不等的 8 位数据，记录数码管显示的仲裁总线结果。

1.4.5 思考题

1. 假设仲裁器不仅输出最大值，还要标识最大值所在的输入端。请参考数据比较器电路的三色 LED，在三路仲裁器的基础上增加三路标志位 LED，标注最大值所在的输入端。

2. 请在三路仲裁器的基础上，把仲裁电路改为"留小撤大"，即把三路输入数据中的最小者输出到仲裁总线上显示。

3. 请在数据比较器电路的基础上，增加总线、74LS244 缓冲器和数码管，构造一个双路仲裁器。该仲裁器不仅可以判断两路 8 位输入数据的大小，而且输出其中的较大者到数码管显示。

4. 除了串行级联，74LS85 比较器还可以通过并行级联方式扩展比较器的位数，原理如图 1-26 所示。请按照 74LS85 并行级联的方式构造一个 16 位数据比较器，并说明其工作原理。

1.5 时序逻辑电路实验

1.5.1 实验概述

本实验的主要内容是熟悉计数器的原理和分类，使用 JK 触发器分别搭建二进制异步计数器、同步加法计数器和同步减法计数器的时序逻辑电路，并且与集成电路（74LS163/74LS191）进行对比运行；掌握任意进制计数器的实现方法，基于 74LS163 构造十进制计数器 74LS160 的等效电路；通过计数器级联方式设计一个"时/分/秒"计时显示的电子钟：秒钟/分钟计数采用六十进制，时钟计数采用二十四进制，时/分/秒值可重置。

1.5.2 计数器原理

由逻辑门构成的电路称为组合逻辑电路，其任何时刻输出端的信号仅取决于该时刻输入端的信号组合，而与输入/输出端原有的状态无关。相对应的，由触发器构成的电路称为时序逻辑电路，其输出不仅是输入信号的组合，还是电路当前状态的函数。除了寄存器以外，另一种由触发器构成的时序逻辑电路是计数器，其主要功能是对输入时钟脉冲的个数进行计数，广泛应用于定时、分频、程序执行控制等场合。

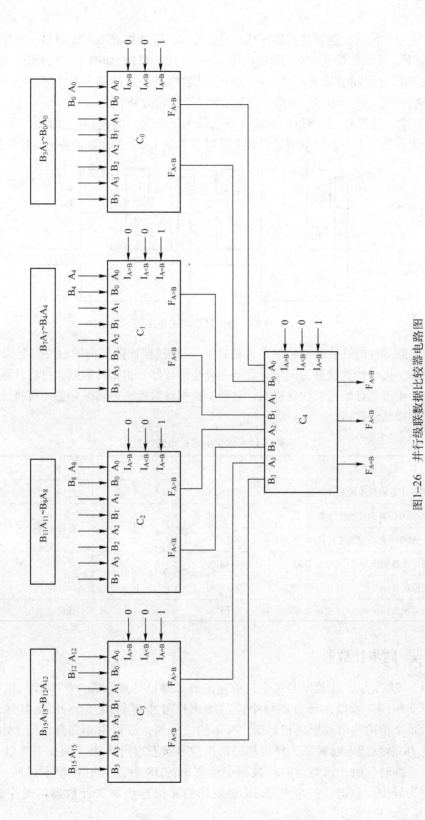

图1-26 并行级联数据比较器电路图

假设一个 3 位的二进制计数器 [Q_0，Q_1，Q_2]，其计数范围 000 ~ 111，在输入时钟脉冲 CP 的驱动下，其状态是从 000→001→010→…→110→111。如图 1-27 所示，把 Q_0、Q_1 和 Q_2 端的波形沿着时间轴排列对齐，可以看出计数器各位之间是分频关系：Q_1 端是低位 Q_0 端的二分频，Q_2 端是低位 Q_1 端的二分频及 Q_0 端的四分频。类似的，在 n 位二进制计数器 [Q_0…Q_n] 中，任意 Q_n 端都是相邻低位 Q_{n-1} 端的二分频。因此，一方面，计数器可以作为分频器使用，另一方面，计数器的设计亦可以参考图 1-27 中计数器各位信号的波形。

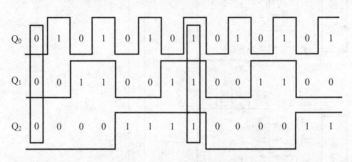

图 1-27　3 位二进制计数器的输出波形示意图

集成电路器件的计数器型号很多，见表 1-17。根据计数器内的触发器是否使用同一个时钟脉冲源，可将计数器分为同步计数器和异步计数器；根据计数制，可将计数器分为二进制计数器、十进制计数器或任意进制计数器；根据计数递增或递减趋势，可将计数器分为加法计数器和减法计数器。

表 1-17　常见的集成电路计数器

计数器类型	常用型号	计数边沿	清　除	置　数
二/五/十进制异步加法计数器	74LS290	↓	直接	直接置 9
十进制可预置同步加法计数器	74LS160	↑	直接	同步
二进制可预置同步加法计数器	74LS163			
十进制可预置同步加法/减法计数器	74LS190	↑	/	直接
二进制可预置同步加法/减法计数器	74LS191			
十进制可预置同步加法/减法计数器	74LS192	↑	直接	直接

1.5.3　异/同步计数器

如图 1-28 所示，计数器的每个位的输出波形都是方波，即"0""1"电平交替，电平间隔时间相同。所以，计数器每个位的输出信号很容易用一个 JK 触发器来产生。同时，因为每个位的输出波形是相邻低位波形的二分频，故可用相邻低位的 JK 触发器输出作为本位 JK 触发器的时钟源，使得相邻低位信号状态边沿跳变（例如下降沿）时刻，本位信号状态翻转。由于该类型的计数器中所有位的 JK 触发器时钟源不是同一个时钟源，因此称之为异步计数器。一个基于 JK 触发器的 4 位异步加法计数器的时序逻辑电路如图 1-28 所示。

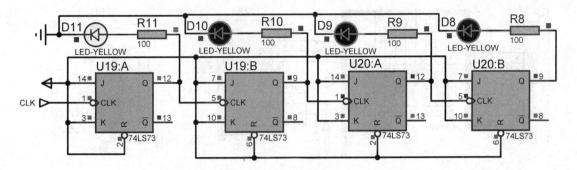

图 1-28 4 位异步加法计数器的时序逻辑电路

另一种更常见的计数器是同步计数器，如图 1-29 所示。图中，所有位的 JK 触发器都由同一时钟源 CLK 驱动。在同步计数器中，每一位 JK 触发器的状态翻转都由 J 端和 K 端的当前状态决定；"当所有低位全 1 时，本位触发器的 J = K = 1"。因此，在图 1-29 所示的 4 位同步计数器 [D_0，D_1，D_2，D_3] 中，D_1 位翻转的条件是 $D_0 = 1$，D_2 位翻转的条件是 $D_0 = D_1 = 1$（用与门实现），而 D_3 位翻转的条件则是 $D_2 = D_1 = D_0 = 1$（用两个与门级联实现）。

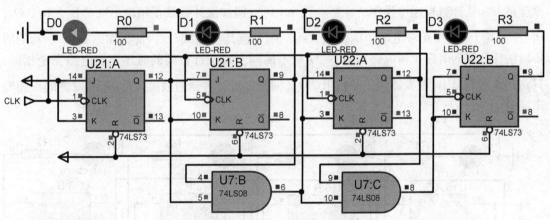

图 1-29 同步计数器的时序逻辑电路

在集成电路器件中，同步计数器较为常见，例如二进制计数器 74LSl63（其电路如图 1-30 所示）、十进制计数器 74LS160 等。这些同步计数器的逻辑功能基本相同，见表 1-18，其中，$D_0D_1D_2D_3$ 为并行输入端，$Q_0Q_1Q_2Q_3$ 为并行输出端，ENT、ENP 为递增使能端，LOAD 为置数端，MR 为清零端；RCO 为进位输出端，CLK 为时钟源端（注意：清零、加载和自加 1 功能都必须满足 CLK 端上升沿跳变的条件才能实现）。

表 1-18 同步计数器 74LS163/74LS160 真值表

$\overline{MR}$	$\overline{LOAD}$	ENT	ENP	CLK	功能	RCO	$Q_0Q_1Q_2Q_3$
×	×	0	×	×	保持	0	$Q_0Q_1Q_2Q_3 = Q_0Q_1Q_2Q_3$
×	×	×	0	×	保持	0	$Q_0Q_1Q_2Q_3 = Q_0Q_1Q_2Q_3$
0	×	1	1	↑	清除	0	$Q_0Q_1Q_2Q_3 = 0000$
1	0	1	1	↑	加载	0	$Q_0Q_1Q_2Q_3 = D_0D_1D_2D_3$
1	1	1	1	↑	自加 1	Q_x 全 1 则 1	{$Q_0Q_1Q_2Q_3$} 状态码 +1

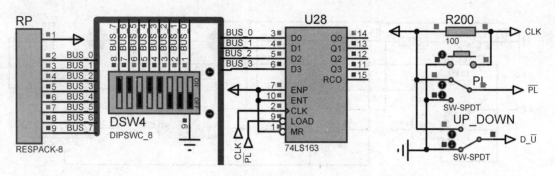

图 1-30　同步计数器 74LS163 示意图

1.5.4　加法/减法计数器

上述异步计数器和同步计数器的时序逻辑电路皆默认在时钟信号 CLK 的驱动下，计数器的输出是递增的，即"加法计数器"。在实际应用中，也有可能需要计数器的输出是递减的，即"减法计数器"。"减法计数器"最简单的构造方法是把加法计数器的输出反相，其原理是：加法计数器递增操作"$+1 = -(-1)$"，即加法计数器正相输出端 $[D_0，D_1，D_2，D_3]$"递增"，其反相输出端 $[\overline{D_0}，\overline{D_1}，\overline{D_2}，\overline{D_3}]$ 就是"递减"。因此，如图 1-31 所示的同步减法计数器的时序逻辑电路与图 1-29 所示的同步加法计数器的时序逻辑电路完全相同，只是其输出端是 JK 触发器的反相输出端 $\overline{Q}$（同步加法计数器的输出端是 JK 触发器的正相输出端 Q）。

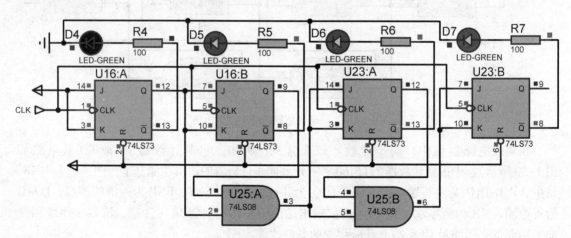

图 1-31　同步减法计数器的时序逻辑电路

见表 1-19，集成电路中也有可以实现递增或递减操作的计数器（称为可逆计数器），例如十进制可逆计数器 74LSl90、二进制可逆计数器 74LSl91 等。同步可逆计数器 74LSl91 电路图如图 1-32 所示，图中，$D_0D_1D_2D_3$ 为并行输入端，$Q_0Q_1Q_2Q_3$ 为并行输出端，使能端 E 和置数端 PL 皆为低电平有效；$D/\overline{U}$ 为操作选择端，$D/\overline{U} = 0$ 时为递增操作（加法计数器），$D/\overline{U} = 1$ 为递减操作（减法计数器）；RCO 为进位/借位标志位，TC 为进位/借位输出端，CLK

为时钟源端（注意：74LS191 的加载不需要 CLK 跳变，仅自加 1 和自减 1 功能需要 CLK 上升沿跳变）。

表 1-19　计数器 74LS191/74LS190 真值表

$\overline{E}$	$\overline{PL}$	$D/\overline{U}$	CLK	功能	RCO	TC	$Q_0Q_1Q_2Q_3$
1	×	×	×	保持	1	0	$Q_0Q_1Q_2Q_3 = Q_0Q_1Q_2Q_3$
0	0	×	×	加载	1	0	$Q_0Q_1Q_2Q_3 = D_0D_1D_2D_3$
0	1	0	↑	自加 1	Q_x 溢出则 ↓ 且 ↑	Q_x 全 1 则 1	$\{Q_0Q_1Q_2Q_3\}$ 状态码 +1
0	1	1	↑	自减 1	Q_x 溢出则 ↓ 且 ↑	Q_x 全 0 则 1	$\{Q_0Q_1Q_2Q_3\}$ 状态码 −1

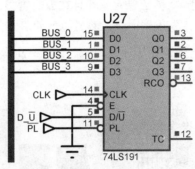

图 1-32　同步可逆计数器 74LS191

1.5.5　任意进制计数器

在集成电路器件中，除了二进制计数器以外，还需要用其他进制的计数器，例如统计显示常用的十进制、时钟显示的六十进制、二十四进制等。十进制计数器有专用的集成电路器件 74LS160，除了数值表示范围 0000～1001 与二进制计数器 74LS163 的数值表示范围 0000～1111 以外，74LS160 的逻辑功能与 74LS163 完全相同，见表 1-18。而其他任意进制的计数器均可以基于 74LS163 增加清零电路构造，例如图 1-33 所示。图中，BUS 总线右边是十进制计数器 74LS160 电路，BUS 总线左边则是基于二进制计数器 74LS163 的电路。BUS 总线两边电路实现的功能完全等效，当 74LS163 的计数值到"1001"后，通过清零电路（与非门）置位清零端 MR，CLK 端的下一个上升沿跳变则令 74LS163 输出强制为 0。因此，74LS163 的数值表示范围限定于 0000～1001（即十进制）。

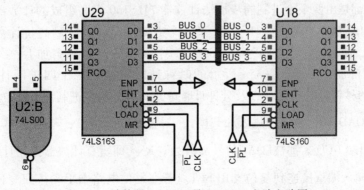

图 1-33　计数器 74LS160 及 74LS163 电路电路图

1.5.6 电子钟

图 1-34 所示是一个计数器设计示例:"时-分-秒"计时显示的电子钟。图中从左到右分别是电子钟的时钟、分钟和秒钟的计时单元,每个单元包括:2 个十进制同步加法计数器 74LS160 分别计数十位和个位,对应的两个数码管显示十位和个位的信息,而 8 位拨码开关用来给 2 个计数器置位。此外,秒钟电路上方是复位电路,其操作方法如下。

1) 若置位端 $\overline{LOAD}$ =0,电子钟处于加载模式:电子钟停止运行,便于重置计时初始值。此时,若手动按钮令信号 RESET 上升沿跳变,则拨码开关 DSW_1/DSW_2/DSW_3 设置的计时初始值将加载到电子钟的时钟/分钟/秒钟单元,并且在数码管显示。启动仿真前,电子钟必须处于该模式,便于启动仿真后,先重置时/分/秒数据,再开始计时。

2) 若置位端 $\overline{LOAD}$ =1,电子钟处于计数模式,开始倒计时。在该模式下,不允许手动按钮令信号 RESET 变化,否则会出错。

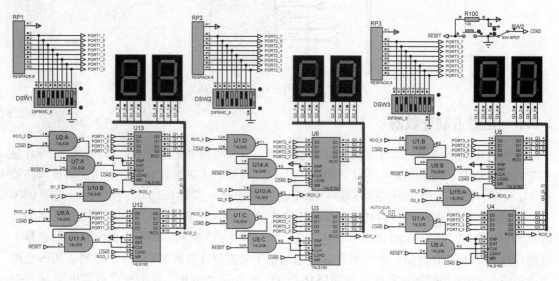

图 1-34 电子钟电路图

图 1-35 所示是电子钟的时钟和秒钟计时单元电路(分钟电路与秒钟电路基本相同,省略不述),它们都是由两个十进制同步加法计数器 74LS160 级联组成的计数器;当低位计数器 74LS163 输出端 $Q_3Q_2Q_1Q_0$ 全"1"时,进位输出端 RCO =1 送到高位计数器 74LS163 的 ENT 和 ENP 端,使得高位计数器 74LS163 在下一次的 CLK 上升沿自加 1 一次(同时 RCO = 0,所以仅一次自加 1)。图 1-35a 所示的时钟计时单元是二十四进制计数器电路,而图 1-35b 所示的秒钟计时单元(以及分钟计时单元)则是六十进制计数器电路。

当置位端 $\overline{LOAD}$ =0,电子钟进入加载模式(初始化或重置):基准脉冲 AUTO-CLK 和所有的进位输出端 RCO_x 都被 $\overline{LOAD}$ 信号屏蔽为"1"(即所有计数器停止计时),而所有计数单元的 CLK 输入端直接连到复位端 RESET。若在复位电路中手动按钮令使 RESET 信号上跳沿跳变,将使时钟/分钟/秒钟计时单元的计数器输入端 $D_0D_1D_2D_3$(连接 8 位拨码开关)

同步置数到输出端 $Q_0Q_1Q_2Q_3$，即计数器加载计时初始值成功。

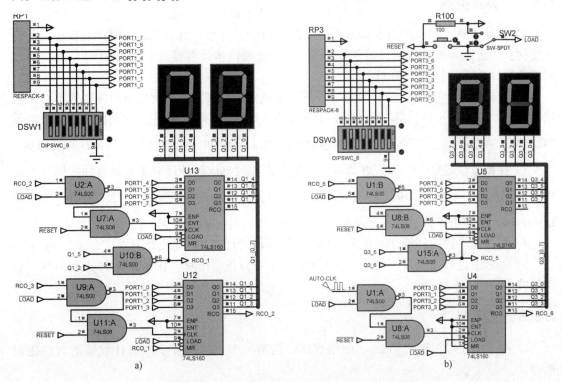

图 1-35　电子钟的时钟和秒钟计时单元电路图
a) 时钟计时单元电路图　b) 秒钟计时单元电路图

当置位端 $\overline{\text{LOAD}} = 1$，电子钟进入计数模式（倒计时）：在秒钟计时单元中，基准脉冲 AUTO - CLK 接入个位计数器 U_4 的 CLK 端，其上升沿跳变驱动计数器 U_4 的输出端自加 1。当计数器 U_4 溢出时，进位输出信号 RCO_6 下降沿跳变。进而，RCO_6 接入十位计数器 U_5 的 CLK 端，驱动 U_5 的输出端自加 1。因为 U_5 输出端的 Q3_5 和 Q3_6 经过与非门接入到清零端 $\overline{\text{MR}}$，当 U_5 计数到 0110 的时候，清零 U_5 的输出端，产生进位输出信号 RCO_5（下降沿跳变）。因此，U_4 和 U_5 计数器构成一个六十进制计数器。

类似地，在分钟计时单元中，秒钟计时单元的进位输出信号 RCO_5 级联到分钟单元的个位计数器 U_3 的 CLK 端，产生的进位输出信号 RCO_4 级联到十位计数器 U_6 的 CLK 端。因为 U_6 输出端的 Q3_5 和 Q3_6 经过与非门接入到清零端 $\overline{\text{MR}}$，当 U_6 计数到 0110 的时候，清零 U_6 的输出端，产生进位输出信号 RCO_3（下降沿跳变）。因此，U_3 和 U_6 计数器也构成一个六十进制计数器。

最后，在时钟计时单元中，分钟计时单元的进位输出信号 RCO_3 级联到本单元的个位计数器 U_{12} 的 CLK 端，产生的进位输出信号 RCO_2 级联到十位计数器 U_{13} 的 CLK 端。因为 U_{13} 输出端 Q1_5 和 Q1_2 经过与非门产生复位信号 RCO_1，同时接入 U_{12} 和 U_{13} 的清零端 $\overline{\text{MR}}$，当 U_{13} 计数到 0010 和 U_{12} 计数到 0100 的时候（即时钟单元计数到 24），RCO_1 = 0 同时清零 U_{12} 和 U_{13}。因此，U_{12} 和 U_{13} 计数器构成一个二十四进制计数器。

1.5.7 实验步骤

1）启动仿真，手动按钮令 CLK 信号下降沿跳变，观察并且对比以下时序逻辑电路的输出变化：二进制异步计数器（黄色 LED 灯）、二进制同步计数器（红色 LED 灯）和二进制同步减法计数器（绿色 LED 灯）。

2）启动仿真，手动按钮令 CLK 信号下降沿跳变，观察并且对比以下时序逻辑电路的输出变化：二进制同步计数器 74LS163、十进制同步计数器 74LS160 和二进制同步可逆计数器 74LS191。在拨码开关设置 8 位数据，通过置位端LOAD或PL设置上述计数器的计数初始值。

3）保持置位端$\overline{LOAD}$＝0，启动电子钟仿真，在时/分/秒钟计时单元各自的拨码开关设置"时/分/秒"计时初始值；令置位端$\overline{LOAD}$＝1，观察电子钟的运行过程。随机令置位端$\overline{LOAD}$＝0，暂停电子钟运行，重新校准"时/分/秒"计时初始值。

4）参考电子钟的秒钟计时单元，构造一个可设置计时初始值的倒计时"秒表"电路。

5）参考上述秒表电路，在电子钟上增加一个定点报时电路。在 0 点和 12 点整时刻，启动蜂鸣器鸣叫十响报时。

1.5.8 思考题

1. 参考图 1-28 和图 1-31，使用逻辑门构造一个二进制异步减法计数器的时序逻辑电路。

2. 参考图 1-33，使用逻辑门构造一个任意进制同步加法计数器的时序逻辑电路。

3. 除了图 1-33 所示电路结构外，还有其他方法可以基于 74LS163 实现任意进制同步加法计数器么？

4. 基于 74LS163 构造一个二进制减法计数器，可以从输入的任意初始值开始倒计时。

5. 参考图 1-28 和图 1-29，使用 D 触发器 74LS74 分别构造二进制异步计数器和二进制同步计数器。

第 2 章　计算机组成原理实验

2.1　状态机实验

2.1.1　实验概述

　　理解状态机的相关概念，通过下列三种基于 D 触发器的计数器结构，构建状态机的状态转移电路：环形计数器、扭环计数器和条件判断的扭环计数器。

　　基于状态机原理，设计一个"交通灯"系统：控制红黄绿信号灯按照以下顺序循环点亮：绿→黄→红→绿→……，红灯、绿灯和黄灯的亮灯持续时间可以通过拨码开关独立设置。若红灯和绿灯是持续亮灯模式，则黄灯是闪烁亮灯模式。

2.1.2　状态机原理

　　从理论上说，任何一个需要周而复始地执行一系列任务（例如 CPU 按顺序从存储器取出指令、再执行指令）的时序系统都可以用"状态机"（State Machine）模型来描述。时序系统的运行周期可以描述为一个预定顺序的时间周期序列，每个周期都对应状态机中一个指定的"状态"。状态机在每个周期中产生特定的操作，完成相应的任务；同时，状态机由时钟驱动，按照外部输入信号和当前状态的反馈，在下一个周期到来之际进行预定的状态转移。

　　根据状态数目是否有限，状态机可以分为有限状态机和无限状态机；根据是否有一个公共的时钟控制，状态机可以分为同步状态机和异步状态机。其中，最常用的同步有限状态机又可以分为以下两种类型：Moore 状态机和 Mealy 状态机，如图 2-1 所示。Moore 状态机的特征是其输出与输入无关，只与当前状态有关：$x(t)$ 为当前输入，$z(t)$ 为当前输出，状态寄存器的当前状态 $s(t)$ 为现态，现态 $s(t)$ 经过组合逻辑 C_2 后的输出 $z(t)$ 则为当前输出。当前输入 $x(t)$ 和现态 $s(t)$ 共同输入组合逻辑 C_1 后，使状态机进入的下一个状态 $s(t+1)$ 称为次态。在时钟 clk 的驱动下，状态机不断进行 $s(t) \rightarrow s(t+1)$ 的状态转移。Mealy 状态机与 Moore 状态机的主要差异是：Mealy 状态机的当前输出 $z(t)$ 不仅与当前输入 $x(t)$ 有关，而且还与现态 $s(t)$ 有关。上述状态机的核心是状态转移电路，其主要有以下两种类型：环形计数器和扭环计数器。

2.1.3　环形计数器

　　环形计数器是由 D 触发器构成的移位寄存器加上反馈电路闭环构成，4 位环形计数器的时序逻辑电路如图 2-2 所示。其中，移位寄存器的低位触发器输出端接入相邻高位触发器输入端，而反馈电路从最高位触发器的串行输出端接入，其输出则连到最低位触发器的串行输入端。

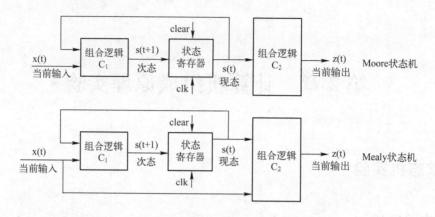

图2-1 同步有限状态机示意图

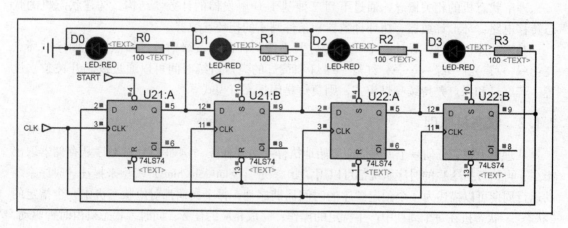

图2-2 4位环形计数器的时序逻辑电路

环形计数器不能自启动,在开始运行前必须令使能信号$\overline{START}=0$,使得环形计数器的4位触发器输出$[D_3,D_2,D_1,D_0]$的状态初始化为0001;然后,在时钟CLK的驱动下,4位环形计数输出$[D_3,D_2,D_1,D_0]$按照以下顺序循环转换:0001→0010→0100→1000→0001→……,如图2-3所示。环形计数器的特征是:n位环形计数器的状态数目N=n,而且其输出$[D_3,D_2,D_1,D_0]$是"单热点"(One Hot)编码,即任

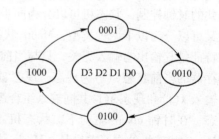

图2-3 4位环形计数器的状态图

何状态下只有一个$D_x=1$。所以,环形计数器的输出D_x本身即是状态的节拍信号,可以标志相应的状态。

2.1.4 扭环计数器

扭环计数器的结构同环形计数器基本类似(2位扭环计数器的时序逻辑电路如图2-4所示),只是其反馈电路略有差别:扭环计数器的反馈电路是从最高位触发器的串行输出端接入，经过反相后再连到最低位触发器的串行输入端。2 位扭环计数器的状态图如图 2-5 所示。图中，扭环计数器的初始状态 00，在时钟 CLK 驱动下，其输出 $[D_B, D_A]$ 按照以下顺序转换：$00 \to 01 \to 11 \to 10 \to 00 \to \cdots\cdots$，扭环计数器的优点是具有自启动特性，无须初始化；而且 n 位扭环计数器的状态数目 $N = 2n$，比 n 位环形计数器的容量高一倍，效率较高。但是扭环计数器的输出不是"单热点"编码，所以其 2 位触发器输出端须通过 2-4 译码器 74LS139 才能转换成状态的节拍信号：$S_0 \to S_1 \to S_2 \to S_3 \to S_0 \to \cdots\cdots$

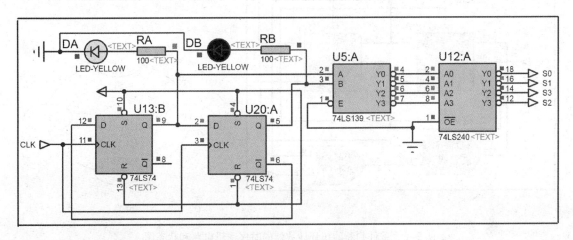

图 2-4　2 位扭环计数器的时序逻辑电路

在上述扭环计数器构成的状态转移电路中，状态机的下一个状态（次态）仅由当前状态（现态）决定。在一些更复杂的时序系统中，状态机的次态不仅与现态有关，而且与当前输入有关，例如在图 2-6b 所示的状态图中，当前状态 S_0 下，若输入条件 $C_0 = 0$，状态机保持在状态 S_0；若输入条件 $C_0 = 1$，则在时钟 clk 的驱动下，状态机如常进行状态转移：$S_0 \to S_1$。该状态图对应的扭环计数器电路如下图 2-6a 所示，在反馈电路上增加了基于条件 C_0 的逻辑判断电路。值得注意的是，条件 C_0 只在状态 S_0 下有效，在其他状态下不起作用。

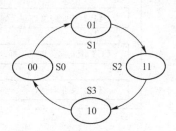

图 2-5　2 位扭环计数
器的状态图

2.1.5　状态机示例：交通灯

本实验以一个"交通灯"系统为例，展示如何运用"状态机"原理来设计时序系统。"交通灯"的状态图如上图 2-7a 所示。其状态机总共有 T_1、T_2 和 T_3 三个状态，每个状态都有不同的亮灯模式和亮灯持续的时间（以倒计时的形式显示）。该状态机没有输入，其状态转移仅仅取决于当前的状态。在时钟 clk（φ）驱动下，状态机按照以下顺序循环转移：$T_1 \to T_2 \to T_3 \to T_1 \to \cdots$，状态转移时序图如图 2-7b 所示。

"交通灯"系统的电路如图 2-8 所示。图中，环形的路口有南北向的两组红黄绿 LED 灯和一对数码管（显示倒计时），路口左边是整个系统的核心——时序发生器电路，路口下方是一个由 BUS 总线连接的计数器电路。在图 2-7a 中，状态机在每个状态【T_x】中完成两个操作：交通灯亮和显示倒计时。时序发生器负责产生节拍 $\{\overline{T_1},\ \overline{T_2},\ \overline{T_3}\}$，直接控制红黄绿"交通灯"；而计数器电路则负责数码管的倒计时显示。

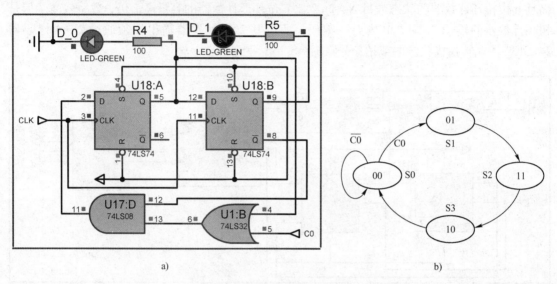

a)   b)

图 2-6　条件判断的扭环计数器的时序逻辑电路和状态图

a）时序逻辑电路　b）状态图

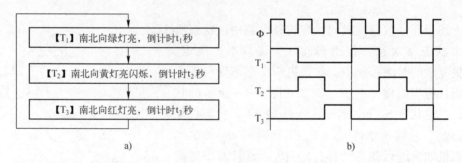

a)   b)

图 2-7　"交通灯"系统的状态图和状态转移时序图

a）状态图　b）状态转移时序图

　　图 2-9 所示为时序发生器电路及其状态图。其中，状态转移电路如图 2-9b 所示，是由两个 D 触发器组成的 2 位扭环计数器，其反馈电路增加了限制：若扭环计数器当前状态输出端为"01"，则下一个状态输出端被强制修改为"10"，即跳过状态"11"。因此，扭环计数器输出经过 2-4 译码器后产生以下节拍序列 $\{\overline{T_1},\ \overline{T_2},\ \overline{T_3}\}$：$\{0,\ 1,\ 1\}\ \rightarrow\ \{1,\ 0,\ 1\}$ $\rightarrow\ \{1,\ 1,\ 0\}\ \rightarrow\ \{0,\ 1,\ 1\}\ \rightarrow\cdots\cdots$状态图则如图 2-9c 所示。图 2-9a 是一个基于寄存器 74LS175 的状态寄存器电路。当加载信号 $\overline{\text{LOAD}}=0$ 时，其下降沿将把节拍序列 $\{\overline{T_1},\ \overline{T_2},\ \overline{T_3}\}$ 锁存，输出信号 $\{R,\ Y,\ G\}$ 控制红黄绿"交通灯"：节拍 $\overline{T_1}$ 和 $\overline{T_3}$ 分别反相生成信号 G（绿灯亮）和 R（红灯亮），节拍 $\overline{T_2}$ 则反相后和时钟信号 CLOCK 逻辑"与"生成信号 Y（黄灯闪烁亮）。

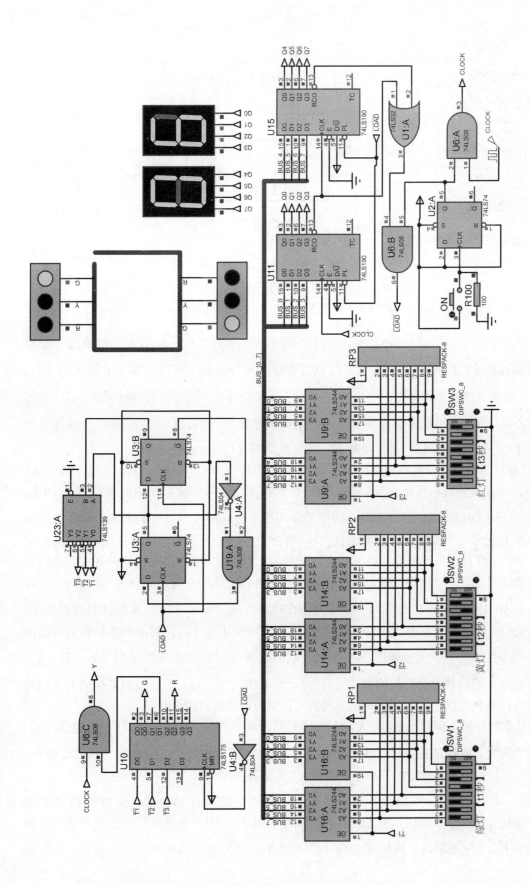

图2—8 "交通灯"系统电路图

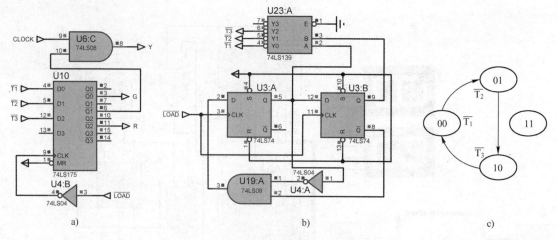

图 2-9　时序发生器电路及其状态图

a）状态寄存器电路　b）状态转移电路　c）状态图

值得注意的是，状态转移电路输出的节拍序列 $\{\overline{T_1}, \overline{T_2}, \overline{T_3}\}$ 实际上是红黄绿"交通灯"当前状态【T_x】的次态【T_{x+1}】，在加载信号 $\overline{LOAD} = 0$ 的下降沿时刻，节拍序列 $\{\overline{T_1}, \overline{T_2}, \overline{T_3}\}$ 被加载到状态寄存器，生成"交通灯"新状态【T_{x+1}】。然后，在信号 $\overline{LOAD} = 1$ 加载完成之际，其上升沿触发状态转移电路，刷新节拍序列 $\{\overline{T_1}, \overline{T_2}, \overline{T_3}\}$ 为"交通灯"当前状态【T_{x+1}】的次态【T_{x+2}】，等待下一次加载时刻（$\overline{LOAD} = 0$）到来。

"交通灯"系统的计数器电路如图 2-10 所示。当按下 ON 按钮后，D 触发器（74LS74）U_2:A 输出端使得方波信号源（可以双击信号源选择方波信号频率）输出时钟信号 CLOCK，且加载信号 $\overline{LOAD}$ 解除锁定。计数器电路则是由两个十进制同步可逆计数器 74LS190 级联实现（U_7 和 U_8 分别是计数器的个位和十位，U_7 借位标志位 RCO 连接 U_8 的时钟端 CLK）。两个计数器 74LS190 的输入端外接总线 BUS_[0..7]，在总线 BUS 上并联三路拨码开关，拨码开关的数值分别对应"交通灯"状态 $\{T_1, T_2, T_3\}$ 各自持续的时间 $\{t_1, t_2, t_3\}$。

图 2-10 中的两个计数器 74LS190 均工作在递减模式（$D/\overline{U} = 1$），其倒计时过程如下：当"交通灯"实现状态转移 $T_{x-1} \rightarrow T_x$ 后，计数器从当前状态【T_x】对应的时间值 t_x 开始倒计时（持续自减1）。此时，如图 2-9 所示，状态转移电路输出的节拍序列 $\{\overline{T_1}, \overline{T_2}, \overline{T_3}\}$ 是"交通灯"当前状态【T_x】的次态【T_{x+1}】。而节拍 $\{\overline{T_1}, \overline{T_2}, \overline{T_3}\}$ 控制着拨码开关的输出，此时在 BUS 总线上的数据也是次态【T_{x+1}】对应的持续时间值 t_{x+1}。

当计数器自减1到输出端 $[Q_0, Q_7] = 00H$ 时刻，两个 74LS190 计数器的借位标志位 RCO 均下降沿跳变，使得加载信号 $\overline{LOAD} = 0$，令计数器 74LS190 进入加载模式，把"交通灯"次态【T_{x+1}】对应的持续时间值 t_{x+1} 加载到两个计数器 74LS190。

然后，信号 $\overline{LOAD} = 1$ 结束加载，计数器 74LS190 恢复计数模式，从新的当前状态【T_{x+1}】对应的持续时间值 t_{x+1} 开始倒计时（持续自减1），即"交通灯"状态已经成功实现转移 $T_x \rightarrow T_{x+1}$。与此同时，信号 $\overline{LOAD} = 1$ 产生的上升沿跳变令节拍序列 $\{\overline{T_1}, \overline{T_2}, \overline{T_3}\}$ 刷

新为当前状态【T_{x+1}】的次态【T_{x+2}】（如图 2-9 所示），控制拨码开关切换输出下一个状态【T_{x+2}】的持续时间值 t_{x+2} 到总线 BUS，等待下一次加载时刻（$\overline{LOAD}=0$）到来。

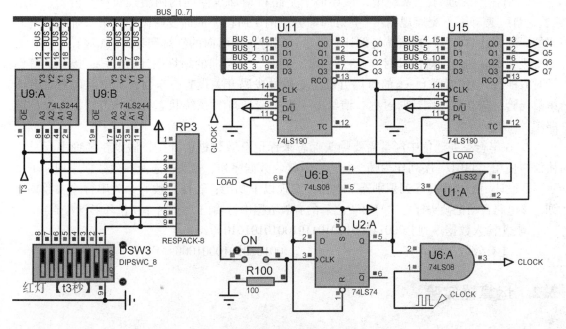

图 2-10　计数器电路图

2.1.6　实验步骤

1）启动仿真，信号 $\overline{START}=0$ 初始化；然后恢复 $\overline{START}=1$，设置条件 $C_0=0$ 或 $C_0=1$。手动按钮令信号 CLK 上升沿跳变，观察并且对比以下状态机电路输出：4 位环形计数器（红色 LED 灯）、2 位扭环计数器（黄色 LED 灯）、条件判断的 2 位扭环计数器（绿色 LED 灯）。

2）启动仿真，按下手动按钮 ON 使"交通灯"开始倒计时运行。在运行过程中，改变当前状态【T_x】和次态【T_{x+1}】对应的拨码开关 DSW_x 和 DSW_{x+1}，设置新的计数初始值。观察当前交通灯运行是否受到影响，以及新设置的计数初始值什么时候生效。

3）参考图 2-4，请使用 JK 触发器 74LS73 设计一个状态机，实现图 2-5 所示的状态图：输出节拍信号 $S_0{\rightarrow}S_1{\rightarrow}S_2{\rightarrow}S_3{\rightarrow}S_0{\rightarrow}\cdots\cdots$（提示："同步加法计数器 + 译码器"结构）。

4）参考图 2-2，请设计一个带自启动功能的 4 位环形计数器（即无需信号 $\overline{START}=0$ 初始化），实现图 2-3 所示的状态图（提示：或非门电路）。

5）参考图 2-2，请设计一个有条件判断的 4 位环形计数器，实现图 2-6b 所示的状态图（即当前状态为 S_0 时，若条件 $C_0=0$，则保持状态 S_0；若 $C_0=1$，则实现状态转移 $S_0{\rightarrow}S_1$）。

6）参考图 2-6 和图 2-9，请设计一个多条件判断且不同分支路径的 2 位扭环计数器，实现如下所述的状态图：状态转移次序 $S_0{\rightarrow}S_1{\rightarrow}S_2{\rightarrow}S_3{\rightarrow}S_0{\rightarrow}\cdots\cdots$当前状态为 S_0 时，若条件 $C_0=0$，则保持状态 S_0；若 $C_0=1$，则实现状态顺序转移 $S_0{\rightarrow}S_1$。当前状态为 S_1 时，若条件 $C_1=0$，则实现状态顺序转移 $S_1{\rightarrow}S_2$；若 $C_1=1$，则实现状态跳跃转移 $S_1{\rightarrow}S_3$。

2.1.7　思考题

1. 请在"交通灯"系统中，在环形十字路口增加东西向的两组红黄绿信号灯。4 组"交通灯"遵守以下交通规则："亮灯周期分成两个阶段，周而复始循环。第一阶段：南北向的绿灯倒计时 t_1 秒，接着黄灯倒计时 t_2 秒，同时，东西向的红灯倒计时（$t_1 + t_2$）秒；第二阶段，南北向的红灯倒计时（$t_3 + t_4$）秒，同时，东西向的绿灯倒计时 t_3 秒，接着黄灯倒计时 t_4 秒"。上述时间 $t_1 \sim t_4$ 的值都可以独立通过拨码开关设置，东西向和南北向各自有一组数码管，独立显示倒计时过程。请给出 4 组"交通灯"系统状态机的状态图，并设计电路图。

2. 在串行总线通信中经常需要帧头标志来标记有效数据的开始，假设在某种串行总线协议中使用"1101"序列作为帧头标志，其接收数据序列、帧头标志及有效数据序列如下所示。请设计一个"串行序列识别器"电路，实现以下功能：若使用拨码开关串行输入数据序列，该电路自动把帧头标志"1101"之后的有效数据串行输出。（提示：4 位环形计数器）

　　例：【输入数据序列】00011000100101**1101**0010101010001000

　　　　【有效数据序列】　　　　　　　　　　　0010101010001000

2.2　运算器实验

2.2.1　实验概述

本实验的主要内容是掌握使用算术逻辑运算器 74LS181 进行算术运算、逻辑运算和基于"累加 - 移位"原理的串行乘法运算。

本实验的运算器 ALU 通路如图 2-11 所示。输入单元（拨码开关）通过三态门 74LS244 向运算器的总线 BUS 输入参与运算的数据，输出单元（数码管）显示总线 BUS 的内容；通路右上方则是两个 74LS273 构成的 8 位寄存器 REG_0 和 REG_1，用来存放运算过程的中间结果和临时数据。除了上述电路以外，通路中还有以两个运算器 74LS181 串行进位形式构成的 8 位运算器电路（包括运算控制信号电路和运算标志位锁存电路）。

2.2.2　算术逻辑运算器 74LS181

由两个 74LS181 级联的 8 位运算器电路如图 2-12 所示。其中，参与运算的两个 8 位数据由总线 LINKBUS_[0..15] 输入，执行的运算类型则由 ALU 控制端 $S_3 \sim S_0$、M 和 CN 决定。此外，运算器有三个标志位：溢出标志位 CF（即 ALU_C）由 ALU_H4B 进位输出端 CN + 4 反向形成，CF = 1 即运算结果溢出；零标志位 ZF 由输出端所有位"或非"形成，ZF = 1 即运算结果为零；符号标志位 SF 是运算结果最高位，SF = 1 即运算结果为负数（补码）。因为 74LS181 没有使能端，所以运算器通过三态门 U_2:A 和 U_2:B 控制上述 ALU 控制端。

注意：当 $\overline{\text{ALU\_OE}}$ = 0，运算结果经过三态门输出到总线 BUS，同时寄存器 U4 锁存运算器三个标志位状态。此时，寄存器 U4 的输出才算当前运算结果的标志位。

运算器 74LS181 的逻辑功能如表 2-1 所示。其中，A 和 B 表示参与运算的两个数，+ 是逻辑或，加是算术和。

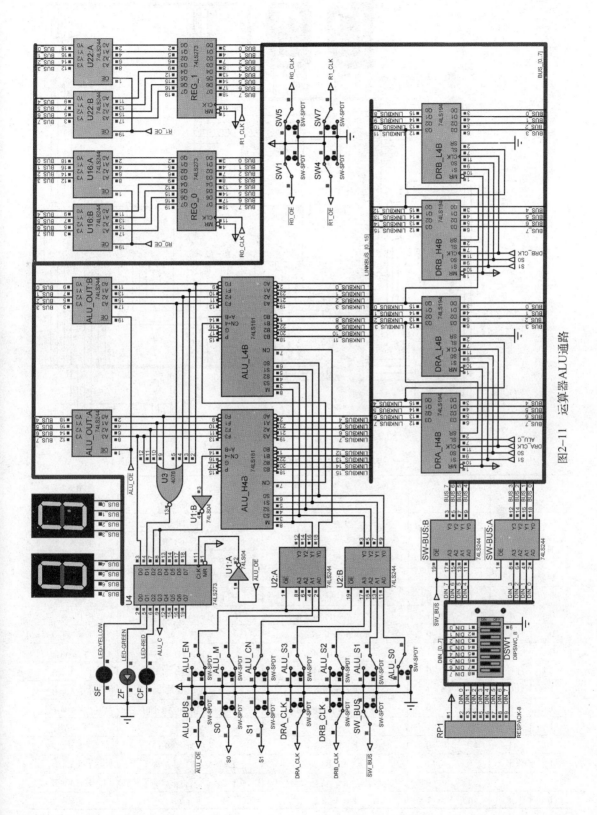

图2-11 运算器ALU通路

43

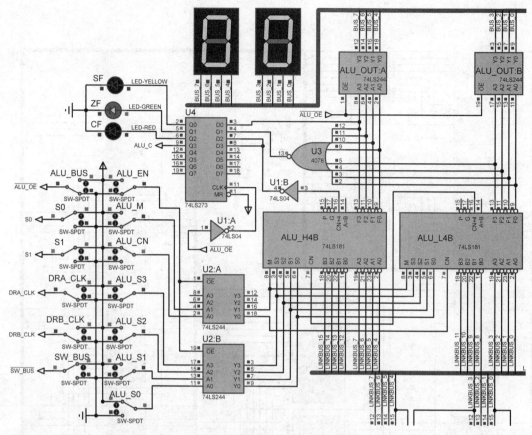

图 2-12　运算器 74LS181 级联电路图

表 2-1　运算器 74LS181 真值表

S_3	S_2	S_1	S_0	M = 0（算术运算）		M = 1（逻辑运算）
				CN = 1 无进位	CN = 0 有进位	
0	0	0	0	F = A	F = A 加 1	F = $\overline{A}$
0	0	0	1	F = A + B	F = (A + B) 加 1	F = $\overline{A + B}$
0	0	1	0	F = A + $\overline{B}$	F = (A + $\overline{B}$) 加 1	F = $\overline{A}B$
0	0	1	1	F = 0 减 1	F = 0	F = 0
0	1	0	0	F = A 加 A$\overline{B}$	F = A 加 A$\overline{B}$ 加 1	F = $\overline{AB}$
0	1	0	1	F = (A + B) 加 A$\overline{B}$	F = (A + B) 加 A$\overline{B}$ 加 1	F = $\overline{B}$
0	1	1	0	F = A 减 B 减 1	F = A 减 B	F = A $\oplus$ B
0	1	1	1	F = A$\overline{B}$ 减 1	F = A$\overline{B}$	F = A$\overline{B}$
1	0	0	0	F = A 加 AB	F = A 加 AB 加 1	F = $\overline{A}$ + B
1	0	0	1	F = A 加 B	F = A 加 B 加 1	F = $\overline{A \oplus B}$
1	0	1	0	F = (A + $\overline{B}$) 加 AB	F = (A + $\overline{B}$) 加 AB 加 1	F = B
1	0	1	1	F = AB 减 1	F = AB	F = AB
1	1	0	0	F = A 加 A	F = A 加 A 加 1	F = 1
1	1	0	1	F = (A + B) 加 A	F = (A + B) 加 A 加 1	F = A + $\overline{B}$
1	1	1	0	F = (A + $\overline{B}$) 加 A	F = (A + $\overline{B}$) 加 A 加 1	F = A + B
1	1	1	1	F = A 减 1	F = A	F = A

注意：在 Proteus 仿真模型中，"F = 1"运算结果是"全 1"，而 ALU 控制端 $S_3 \sim S_0 =$ 1110 的"$F = A + B$"运算和 $S_3 \sim S_0 = 1111$ 的两个"$F = A$"运算都会产生进位。

图 2-12 中，运算器 74LS181 没有使能端，信号 ALU_EN 相当于 74LS181 的使能端。ALU 控制信号 $S_0 \sim S_3$、M 及 CN 经过三态门 74LS244 全部直通两个 74LS181，根据表 2-1 决定 74LS181 实现的运算类型。此外，运算器的数据源由移位寄存器 74LS194 级联构成的 8 位缓存器 DRA 和 DRB 提供，如图 2-13 所示。当两个缓存器的控制信号 $S_0 = S_1 = 1$，74LS194 相当于寄存器：DRA_CLK 或 DRB_CLK 上升沿跳变会把 BUS 总线上的数据打入缓存器 DRA 或 DRB，输出到 LINKBUS 总线，送往 74LS181 级联的 8 位运算器。

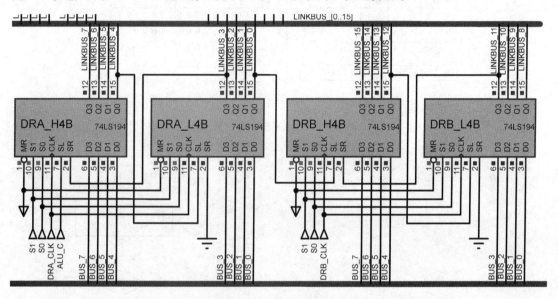

图 2-13　缓存器 DRA 和 DRB

2.2.3　串行乘法运算

运算器 74LS181 不仅可以执行多种算术运算和逻辑运算，而且能通过与移位寄存器结合实现乘法运算。如图 2-14a 所示，两个 8 位二进制数 10101011 和 11010101 的手工乘法运算过程可以视为多次"累加 - 移位"操作，因此有可能通过运算器 74LS181 实现。但是，因为运算的中间结果（部分积）向左移位，手工乘法需要 16 位运算器才能执行累加运算。为了降低运算器的位数，本实验采用图 2-14b 所示的串行乘法原理来实现 10101011 × 11010101。因为串行乘法不断执行"部分积→乘数"右移一位，所以其累加运算只需要 8 位运算器即可。

串行乘法运算的电路示意图如图 2-15a 所示。假设 X 和 Y 是 n 位被乘数和乘数，P 是 X 与 Y 相乘的结果（2n 位）。A、B 和 Q 是 n 位寄存器，加法器进位 CF、寄存器 A 和 Q 连成一个可以右移操作的 2n 位寄存器。图 2-15b 阐释了图 2-15a 所示电路的运行过程，具体如下所述。

初始状态：被乘数 |X| 和乘数 |Y|（绝对值）分别存入寄存器 B 和 Q；寄存器 A 清空，准备存放运算中间结果（部分积）；计数器赋值 n。

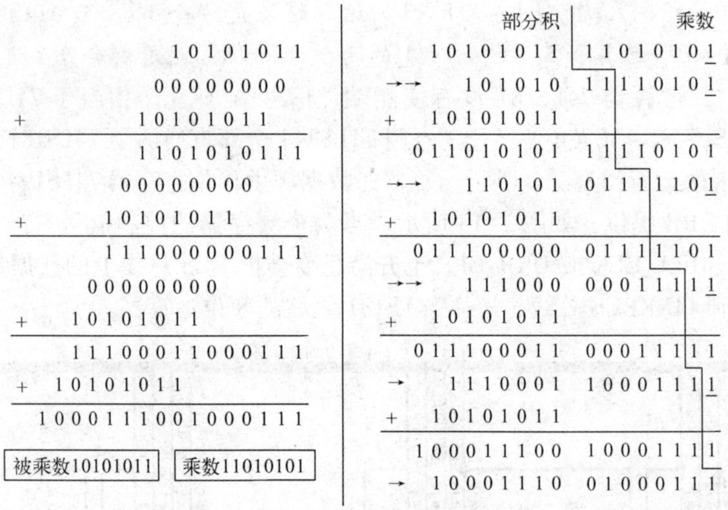

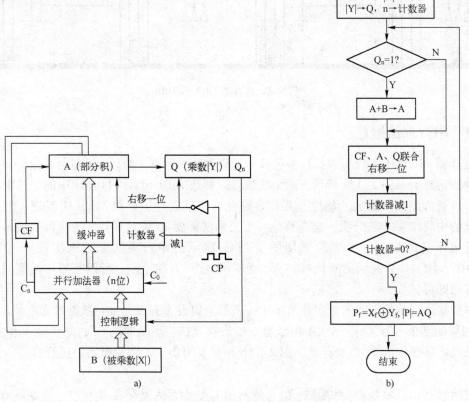

10101011
00000000
+ 10101011
1101010111
00000000
+ 10101011
111000000111
00000000
+ 10101011
11100011000111
+ 10101011
1000111001000111
被乘数10101011
乘数11010101
部分积
乘数
10101011 11010101
→→ 101010 11110101
+ 10101011
011010101 11110101
→→ 110101 01111101
+ 10101011
011100000 01111101
→→ 111000 00011111
+ 10101011
011100011 00011111
→ 1110001 10001111
+ 10101011
100011100 10001111
→ 10001110 01000111

a)　　　　b)

图 2-14　手工乘法和串行乘法

a）手工乘法　b）串行乘法

A（部分积）
Q（乘数|Y|）
Qn
右移一位
CF
缓冲器
计数器
减1
CP
并行加法器（n位）
C0
Cn
控制逻辑
B（被乘数|X|）
开始
0→A，|X|→B，
|Y|→Q，n→计数器
Qn=1?
N
Y
A+B→A
CF、A、Q联合
右移一位
计数器减1
计数器=0?
N
Y
Pf=Xf⊕Yf, |P|=AQ
结束

a)　　　　b)

图 2-15　串行乘法电路和运算流程图

a）串行乘法电路　b）串行乘法运算流程图

1）启动运算，首先判断寄存器 Q 的最低位 Q_n：

若 $Q_n = 1$，说明需要累加，把部分积 A 与被乘数 B 相加，得到新的部分积；若 $Q_n = 0$，说明不需要累加。

2）令加法进位 CF、寄存器 A（保存新的部分积）和寄存器 Q 联合右移一位。

3）计数器自减 1，然后启动下一次运算（返回到第 1）步）。

上述运算循环执行，直到计数器的值减到 0，即总共执行了 n 次循环。此时，乘数 Q 已经完全右移出寄存器 Q，保存在寄存器 A 和 Q 中的是 2n 位乘法结果 |P|（绝对值）的高 n 位和低 n 位。乘积 P_f 的符号位则单独处理，由被乘数和乘数的符号位 A_f 和 B_f 逻辑"异或"得到。

如图 2-13 所示，运算器 ALU 通路中的 8 位缓存器 DRA 和 DRB 就相当于图 2-15 中的寄存器 A 和 Q：缓存器 DRA 的 SL = ALU_C，其最低位连接 DRB 的 SL 端，连成一个 16 位移位寄存器。因为缓存器 DRA 和 DRB 都是由移位寄存器 74LS194 构成，若两个移位寄存器 74LS194 的控制端信号 $S_0 = 0$ 且 $S_1 = 1$，则当时钟信号 DRx_CLK 上升沿跳变时，74LS194 全部执行移位操作 $Q_0Q_1Q_2Q_3 = Q_1Q_2Q_3S_L$。

此时，ALU_C 移入 DRA 最高位，DRA 所有位依次右移，最低位移入 DRB 的最高位，DRB 所有位亦依次右移，即"DRA→DRB"操作。该操作相当于图 2-15 中的"寄存器 A 和 Q 联合右移一位"操作。

注意：必须先 DRB_CLK 上升沿跳变，再 DRA_CLK 上升沿跳变，才能实现"DRA→DRB"操作，而且两个跳变的顺序不能相反。

因为运算器 ALU 通路中只有两个缓存器 DRA 和 DRB，所以，缓存器 DRB 必须同时承担图 2-15 中寄存器 B 和 Q 的作用；而且，在串行乘法的运算过程中，需要借助寄存器 REG_0 和 REG_1 作为临时寄存器，在不同运算切换之际用以保存缓存器 DRB 的数据。

在运算器 ALU 通路中，串行乘法的运算过程如下所述。

初始状态：被乘数 |X| 打入寄存器 REG_0，"0" 打入寄存器 REG_1；

乘数 |Y| 打入缓存器 DRB，而缓存器 DRA 无需初始化（因为第 1）步就赋值"1"）。

1）ALU 执行"F = 1"，结果"0"打入 DRA；又执行"F = A + 1"，结果"1"再打入 DRA。

2）ALU 执行"F = A · B"（逻辑与），观察运算结果零标志位 ZF（即判断最低位 Q_n 是否为 0）：若 ZF = 0（即 $Q_n = 0$），则 REG_1 的值打入 DRA，跳转到第 5）步；若 ZF = 1（即 $Q_n = 1$），则 ALU 执行"F = B"，把 DRB 保存的值打入 REG_1。

4）把 REG_0 的值（"被乘数"）打入 DRB，REG_1 的值打入 DRA，ALU 执行"F = A 加 B"（算术和），运算结果打入 DRA，再把 REG_1 的值打回 DRB。

5）ALU 执行"DRA→DRB"移位（注意 DRA_CLK 和 DRB_CLK 操作的先后顺序）。

6）若乘数所有位都移出 DRB，则运算结束（16 位乘积的高 8 位在 DRA，低 8 位在 DRB）；否则，ALU 执行"F = A"，把 DRA 保存的部分积打入 REG_1，返回第 1）步。

2.2.4 实验步骤

1）在启动仿真前令 ALU_EN = 1。启动仿真后，$\overline{\text{SW\_BUS}} = 0$，手动拨码开关向缓存器 DRA 和 DRB 分别写入两个 8 位二进制数 A = 0xAA 和 B = 0x55；参照表 2-1 所示的 74LS181 真值表设置 ALU 的控制信号组合（$S_3, S_2, S_1, S_0, M, CN$），进行算术运算（例如 A 加 B、A

减 B 等）和逻辑运算（例如 A·B、A＋B 等）。再令 $\overline{SW\_BUS}=1$，$\overline{ALU\_OE}=0$，观察并且记录运算器 ALU 的输出端 F 和标志位 CF、SF、ZF。

2）请问输入的两个 8 位二进制数 A 和 B，在哪些运算中作为有符号数运算？在哪些运算中作为无符号数运算？此外，在哪些运算中结果只与其中一个输入数有关？在哪些运算中结果与两个输入数都无关？

3）参考图 2-15 和串行乘法的运算步骤，在 ALU 通路上手动执行 8 位二进制数乘法运算 10101011×11010101，观察运算结果是否与图 2-14 保持一致。

2.2.5 思考题

1. 运算器 74LS181 可以执行无符号数的加法和减法运算么？对于有符号数的算术运算，运算器 74LS181 是补码运算器还是原码运算器？

2. 参与串行乘法运算的两个数据是无符号数还是有符号数？若有符号位，怎么处理？

3. 在 ALU 通路中，缓存器 DRA、DRB 的作用是什么？运算结果输出端的三态门 74LS244 的作用是什么？假设去掉缓存器，运算器 74LS181 输入端直接连接 BUS 总线，会有什么问题？假设去掉三态门 74LS244，运算器 74LS181 输出端直接连接 BUS 总线，会有什么问题？

4. 若运算器 74LS181 执行无符号数运算，运算结果的标志位 SF 有意义么？若执行两个有符号数加法"A＋0"，标志位 CF 会置位么？若执行两个有符号数减法"A－0"，标志位 CF 会置位么？为何上述两种结果相同的运算中，标志位 CF 会有差异？

5. 参考图 2-13 和串行乘法的运算步骤，请使用运算器 ALU 通路实现一个 8 位无符号数的左右逻辑移位；请使用运算器 ALU 通路实现一个 8 位有符号数（补码形式）的左右算术移位，即"×2"乘法操作和"÷2"除法操作（注意有符号数是负数的情况）。请问如何判断算术移位后该数是否已经超出其表示范围（即溢出）？

2.3 存储器实验

2.3.1 实验概述

本实验的主要内容是了解 RAM（Random Access Memory，静态随机存储器）和 ROM（Random Access Memory，只读存储器）的工作特性；掌握存储器与总线的连接及存储器地址空间映射的原理。通过设计一个 8 位字长的存储器电路，包括 ROM 和 RAM 两个地址相互独立的存储器，实现对 ROM 和 RAM 存储器的数据读写操作及数据成批导入 ROM 的操作。

2.3.2 存储器电路

本实验的存储器电路如图 2-16 所示，由地址输入单元、存储器及地址选择电路组成。存储器电路中共有两条总线：12 位地址总线 ABUS_[0..11] 和 8 位数据总线 DBUS_[0..7]。图左边是拨码开关构成的 12 位地址输入端，其连接在地址总线 ABUS_[0..11] 上，通过三个绿色数码管输出显示 12 位地址信息。图 2-16 右边则是存储器 ROM、RAM 及其地址选择电路。ROM 和 RAM 存储器内部有三态门结构，其数据输出端直接连在数据总线 DBUS_[0..7] 上，通过两个红色数码管显示 8 位数据信息。

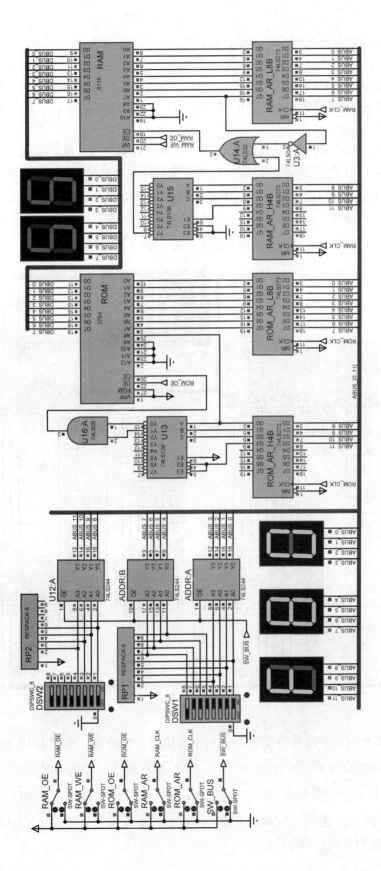

图2-16 存储器电路

存储器是用来存储信息的部件，是计算机的重要组成部分，常见的半导体存储器类型主要有 ROM 和 RAM。ROM 一般容量较大，在断电的时候仍然可以保存数据；ROM 只能读出数据，不能写入数据。而 RAM 存储器一般容量较小，在断电之后就丢失数据；RAM 既可读出数据，又可写入数据。本实验中使用的 ROM 存储器是 2764（$8\,K \times 8\,bit$），RAM 存储器是 6116（$2\,K \times 8\,bit$）。

如图 2-17 所示，ROM 芯片 2764 的数据线 $D_0 \sim D_7$ 接到数据总线，地址线 $A_0 \sim A_8$ 由地址锁存器 74LS273 给出，用来对 ROM 片内存储单元寻址，其余地址线 $A_9 \sim A_{12}$ 接地。2764 有两个控制端：$\overline{CE}$（片选）和 $\overline{OE}$（读）。RAM 芯片 6116 的数据线 $D_0 \sim D_7$ 接到数据总线，地址线 $A_0 \sim A_7$ 由地址锁存器 74LS273 给出，用来对 RAM 片内存储单元寻址，其余地址线 $A_8 \sim A_{10}$ 接地。6116 有三个控制端：$\overline{CE}$（片选）、$\overline{OE}$（读）和 $\overline{WE}$（写）。

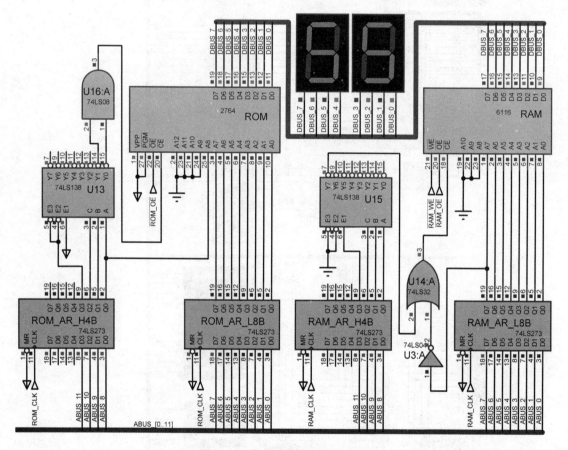

图 2-17　存储器及地址选择电路

存储器电路控制信号的逻辑功能见表 2-2 所示。值得注意的是，在对 ROM 或 RAM 读写的时候，首先必须在存储器的片选有效（$\overline{CE} = 0$）的前提下，才能对相应的存储器读（$\overline{OE} = 0$）或写（$\overline{WE} = 0$）。例如，对 ROM 芯片 2764 进行读操作，必须令使能$\overline{ROM\_CE} = 0$ 且$\overline{ROM\_OE} = 0$。存储器片选信号$\overline{ROM\_CE}$和$\overline{RAM\_CE}$是由地址信号的高 4 位 ABUS_8 ～ ABUS_11 经过片选逻辑电路自动形成的，不需要拨码开关控制。

表 2-2　存储器电路控制信号说明

信　号　名　称	作　　　用	有　效　电　平
ROM_CLK	2764 地址的锁存脉冲信号	上升沿跳变有效（开关手动）
RAM_CLK	6116 地址的锁存脉冲信号	上升沿跳变有效（开关手动）
ROM_CE	2764 的片选有效信号	低电平有效（地址驱动）
RAM_CE	6116 的片选有效信号	低电平有效（地址驱动）
ROM_OE	2764 的读允许信号	低电平有效（开关手动）
RAM_OE	6116 的读允许信号	低电平有效（开关手动）
RAM_WE	6116 的写允许信号	低电平有效（开关手动）
SW_BUS	地址总线输入允许信号	低电平有效（开关手动）

其次，必须在地址锁存器（74LS273）ROM_AR、RAM_AR 锁存地址信号，才能选中存储器片内相应的单元。地址锁存器 ROM_AR 和 RAM_AR 的输入都连接至地址总线 ABUS_0 ~ ABUS_7，在其 CLK 端开关出现上升沿跳变的时候，地址总线 ABUS_0 ~ ABUS_7 的数据打入 ROM_AR 或 RAM_AR 锁存。锁存后无论地址总线 ABUS 如何变化，选中的存储单元也不会发生改变，可以进行稳定的读写操作（存储器数据端输入或输出）。

存储器电路设计的最重要环节是存储器与地址总线的连接，因为连接方式决定了存储器地址空间的映射关系，即决定了每个存储器芯片在整个存储空间中的地址范围。12 位地址总线的理论地址空间为 4 KB（000H ~ FFFH），本实验将其中最低的 512 B 的地址分配为 ROM 区（000H ~ 1FFH），最高的 128 B 地址为 RAM 区（F80H ~ FFFH），其余留空，如图 2-18 所示。

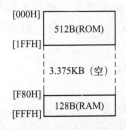

图 2-18　存储器与地址总线连接方式及地址空间范围

存储器电路的设计一般将地址总线区分为低位地址线和高位地址线两部分：低位地址线直接和存储器芯片的地址信号连接作为片内地址译码，而高位地址线的连接主要用来产生片选信号（称为片间地址译码），以决定每个芯片在整个存储系统中的地址范围。

在本实验中，12 位地址总线分为低 8 位地址线和高 4 位地址线。低 8 位地址线 ABUS_0 ~ ABUS_7 分别与 ROM 和 RAM 芯片的地址线 A_0 ~ A_7 共用；高 4 位地址线 ABUS_8 ~ ABUS_11 则通过两个 3 - 8 译码器进行译码，如图 2-17 所示。低位 3 - 8 译码器 U_{13} 最低 2 位之一输出有效，则片选 ROM 芯片（"负逻辑"判断，使用与门）；同样，高位 3 - 8 译码器 U15 最高 1 位输出与地址线 A_7 同时有效，则片选 RAM 芯片（"负逻辑"判断，A_7 先反相，再使用或门）。

值得注意的是，相同的存储器地址空间映射，可以有不同的片选电路实现方法（例如使用"正逻辑"判断）。

2.3.3　ROM 批量导入数据的技巧

在本书的实验中，最重要的技巧是如何把一组程序或数据一次性批量导入 ROM 中，才能使 ROM 在往后的实验中可以充当程序存储器或数据存储器的角色。本书借用 8051 单片机的伪汇编指令来实现上述功能。具体操作步骤如下。

1）新建 TXT 文件，把 .txt 后缀改名为 .asm 后缀，然后按照下列伪汇编指令格式输入数据。

```
ORG  0000H
     DB      01010101B
     DB      01010101B
     DB      01010101B
     DB      01010101B

ORG  0024H
     DB      0AAH
     DB      0AAH
     DB      0AAH
     DB      0AAH
END
```

注：上述代码中的语句"ORG xxxxH"规定该语句后所跟数组存储的首地址，数组末尾必须以其他 ORG 语句或"END"作为结束。在 ASM 文件中可以使用多个 ORG 语句来规定在存储器的不同位置存放不同长度的数组。在 ORG 语句后的"DB xxxxxxxxB"或"DB xxH"语句都表示一个存储单元存放的 8 位数据，前者是二进制，x 表示 0 或 1；后者是十六进制，x 表示 0～9 和 A～F（注：若十六进制数据 xxH 大于 A0H，则要写成 0xxH，例如"DB 0A0H"）。

2）在 Proteus 仿真界面的通用工具栏中单击"Source Code"图标，打开"Source Code"标签页。

如果该工程没有打开过 ASM 文件，则打开的标签页为空，需要在菜单栏中选择"Source Code"→"Create Project"命令，弹出图 2-19a 所示的对话框。此处，在"Family"下拉列表框中选择"8051"，在"Contoller"下拉列表框中选择"80C51"，"Compiler"下拉列表框默认选择"ASEM -51（Proteus）"。注意："Creat Quick Start Files"复选框无需勾选。最后单击"确定"按钮。

注意：如果购买的 Proteus 版本不支持 8051 内核，则此处的"Family"和"Controller"下拉列表中找不到"8051"或"80C51"。这意味着在 Proteus 内无法编译 ASM 文件，必须借助支持 8051 内核的第三方编译软件（例如 Keil 软件，1 KB 以内的代码可以用免费版本）把 ASM 文件编译成 HEX 文件，再导入 Proteus 的存储器，即生成 HEX 文件，然后直接跳到步骤 7）。

3）如图 2-19b 所示，标签页上会出现新工程"∗80C51（）"后，右击"Source Files"，在弹出的快捷菜单中选择"Add Files"（或"Import Existing File"）命令，在弹出的视窗中选择所需的 asm 文件，单击"确定"按钮就将其添加到当前的工程中。

4）在工程中已经添加的 ASM 文件上双击，会在右侧打开 ASM 文本内容，如图 2-20a

所示。如果该工程之前已经添加且编译过 ASM 文件，则弹出的"Source Code"标签页右侧会直接显示 ASM 文本内容，可以直接对 ASM 文本内容进行修改和保存。如果要更换 ASM 文件，可以右击 ASM 文件，在弹出的快捷菜单中选择"Remove File"命令删除当前 ASM 文件，然后右击"Source Files"并在弹出的快捷菜单中选择"Add files"（或"Import Existing File"）命令，在弹出的视窗中重新选择 ASM 文件。

5）如图 2-20b 所示，若第一次编译 ASM 文件，则右击 ASM 文件，在弹出的快捷菜单中选择"Project Settings"命令，在"Controller"下拉列表框中选择"80C51"，取消勾选"Embed Files"（或"Attach Files"）复选框，确保编译生成的 HEX 文件在当前工程的目录下，最后单击"OK"按钮。

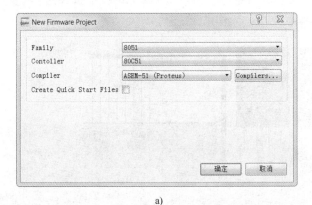

a)   b)

图 2-19 新建工程及选择源文件

a)"New Firmware Project"对话框 b) 源文件

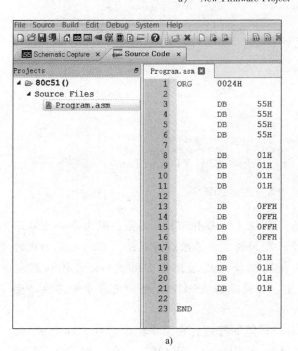
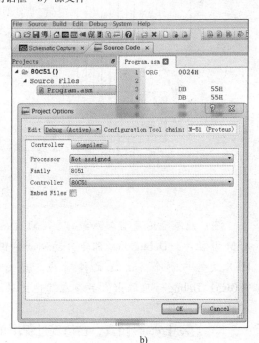

a)   b)

图 2-20 asm 文件及"Project Options"对话框

6）右击 ASM 文件，选择"Build Project"命令进行编译。编译成功后，在下方出现"Compiled successfully!"字样。此时，在当前工程文件夹的子文件夹 80C51 下的 Debug 文件夹里面，就有编译后生成的 HEX 二进制文件（请注意看文件的修改日期，确认是最近编译的文件）。该 HEX 文件默认编译后的文件名为"Debug. hex"。

注：一个良好的编程习惯是每次编译生成 HEX 文件后，就将其重命名为跟 asm 源程序一致的文件名，然后与同名 ASM 源程序放在另外的固定目录下。否则，下一次编译其他 ASM 源程序的时候，会在相同路径生成重名的 Debug. hex 文件，从而把以前编译的 HEX 文件覆盖。

7）双击 ROM 芯片，弹出如图 2-21 所示的对话框。在"Image File"中选择所需烧写的 HEX 文件，单击"OK"按钮，ROM 加载成功，操作结束。

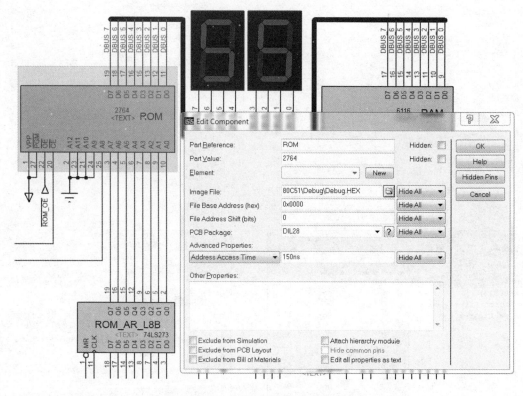

图 2-21　烧写 HEX 文件示意图

注：应尽量避免直接加载"80C51\Debug"路径下的 Debug. hex 文件，因为每一次编译 ASM 源程序，Debug. hex 都会自动刷新。但是，相同的文件名很容易混淆，难以确定加载的 HEX 文件与哪个 asm 源文件对应。最好在每次编译完成后，把 Debug. hex 文件从路径"80C51\Debug"里取出，另存在其他文件夹中，并且根据 ASM 源文件的内容重命名编译生成的 HEX 文件。

8）启动 Proteus 仿真，在仿真过程中单击"暂停"按钮；在菜单栏中选择"Debug"→"Memory Contents – ROM"或"Debug"→"Memory Contents – RAM"命令，如图 2-22 所示。注意：仿真工程有多少个存储器，就有多少个 Memory Contents 可供选择。选择需查看的 Memory Contents 选项，则显示对应的存储器内容：其中，蓝色为该行的首地址（对应的是左边第一个黑色数据 xxH），黑色为存储单元中的数据，按顺序从左到右，从上到下排列显示。可以通过调整显示框的宽度来改变蓝色的行首地址显示，方便查看某一个固定的地址。值得注意的是，图中显示的存储器地址是存储器地址线（例如本实验中的 $A_0 \sim A_7$）所定义的地址，而实际的地址空间不仅要看存储器的地址线，还要参考各存储器片选信号的译码逻辑电路。此外，除非被新的 HEX 文件覆盖，否则通过 HEX 文件烧写定义的数据段会永远存在。所以，图 2-22 中显示的二进制数据内容比当前 HEX 文件对应的 ASM 源程序中定义的数据要多。

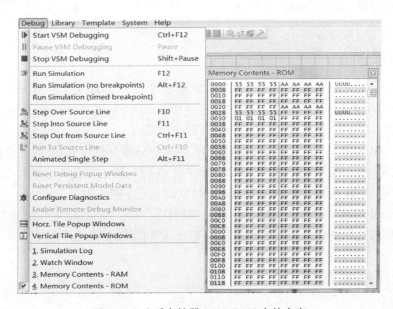

图 2-22　查看存储器 ROM/RAM 中的内容

如果仿真出现图 2-23 所示报错，可能是工程路径下原来加载 hex 文件的路径被取消，或是被移动到不同路径的文件夹下，或是文件名变了。特别是在工程下有多个 ROM 需要加载的时候，要留意在移动或修改工程的时候不要破坏原有的 ROM 加载路径。

⊗ Cannot open data file [INSTRUCTIONS\EPROM1.HEX] in memory primitive [EPROM1_U1].

图 2-23　报错

2.3.4　实验步骤

1）按照"2.3.3　ROM 批量导入数据的技巧"小节所述，将 project. asm 文件编译的 hex 二进制文件加载到 ROM 芯片 2764，并且查看 ROM 烧写的数据段是否正确。

2）启动仿真前，令 $\overline{ROM\_OE} = \overline{RAM\_OE} = \overline{RAM\_WE} = 1$；启动仿真后，令 $\overline{SW\_BUS} = 0$，手动拨码开关输入 024H 到地址总线 ABUS_[0..11]（绿色数码管显示）。

3）令地址锁存信号 ROM_CLK 上升沿跳变 0→1，将地址总线上的 024H 打入地址锁存器 ROM_AR；令 $\overline{ROM\_OE} = 0$，使能 ROM 存储器 2764 输出，在数据总线 DBUS_[0..7]（红

色数码管显示）上查看存储单元[024H]读出的内容。

4）手动拨码开关，向地址锁存器 RAM_AR 打入地址 F80H；令 $\overline{RAM\_WE}$ = 0，使能 RAM 存储器 6116 输入，把存储单元[024H]的内容写入存储单元[F80H]。再令 RAM_WE = 1，结束对 RAM 存储器的写入操作。

5）令 $\overline{ROM\_OE}$ = 1（禁止 ROM 存储器 2764 输出）且 $\overline{RAM\_OE}$ = 0（允许 RAM 存储器 6116 输出），在数据总线 DBUS_[0..7]上观察存储单元[F80H]的写入内容是否正确。

6）按照上述操作，把 ROM 存储器单元[024H]、[028H]、[02CH]、[030H]的内容依次写入 RAM 存储器单元[F80H]、[F81H]、[F82H]、[F83H]，查看写入 RAM 的数据是否正确。

2.3.5 思考题

1. 假设把 project. asm 文件中的某个 ORG 语句改为"ORG 0224H"，请问该 ORG 定义的数据段还能被访问到么？如果不能，是数据批量导入 ROM 出错么？请修改 ROM 的地址片选电路，保证"ORG 0224H"所定义的数据段能被访问到。

2. 为何 ROM 和 RAM 需要使用两个独立的 3 – 8 译码器？假设 RAM 的片选电路与 ROM 的片选电路共用一个 3 – 8 译码器，即 ROM 所在 3 – 8 译码器的最低 2 个端口给 ROM 使用，最高 1 个端口给 RAM 使用。请给出 ROM 和 RAM 的地址空间范围。

3. 假设 RAM 的地址空间范围改为 800H ~ 8FFH，请问存储器地址片选电路如何修改？假设再把 ROM 的地址空间范围改为 600H ~ 7FFH，请问存储器地址片选电路又如何修改？

2.4 微程序控制器实验

2.4.1 实验概述

本实验主要内容是理解"微程序"设计思想，掌握微程序控制器的结构和设计方法。设计一个"最小版本"的 CPU：只有 4 条指令，唯一的功能是"程序跳转"，见表 2-3 所示。

表 2-3　CPU 指令列表（微程序版）

指令	OP 码（$I_7 I_6 I_5$）	机器语言程序示例	指令功能说明
NOP	0 0 0	00000000；NOP	"空"指令，不执行任何操作
HLT	1 1 1	11100000；HLT	硬件停机
JMP1	0 0 1	00100000；JMP1 xxxxxxxx；addr1	直接寻址：程序跳转一次到地址 addr1 执行"addr1 →PC；"
JMP2	0 1 0	01000000；JMP2 xxxxxxxx；addr1	间接寻址：程序跳转二次到地址 addr2 执行"[addr1] = addr2,addr2→PC；"

微程序版"最小版本"CPU 由时序发生器（CLOCK UNIT）、微程序控制器（CON-TROLL UNIT）和数据通路组成，如图 2-24 所示。时序发生器输出预定的 CPU 时序，通过微程序控制器按时序产生操作信号，在数据通路中完成 CPU 的程序跳转。

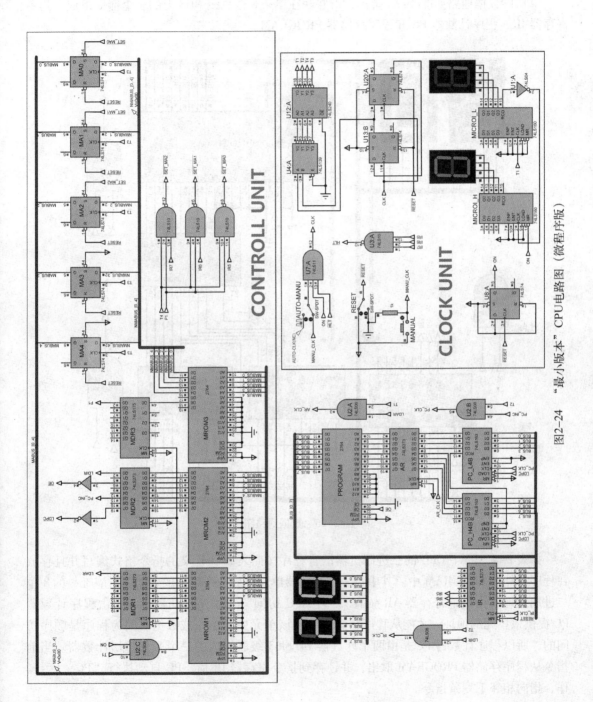

图2-24 "最小版本" CPU电路图（微程序版）

2.4.2 数据通路

CPU 的数据通路如图 2-25 所示，由并联在单条 8 位总线 BUS 上的三个部件组成：指令寄存器 IR、程序计数器 PC 和程序存储器 PROGRAM。

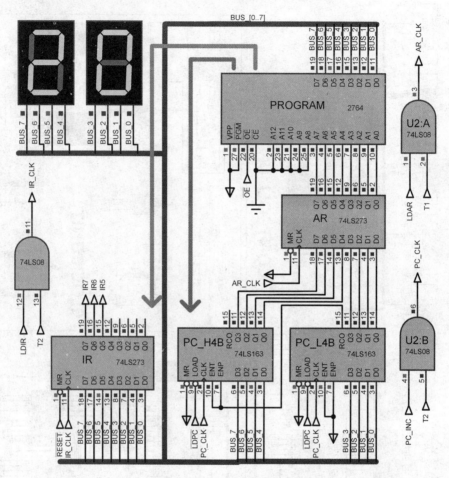

图 2-25　数据通路图

如表 2-4 所示，CPU 的二进制机器语言程序按照表 2-3 定义的指令格式编写并且存放在程序存储器 PROGRAM 中。其中每一个存储器单元存放一个字节的数据，对应唯一的 8 位二进制地址（由地址寄存器 AR 锁存）。若 CPU 访问某个程序存储器单元，由程序计数器 PC 提供该单元的地址，才能从程序存储器取出该单元中的指令或数据。因为程序是顺序访问的，所以程序计数器 PC 是由两个计数器 74LSl63 级联构成的一个 8 位递增计数器。当前指令从程序存储器 PROGRAM 取出，并锁存到指令寄存器 IR 后，PC 自动执行 "PC + 1" 操作，指向相邻下一条指令。

仔细分析表 2-4 可知，微程序版 CPU 指令的状态图如图 2-26 所示。图中所有指令的取指操作都是相同的，即图 2-25 中紫色箭头所表示的指令流（ROM→IR）：CPU 从程序存储器 PROGRAM 取出指令，经过总线 BUS 流向指令寄存器 IR。NOP 和 HLT 指令只有上述取指操作，没有执行操作（HLT 指令取指后硬件停机）。而 JMP1 和 JMP2 指令除了上述取指操作外，实际只有一种执行操作，即图 2-25 中红色箭头所表示的数据流（ROM→PC）。CPU 从程序存储器 PROGRAM 取出数据，经过总线 BUS 流向程序计数器 PC。两种跳转指令的不同之处在于：JMP1 指令的第二字节是目标地址（直接寻址），只要一次数据流（ROM→PC）就把目标地址送入 PC；而 JMP2 指令的第二字节是存放目标地址的存储器单元地址（间接寻址），需要连续两次数据流（ROM→PC）才能把目标地址送入 PC。

表 2-4　机器语言程序示例

存储器地址	数据（B）	汇编助记符	存储器地址	数据（B）	汇编助记符
00H	00100000	JMP1，06H	05H	00000000	NOP
01H	00000110		06H	00000010	NOP/Addr
02H	11101010	HLT	07H	11100001	HLT
03H	00001010	NOP/Addr	08H	01000000	JMP2，[06H]
04H	00000000	NOP	09H	00000110	

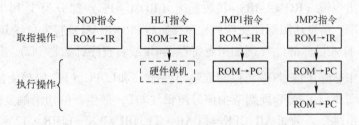

图 2-26　CPU 指令的状态图（微程序版）

2.4.3　微程序原理

在图 2-25 中，虽然 CPU 指令的状态类型只有两种（指令流和数据流），但是每一条指令拥有的状态数目都不尽相同，其中最关键的问题是如何根据不同的指令来判断状态的转移。本实验拟采用"微程序"原理来解决这个问题：图 2-26 中每一条 CPU 指令都是一个"任务"，一个状态则对应一条"微指令"。若干条"微指令"组合成一段"微程序"，解决相应的"任务"。

本 CPU 的微指令结构如图 2-27 所示。微指令字长 24 位，其中 1~5 位表示该微指令执行后，下一条微指令的地址 $[uA_4, uA_0]$（即下址转移方式）；6~7 位是判断字段 P_x（其中 P2 位空缺，$P_1 = 1$，表示本微指令是取指周期微指令；$P_1 = 0$，表示执行周期微指令）；微指令的 8~24 位是微命令字段（其中某位置"1"，表示该位的微命令有效；反之，置"0"则表示该位的微命令无效）。微命令即图 2-25 所示 CPU 数据通路中的微操作信号，见表 2-5。

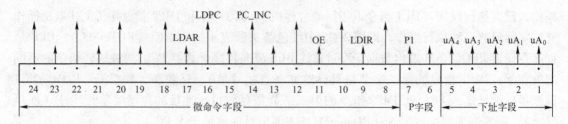

图 2-27 微指令结构图

表 2-5 微命令字段输出的微操作信号列表

微操作信号	功　　能	微操作信号	功　　能
$\overline{\text{OE}}$	从存储器 PROGRAM 读出数据	$\overline{\text{LDPC}}$	加载程序计数器 PC
LDAR	加载地址寄存器 AR	LDIR	加载指令寄存器 IR
PC_INC	程序计数器 PC 递增或被加载		

仔细观察图 2-25 所示的 CPU 数据通路图，可以发现指令的取指或执行过程都是指令或数据从一个部件打入总线 BUS，再从总线 BUS 打入另一个部件的过程。为了保证上述操作的先后次序，指令流（ROM→IR）和数据流（ROM→PC）都分为 T_1 和 T_2 两个周期，见表 2-6。在 T_1 周期，信息从源部件（例如程序存储器 PROGRAM）打入总线 BUS；在 T_2 周期，信息从总线 BUS 打入目标部件（例如指令寄存器 IR 或者程序计数器 PC）。因此，表 2-5 所列的微操作信号中，除了信号 $\overline{\text{OE}}$（存储器输出使能）和 $\overline{\text{LDPC}}$（PC 加载使能）是全过程有效外，其他信号需要与 T_1 或 T_2 周期节拍信号逻辑"与"，产生新的边沿触发信号，在指定周期开始时刻上升沿跳变，例如 AR_CLK = LDAR · T1，IR_CLK = LDIR · T2 和 PC_CLK = PC_INC · T2。

表 2-6 数据通路的微操作信号列表

		有效的微操作信号	功　　能
指令流 ROM→IR	T_1	$\overline{\text{OE}}$,AR_CLK(LDAR)	PC→AR，ROM→BUS
	T_2	$\overline{\text{OE}}$,IR_CLK（LDIR）,PC_CLK(PC_INC)	BUS→IR，PC + 1
数据流 ROM→PC	T_1	$\overline{\text{OE}}$,$\overline{\text{LDPC}}$,AR_CLK(LDAR)	PC→AR，ROM→BUS
	T_2	$\overline{\text{OE}}$,$\overline{\text{LDPC}}$,PC_CLK(PC_INC)	BUS→PC

综合图 2-27 和表 2-6 分析 CPU 指令的状态图 2-26，可以得到图 2-28 所示的 CPU 指令的微程序流程图。图中每一个方框在时间上表示一个微指令周期，包括 T_1（源部件→总线）和 T_2（总线→目标部件）两个周期；在空间上表示一条微指令，通过一系列微操作信号使得信息从某个源部件经过总线 BUS 到达目标部件。图中每个方框的右上方是对应微指令的地址，右下方是对应微指令的下一条微指令的地址（简称"下址"）。

如图 2-28 所示，微程序首先执行的是所有 CPU 指令公共的取指微指令，即指令流（ROM→IR）。取出指令后，P_1 菱形框表示指令译码及地址转移：根据当前指令 OP 码的 $I_7I_6I_5$

位形成其执行周期第一条微指令地址 $[00I_7I_6I_5]$（详细参见图 2-31 所示的地址转移逻辑），从而选择该指令的执行周期。菱形框之下的 4 条路径对应表 2-3 中 4 条 CPU 指令的执行周期，其中每个方框是一条执行微指令，即数据流（ROM→PC）。值得注意的是，NOP 指令和 HLT 指令只有取指周期，没有执行周期。NOP 指令的 OP 码是 000，取指后译码得到的第一条微指令地址仍为 [00000]，即直接返回下一条指令的取指周期。而 HLT 指令的 OP 码是 111，译码后直接令硬件停机。在所有路径末尾，最后一条微指令的下址 [uA4 - uA0] 都必须是取指微指令地址 [00000]，即一条 CPU 指令结束后必须返回取指周期，准备取出下一条 CPU 指令。如图 2-28 左上角所示，CPU 运行过程就是不断循环的取指令和执行指令。图 2-28 中共有三条微指令，见表 2-7（代码含义请参考图 2-27）。

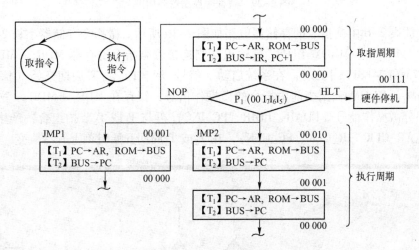

图 2-28　CPU 指令的微程序流程图

表 2-7　微指令代码表

Addr	24	23	22	21	20	19	18	17	16	15	14	13	12	11	10	9	8	7	6	5	4	3	2	1
00000	0	0	0	0	0	0	0	1	0	0	1	0	0	1	0	1	0	1	0	0	0	0	0	0
00001	0	0	0	0	0	0	1	1	0	1	0	0	1	0	0	0	0	0	0	0	0	0	0	0
00010	0	0	0	0	0	0	1	1	0	1	0	0	1	0	0	0	0	0	0	0	0	0	0	1

2.4.4　微程序控制器

　　负责执行图 2-28 所示微程序流程图的 CPU 部件是微程序控制器，其结构由控制存储器、微指令寄存器、微地址寄存器和地址转移逻辑电路组成，如图 2-29 所示。CPU 启动或复位后，微地址寄存器清零，控制存储器从地址 [00000] 开始输出微指令。如图 2-27 所示，微指令结构包括控制字段、下址字段和判断字段。控制字段即下图中的微命令字段，直接输出微操作信号执行当前微指令；下址字段锁存在微地址寄存器，待当前微指令执行完后，再从控制存储器取出下一条微指令。若当前微指令是取指微指令，则 P 字段启动地址转移，根据指令寄存器 IR 中的 OP 码修改微地址寄存器，转向指令执行周期的第一条微指令。

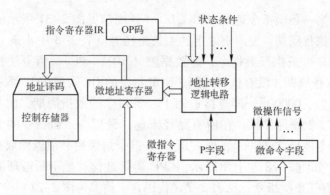

图 2-29　微程序控制器结构图

负责存放表 2-6 中微指令的存储器电路如图 2-30 所示。微指令存储器字长 24 位，由 3 块 2764 芯片 MROM$_1$ ~ MROM$_3$ 组成，其输出端则连接着微指令寄存器 MDR$_1$ ~ MDR$_3$（由寄存器 74LS273 和 74LS175 构成）。在系统启动（信号 ON = 1）或 T$_1$ 周期开始（信号 T$_1$ = 1）时刻，MROM$_1$ ~ MROM$_3$ 输出当前微指令的微操作信号，锁存在 MDR$_1$ ~ MDR$_3$，送往数据通路执行。部分微操作信号（LDAR、LDIR、PC_INC）再与 T$_1$ 或 T$_2$ 节拍组合，产生新的边沿触发信号（AR_CLK、IR_CLK、PC_CLK），在 T$_1$ 或 T$_2$ 周期开始时刻上升沿跳变。

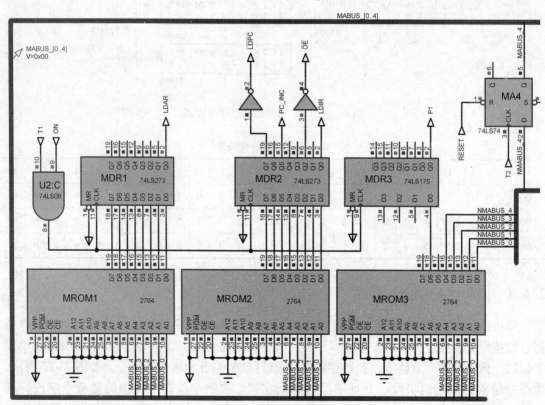

图 2-30　微程序控制器的存储器电路

如图 2-31 所示，微地址寄存器字长 5 位（MA4 - MA0），由触发器 74LS74 组成，其输入端通过 NMABUS 总线连接当前微指令的下址字段[uA$_4$，uA$_0$]，其输出端则通过控制存储器的地址总线 MABUS 送到控制存储器的地址端 $A_4 \sim A_0$。

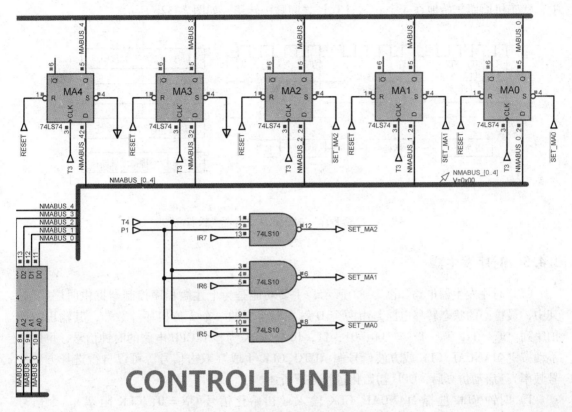

图 2-31　微地址寄存器和地址转移逻辑

　　值得注意的是，微程序控制器结构图 2-29 中的地址转移逻辑（即微程序流程图 2-28 中的菱形框 P_1）在上图 2-31 中对应的就是三个三路与非门 74LS10。在取指周期末尾，微指令下址字段本来是 [00000]，然而判断字段 $P_1 = 1$，启动地址转移逻辑，根据指令寄存器 IR 的 OP 码（$I_7I_6I_5$ 位）生成信号 $\overline{SET\_MAx} = 0$，强制把微地址寄存器 $MA_4 \sim MA_0$ 置位为 $[00I_7I_6I_5]$，即该指令执行周期的第一条微指令地址。

　　因此，上述微程序的地址转移过程需要在微指令周期增加 T_3 和 T_4 两个周期。在 T_3 周期，当前微指令的下址字段 $[uA_4, uA_0]$ 通过 NMABUS 总线打入微地址寄存器 $MA_4 \sim MA_0$（如图 2-31 所示），进而通过地址总线 MABUS 送往微指令存储器 $MROM_1 \sim MROM_3$ 的地址端，使其输出下一条微指令。在 T_4 周期，若当前微指令是执行周期微指令，则 $P_1 = 0$，无任何操作；若当前微指令是取指周期微指令，则 $P_1 = 1$，启动地址转移逻辑，重置微指令地址，跳转到当前指令的执行周期第一条微指令。

　　综上所述，一条微指令的运行过程可以看成一个"状态机"，如图 2-32b 所示。状态机有 4 个状态 $\{T_1, T_2, T_3, T_4\}$，每个状态【T_x】完成从取指、执行到判断下址的相应任务。状态转移 $T_1 \rightarrow T_4$ 的一次循环即一个微指令周期。

　　因为，一条 CPU 指令就是一段微程序，其中包含若干条微指令（至少有一条是取指微指令）。所以，"微程序"时序如图 2-32a 所示。每个指令周期都包含了若干条微指令的机器周期（即微指令周期），其中至少有一个取指微指令周期。每个微指令周期内部包含了 4

个节拍信号 T_x，对应"微指令"状态机的 4 个状态 $\{T_1, T_2, T_3, T_4\}$。在每个微指令周期中，状态机周而复始地在 4 个状态【T_x】之间顺序转移，如图 2-32b 所示。

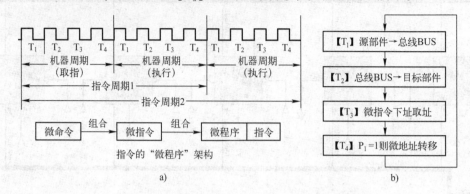

图 2-32 "微程序"时序图和微指令"状态机"

2.4.5 时序发生器

CPU 时序发生器电路如图 2-33 所示，主要功能是为上述微程序控制器提供时序控制。其中，最核心的状态转移电路是由两个 D 触发器组成的一个 2 位扭环计数器，其输出的节拍序列 $\{T_1, T_2, T_3, T_4\} = \{00, 01, 11, 10\}$。CLK 为整个 CPU 电路的时钟信号，可以由手动按键 MANUAL_CLK 或方波信号源 AUTO_CLK 生成（双击信号源可以自行选择方波信号频率）。启动仿真后，CPU 初始化过程如下所述。

1）时钟 CLK 选择 MANUAL_CLK 输入（初始化信号 ON = 0，CLK 阻塞），令信号 $\overline{\text{RESET}} = 0$，扭环计数器强制为状态 $T_1 = \{00\}$。此时，CPU 进入第一条指令的取指周期 T_1 节拍。

2）令信号 $\overline{\text{RESET}} = 1$，其上升沿跳变使初始化信号 ON = 1，CLK 允许输出，初始化完成。

时序发生器还提供了硬件电路实现 HLT 指令的停机功能（即"断点"）。当指令寄存器 IR 的 OP 码 $I_7I_6I_5 = 111$ 的时候，停机信号 $\overline{\text{HLT}} = 0$，阻塞 CLK 输出，CPU 停机在 HLT 指令的取指周期 T_2 节拍上。跳出 HLT 指令"断点"的复位过程与上述初始化过程相同，信号 $\overline{\text{RESET}} = 0$ 令指令寄存器 IR 清零，OP 码 $I_7I_6I_5 = 000$，则 $\overline{\text{HLT}} = 1$，跳出"断点"；同时，扭环计数器强制为状态 $T_1 = \{00\}$。$\overline{\text{RESET}} = 1$，复位成功，CPU 进入 HLT 指令后续下一条指令的取指周期 T_1 节拍。

此外，为了观测微程序的运行，时序发生器电路提供了一个由节拍信号 T_1 上升沿驱动的双位微指令计数器 MICRO - I（由两个十进制加法计数器 74LS160 级联构成），通过数码管显示当前运行第几条微指令，显示范围是 1~99，如图 2-33 所示。

2.4.6 实验步骤

实验 1：JMP1 和 JMP2 指令

1）根据表 2-9 所示微指令代码表和表 2-8 可以编写下列微程序，编译并生成三个 HEX

文件，分别烧写到图 2-30 所示的微指令存储器 MROM₁、MROM₂ 及 MROM₃ 中（切记勿写错存储器）。

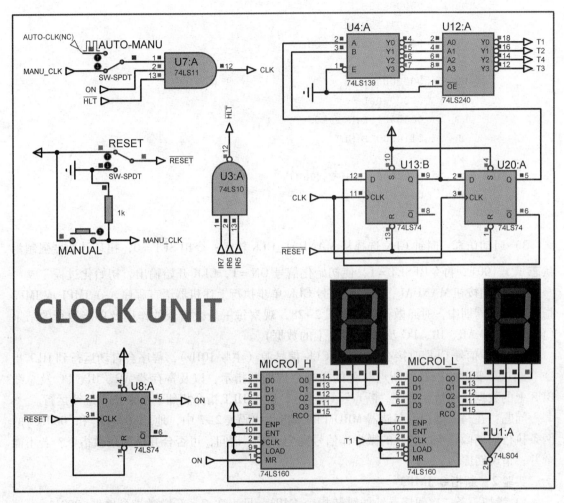

图 2-33　微程序控制器的时序发生器电路图

表 2-8　微指令存储器烧写内容

MROM1 烧写内容		MROM2 烧写内容		MROM3 烧写内容	
ORG	0000H	ORG	0000H	ORG	0000H
DB	00000001B	DB	00100101B	DB	01000000B
DB	00000001B	DB	10100100B	DB	00000000B
DB	00000001B	DB	10100100B	DB	00000001B
DB	00000000B	DB	00000000B	DB	00000000B
DB	00000000B	DB	00000000B	DB	00000000B
DB	00000000B	DB	00000000B	DB	00000000B
DB	00000000B	DB	00000000B	DB	00000000B
DB	00000000B	DB	00000000B	DB	00000000B
END		END		END	

2）编译如下机器语言源程序，生成 HEX 文件烧写到图 2-25 中的程序存储器 PRO-GRAM 中（编译和烧写 ASM 文件的方法参见"2.3.3　ROM 批量导入数据的技巧"）。

```
    ORG    0000H
           DB    00100000B;JMP1,06H
           DB    00000110B
           DB    11101010B;HLT
           DB    00001010B;NOP/Addr

           DB    00000000B
           DB    00000000B
           DB    00000010B;NOP/Addr
           DB    11100001B;HLT

           DB    01000000B;JMP2,[06H]
           DB    00000110B
    END
```

3）启动仿真，时钟 CLK 选择从 MANUAL_CLK 输入；令 $\overline{\text{RESET}}=0$，扭环计数器强制为状态 $T_1=\{00\}$；再令 $\overline{\text{RESET}}=1$，使初始化信号 ON = 1，CLK 开始输出，初始化过程完成。

4）手动按钮 MANUAL，令时钟信号 CLK 单步执行上述机器语言程序。在 JMP1 或 JMP2 指令的指令周期中，对照微程序流程图 2-28，观察每一条微指令的作用及单步执行的结果（例如寄存器 AR、IR、PC 及总线 BUS 上的数据）。

5）时钟信号 CLK 改接在 AUTO-CLK 信号源（主频 10Hz），程序会自动运行到 HLT 指令"断点"暂停。查看"断点"处的微指令周期数指示，以及寄存器 AR、IR、PC 及总线 BUS 上的数据。然后，跳出"断点"（复位），进入 HLT 指令相邻下一条指令继续运行。

问题：在写入微指令存储器 MROM 的微指令代码表 2-7 中，地址[00001]和[00010]的两条执行周期微指令所包含的微操作信号完全一样。请问，可否合并这两条微指令？若不能合并，请说明原因。

实验 2：新指令 JMP3

1）增加一条二次间接寻址的跳转指令 JMP3，见表 2-9。新增微指令地址[00011]，请补充微程序流程图 2-28 及微指令代码表 2-7，实现 JMP3 指令的功能。

表 2-9　跳转指令 JMP3

指令	OP 码	机器语言程序	指令注释
JMP3	011	01100000；JMP3 xxxxxxxxx；addr1	二次间址：程序跳转三次到地址 addr3 执行[addr1] = addr2，[addr2] = addr3，addr3→PC；

2）编译如下机器语言源程序，生成 HEX 文件烧写到图 2-25 所示的程序存储器 PRO-GRAM 中（编译和烧写 ASM 文件的方法参见"2.3.3　ROM 批量导入数据的技巧"）。

```
    ORG    0000H
           DB    00100000B;JMP1,06H
           DB    00000110B
           DB    11101010B;HLT
           DB    00001010B;NOP/Addr
```

DB	01100000B;JMP3,[[0BH]]	
DB	00001011B	
DB	00000010B;NOP/Addr	
DB	11100001B;HLT	
DB	01000000B;JMP2,[06H]	
DB	00000110B	
DB	11100000B;HLT	
DB	00000011B;NOP/Addr	
END		

3）参照实验 1 所述的初始化和手动单步执行的方法，单步执行上述机器语言程序。在 JMP3 指令的指令周期中，对照其微程序流程图，观察每一条微指令的作用及单步执行的结果（例如寄存器 AR、IR、PC 及总线 BUS 上的数据）。

4）参照实验 1 所述的自动运行以及跳出"断点"（复位过程）的方法，自动运行上述机器语言程序到 HLT 指令"断点"暂停。查看"断点"处的微指令周期数指示，以及寄存器 AR、IR、PC 及总线 BUS 上的数据。

问题：在本实验程序中，有部分地址标示"NOP/[ADDR]"，为何相同代码会有不同的执行效果？执行到该处，在什么情况下不执行任何操作？在什么情况下程序跳转？

2.4.7 思考题

1. 微程序版本 CPU 最多有多少条微指令？最多有多少条 CPU 指令？微指令和 CPU 指令的容量分别由什么因素限定？

2. 请问微程序控制器"状态机"可否提升效率以减少到三个状态 $\{T_1，T_2，T_3\}$，即微指令周期可否减少到只用 T_1、T_2、T_3 三个节拍即可完成一条微指令从取指到执行的全过程？

3. 请设计一个带启动/复位功能（提示：信号 $\overline{RESET}$）的 4 位环形计数器，以代替时序发生器的扭环计数器电路，实现相同的状态转移功能。

4. 在图 2-24 所示的"最小版本"CPU 上增加两个寄存器 R_1 和 R_2，以及一个连接总线 BUS 的 8 位拨码开关，扩展 CPU 指令集和微指令代码表，增加表 2-10 中的指令及相应的微指令。

表 2-10　增加的指令及微指令 1

汇编助记符	功　　能	$I_7 I_6 I_5 I_4$	$I_3 I_2$	$I_1 I_0$
MOV RA,RB;	(RB)→RA	0110	RA	RB
SET RA,IMM;	IMM→RA	0011	RA	x/x
		IMM		

注：IMM 是由拨码开关输入的 8 位立即数；RA 和 RB 是在指令功能描述中的逻辑寄存器，对应实际电路中的 R_0 或 R_1 寄存器。

5. 在图 2-24 所示的"最小版本"CPU 上，参考"2.2 运算器实验"节，增加 74LS181

运算器电路，扩展 CPU 指令集和微指令代码表，增加表 2-11 中的指令及相应的微指令。

表 2-11　增加的指令及微指令 2

汇编助记符	功　能	$I_7I_6I_5I_4$	I_3I_2	I_1I_0
ADD　RA,RB;	(RA)+(RB)→RA	1101	RA	RB
SUB　RA,RB;	(RA)-(RB)→RA	1100	RA	RB
AND　RA,RB;	(RA)∧(RB)→RA	1110	RA	RB
OR　RA. RB;	(RA)∨(RB)→RA	1111	RA	RB
XOR　RA,RB;	(RA)⊕(RB)→RA	1011	RA	RB

2.5　硬布线控制器实验

2.5.1　实验概述

本实验主要内容是掌握硬布线控制器的组成原理，以及设计单周期硬布线 CPU 和多周期硬布线 CPU。与 2.4 节中的微程序版 CPU 相比，两个硬布线版 CPU 的数据通路完全相同，差异在于采用硬布线控制器取代微程序控制器。硬布线版的 CPU 指令集在微程序版本上新增了一条 JMP3 指令，见表 2-12。

表 2-12　CPU 指令列表（硬布线版）

指令	OP 码 $I_7I_6I_5$	机器语言程序示例	指令功能说明
NOP	00 0	00000000;NOP	"空"指令，不执行任何操作
HLT	11 1	11100000;HLT	硬件停机
JMP1	0 0 1	00100000;JMP1 xxxxxxxx;addr1	直接寻址：程序跳转一次到地址 addr1 执行"addr1→PC;"
JMP2	0 1 0	01000000;JMP2 xxxxxxxx;addr1	间接寻址：程序跳转二次到地址 addr2 执行"[addr1]=addr2,addr2→PC;"
JMP3	0 11	01100000;JMP3 xxxxxxxx;addr1	二次间址：程序跳转二次到地址 addr3 执行"[addr1]=addr2,[addr2]=addr3,addr3→PC;"

2.5.2　单周期硬布线控制器

如图 2-34 所示，单周期硬布线 CPU 由蓝线左侧的数据通路和蓝线右侧的单周期硬布线控制器组成。其数据通路与微程序 CPU 的数据通路完全相同，而硬布线控制器则基于单周期的"状态机"来实现表 2-12 中 CPU 指令的取指和执行过程。

仔细分析表 2-12 可知，CPU 指令（硬布线）的状态图如图 2-35 所示。所有指令的取指操作都是相同的指令流 ROM→IR（即 CPU 从程序存储器 PROGRAM 中取出指令，经过总线 BUS 流向指令寄存器 IR）。NOP 和 HLT 指令只有上述取指操作，没有执行操作（HLT 指令取指后硬件停机）；而 JMP1（直接寻址）/JMP2（间接寻址）/JMP3（二次间址）指令的执行操作则分别需要一次、两次和三次数据流 ROM→PC（即 CPU 从程序存储器 PROGRAM 取出数据，经过总线 BUS 流向程序计数器 PC），才能把目标地址送入 PC。

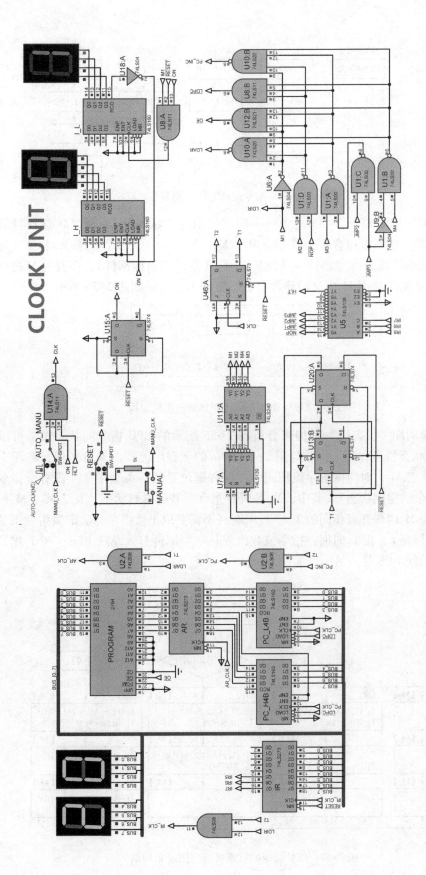

图2-34 "最小" CPU电路图（单周期硬布线）

69

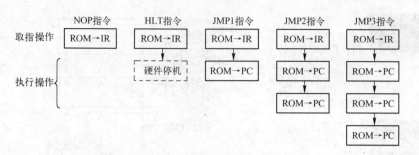

图 2-35　CPU 指令的状态图（硬布线）

单周期硬布线 CPU 将图 2-35 视为一个固定周期的"状态机"，即以状态数目最多的 JMP3 指令为标准，状态机包含 4 个状态 {M_1，M_2，M_3，M_4}，每个状态 M_x 本身又是一个二级状态机，包括状态 T_1（源部件→总线）和 T_2（总线→目标部件）。CPU 循环进行状态转移 M_1→M_4，在每个状态 M_x 内又循环进行状态转移 T_1→T_2，如图 2-36 所示。

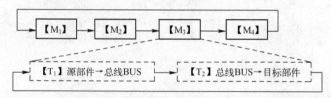

图 2-36　单周期硬布线控制器的状态机架构

运用上述单周期"状态机"架构来分析图 2-35 所示的 CPU 指令的状态图，可以得到图 2-37 所示的状态机流程图。该图与图 2-28 所示的微程序流程图非常相似，即图中每个方框就是一个状态 M_x，对应微程序流程图中相同方框位置的一条微指令（没有微指令对应的状态 M_x 是冗余的空闲状态）。其中，M_1 是所有指令公共的取指状态，M_2、M_3、M_4 是执行状态。每个状态 M_x 内部亦有相同的 T_1 和 T_2 周期（不需要取出微指令和确定微指令下址，所以没有 T_3 和 T_4 周期）。在 T_1 周期，指令或数据先从一个部件打入总线 BUS；在 T_2 周期，指令或数据再从总线 BUS 打入另一个部件。

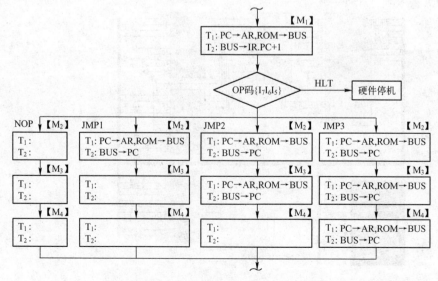

图 2-37　CPU 指令的状态机流程图（单周期）

在图 2-37 中，状态机在最后的执行状态 M_4 结束后，自动跳转到下一条指令的取指状态 M_1（HLT 指令例外，取指状态 M_1 结束时硬件停机，等待人工复位跳转到下一条指令的取指状态）。CPU 运行过程就是不断的状态转移 $M_1 \rightarrow M_2 \rightarrow M_3 \rightarrow M_4 \rightarrow M_1 \rightarrow \cdots$

在图 2-37 中，每个状态周期【M_x】内部执行的微操作信号与对应的微指令完全相同。但是微程序控制器通过每条微指令中的微命令位输出微操作信号，而硬布线控制器的微操作信号则由当前指令信号和特定的状态节拍信号 M_x 的逻辑"与"决定，见表 2-13。

表 2-13　单周期硬布线控制器的微操作信号形成逻辑

微操作信号	NOP/HLT 指令	JMP1 指令	JMP2 指令	JMP3 指令
LDIR	状态 M_1	状态 M_1	状态 M_1	状态 M_1
LDAR	状态 M_1	状态 M_1/M_2	状态 $M_1/M_2/M_3$	状态 $M_1/M_2/M_3/M_4$
$\overline{OE}$	状态 M_1	状态 M_1/M_2	状态 $M_1/M_2/M_3$	状态 $M_1/M_2/M_3/M_4$
PC_INC	状态 M_1	状态 M_1/M_2	状态 $M_1/M_2/M_3$	状态 $M_1/M_2/M_3/M_4$
$\overline{LDPC}$		状态 M_2	状态 M_2/M_3	状态 $M_2/M_3/M_4$

在取指状态 M_1 下，指令锁存到指令寄存器 IR 后，指令的 OP 码 $I_7I_6I_5$ 经过图 2-38 中的 3-8 译码器 74LS138 生成唯一的 CPU 指令信号。如表 2-13 所示，硬布线控制器输出的微操作信号可以看作是 CPU 指令信号与特定状态节拍信号 M_x 的逻辑组合。因此，根据表 2-13 可以整理成如下微操作信号形成逻辑：

$LDIR = M_1$

$LDAR = PC\_INC = \overline{OE} = M_1 + (JMP1 + JMP2 + JMP3) * M_2 + (JMP2 + JMP3) * M_3 + JMP3 * M_4$

$\overline{LDPC} = (JMP1 + JMP2 + JMP3) * M_2 + (JMP2 + JMP3) * M_3 + JMP3 * M_4$

（注：取指状态 M_1 的微操作是所有指令公共的操作，无需指令信号参与形成逻辑。）

上述逻辑对应的电路如图 2-38 右半部分所示，其中使用 $JMP1 + JMP2 + JMP3 = \overline{NOP}$ 简化电路。

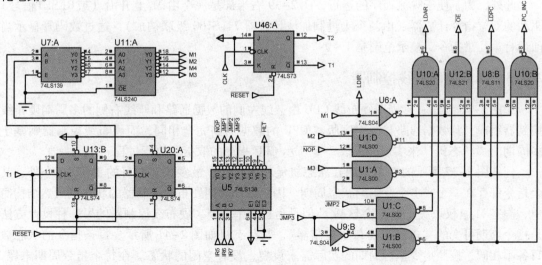

图 2-38　硬布线控制器（单周期）的时序发生器电路

单周期硬布线控制器的时序发生器电路如图 2-38 所示。其中，一级状态机的状态转移电路是由两个 D 触发器组成的一个 2 位扭环计数器，输出状态节拍序列 {M_1，M_2，M_3，M_4}；而二级状态机仅仅需要输出节拍序列 {T_1，T_2}，所以直接使用一个 JK 触发器 74LS73 实现。时钟信号 CLK 驱动二级状态机，循环发送节拍信号 $T_1 \rightarrow T_2 \rightarrow T_1 \rightarrow \cdots \cdots$ 每一次状态 T 循环即为一个状态周期【M_x】；而每次状态 T 循环开始的 T_1 上升沿驱动一级状态机，循环发送状态节拍信号 $M_1 \rightarrow M_2 \rightarrow M_3 \rightarrow M_4 \rightarrow M_1 \rightarrow \cdots \cdots$ 每一次状态 M 循环即为一个指令周期。

如图 2-39 所示，单周期硬布线控制器的时钟电路、初始化电路、复位电路都与微程序控制器版本完全相同，控制器的初始化/复位过程亦与微程序版本保持一致。具体如下所述。

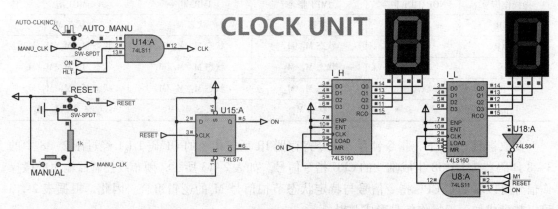

图 2-39　时钟信号电路和指令显示电路

1）时钟 CLK 选择从 MANUAL_CLK 输入（初始化信号 ON = 0，CLK 未输出），令 $\overline{\text{RESET}}$ = 0，则图 2-38 中的 JK 触发器强制为状态 T_1 有效，而扭环计数器强制为状态 M_1 = {00}。此时，CPU 进入第一条/下一条指令的取指周期 T_1 节拍。

2）令信号 $\overline{\text{RESET}}$ = 1，其上升沿跳变使初始化信号 ON = 1，CLK 允许输出，初始化/复位完成。

此外，为了便于观测程序的运行，图 2-39 右半部是一个由 M_1 上升沿（或 $\overline{\text{RESET}}$ 信号）驱动的双位指令计数器（由两个十进制加法计数器 74LS160 级联构成），通过数码管显示当前运行第几条指令，显示范围是 1 ~ 99。

2.5.3　多周期硬布线控制器

如图 2-40 所示，多周期硬布线 CPU 由蓝线左侧的数据通路和蓝线右侧的多周期硬布线控制器组成，其数据通路与微程序版本 CPU 的数据通路完全相同，而硬布线控制器则基于多周期的"状态机"来实现前述表 2-5 所示 CPU 指令的取指和执行过程。

仔细图 2-37 所示的（单周期）状态机流程图，除了最多状态数目的 JMP3 指令外，其余指令都存在一个或多个空闲的状态周期。因此，单周期硬布线控制器的状态机虽然结构简单，次态 M_{x+1} 仅取决于当前状态 M_x，但是运行效率不高。硬布线控制器的另一种设计方法是指令周期可变的"多周期硬布线控制器"，其状态机如图 2-41 所示。每条指令的状态数目各不相同，按照指令执行周期的实际需求设定，没有空闲的状态。在每个指令周期末尾，状态机受跳转信号触发，自动跳转到下一条指令的取指状态 M_1。

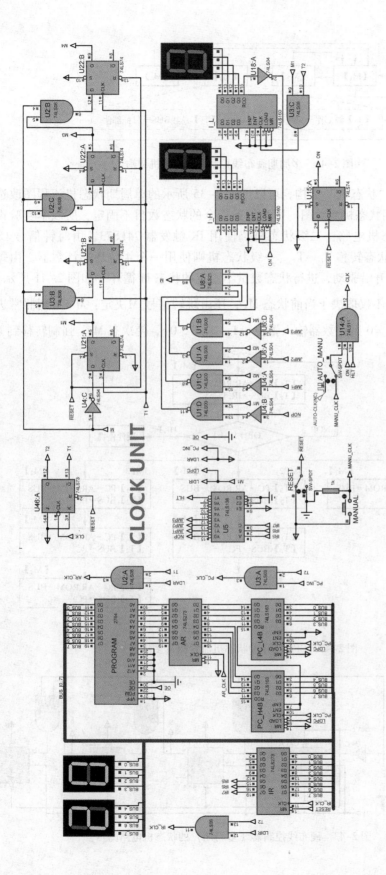

图2-40 "最小版本" CPU电路图（多周期硬布线）

73

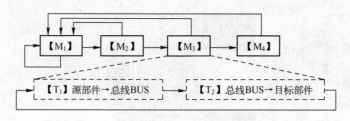

图 2-41　多周期硬布线控制器的状态机架构

　　运用上述多周期"状态机"架构，可以把图 2-35 所示的单周期状态机流程图改造成如图 2-42 所示的多周期状态机流程图。因为每条指令的状态数目不固定，所以本实验设计了如图 2-43 所示的状态机电路：二级状态机仍使用 JK 触发器 74LS73，由时钟信号 CLK 驱动，循环进行固定的状态转移 $T_1 \rightarrow T_2$。一级状态机则使用一个 4 位环形计数器，由每次状态 T 循环开始的 T_1 上升沿驱动，进行状态数量不固定的状态 M 循环（如图 2-41 所示）。一级状态机的次态 M_{x+1} 不仅取决于当前状态 M_x，还由跳转信号 $\overline{M}$ 决定：$\overline{M}=1$ 则照常进行状态转移 $M_x \rightarrow M_{x+1}$；$\overline{M}=0$ 则计数器输入置位 $\{1, 0, 0, 0\}$，使次态 M_{x+1} 强制转移到 M_1。

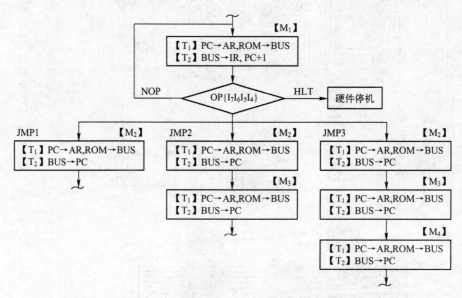

图 2-42　CPU 指令的状态机流程图（多周期）

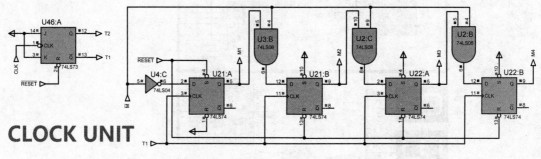

图 2-43　硬布线控制器（多周期）的状态机电路图

跳转信号 $\overline{M}$ 的形成逻辑如下式所述。结合以下表达式和图 2-42 可以看出，当一条指令的当前状态是指令周期最后一个状态 M_x 时，其指令信号与状态节拍信号 M_x 的逻辑"与"令跳转信号 $\overline{M}=0$，使次态强制转移到下一条指令的取指状态 M_1。

$$\overline{M} = \overline{NOP \cdot M_1} * \overline{JMP1 \cdot M_2} * \overline{JMP2 \cdot M_3} * \overline{JMP3 \cdot M_4}$$

上式对应的跳转信号 $\overline{M}$ 形成逻辑电路如图 2-44 中间所示。因为跳转信号 $\overline{M}$ 的影响，微操作信号形成逻辑可以简化为以下表达式，其逻辑电路如图 2-44 左上部分所示。

$$\overline{LDIR} = \overline{LDPC} = M_1 ; \quad LDAR = PC\_INC = 1 ; \quad \overline{OE} = 0 ;$$

此外，如图 2-44 所示，多周期硬布线控制器的指令译码电路（3-8 译码器 74LS138）、时钟电路、初始化电路、复位电路、双位指令计数器电路都与单周期硬布线控制器的相应电路完全相同。唯一区别是其双位指令计数器由状态 M_1 内部的节拍 T_2 上升沿驱动。多周期硬布线控制器的初始化/复位过程亦与单周期硬布线版本/微程序版本保持一致。

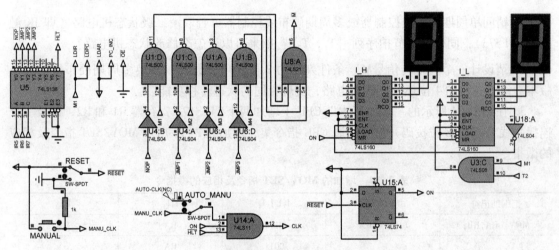

图 2-44　硬布线控制器（多周期）的时序发生器电路

2.5.4　实验步骤

1）编译如下机器语言源程序，生成 HEX 文件分别烧写到单周期硬布线 CPU 和多周期硬布线 CPU 的程序存储器 PROGRAM 中（编译和烧写 ASM 文件的方法参见"2.3.3　ROM 批量导入数据的技巧"小节）。

```
ORG   0000H
      DB    00100000B;JMP1,06H
      DB    00000110B
      DB    11101010B;HLT
      DB    00001010B;NOP/Addr

      DB    01100000B;JMP3,[[0BH]]
      DB    00001011B
      DB    00000010B;NOP/Addr
```

```
            DB      11100001B;HLT

            DB      01000000B;JMP2,[06H]
            DB      00000110B
            DB      11100000B;HLT
            DB      00000011B;NOP/Addr
    END
```

2）参照"2.4 微程序控制器实验"节实验步骤中初始化、手动单步执行、自动运行以及跳出"断点"的方法，分别在单周期硬布线 CPU 和多周期硬布线 CPU 中手动单步执行或自动执行上述机器语言程序。观察每次单步执行或自动运行到"断点"处的寄存器 AR、IR、PC 及总线 BUS 上的数据，对比单周期硬布线 CPU 和多周期硬布线 CPU 的程序运行效率差异。

2.5.5 思考题

1. 请问单周期硬布线控制器或多周期硬布线控制器可否取消二级状态机电路（即 JK 触发器 74LS73），同样输出节拍序列 $\{T_1, T_2\}$？如果可以，怎么修改状态机电路？

2. 请设计一个（跳转信号 $\overline{M}$）条件判断的 2 位扭环计数器，替换多周期硬布线控制器版本一级状态机的 4 位环形计数器电路，实现相同的状态转移功能。

3. 在图 2-34 所示的"最小版本"CPU 上增加两个 74LS173 寄存器 R1 和 R2，以及一个连接总线 BUS 的 8 位拨码开关，扩展 CPU 指令集，增加表 2-14 所示 MOV/SET 指令及相应的微指令。

表 2-14　增加的 MOV/SET 指令及相应的微指令

汇编助记符	功　能	$I_7I_6I_5I_4$	I_3I_2	I_1I_0
MOV　RA,RB;	(RB)→RA	0110	RA	RB
SET　RA,IMM;	IMM→RA	0011	RA	x/x
		IMM		

注：IMM 是由拨码开关输入的 8 位立即数；R_A 和 R_B 是在指令"功能"描述中的逻辑寄存器，可以对应 R_0 或 R_1 寄存器。

4. 在图 2-34 所示的"最小版本"CPU 上，参考"2.2 运算器实验"节，增加 74LS181 运算器电路，扩展 CPU 指令集和微指令代码表，增加表 2-15 所示指令及相应的微指令。

表 2-15　增加的指令及相应的微指令

汇编助记符	功　能	$I_7I_6I_5I_4$	I_3I_2	I_1I_0
ADD　RA,RB;	(RA)+(RB)→RA	1101	RA	RB
SUB　RA,RB;	(RA)-(RB)→RA	1100	RA	RB
AND　RA,RB;	(RA)∧(RB)→RA	1110	RA	RB
OR　RA.RB;	(RA)∨(RB)→RA	1111	RA	RB
XOR　RA,RB;	(RA)⊕(RB)→RA	1011	RA	RB

第3章　计算机体系结构实验

3.1　微程序 CPU 实验

3.1.1　实验概述

本实验的主要内容是掌握基于微程序控制器的 CPU 组成结构，了解 CPU 的中断工作机制，熟悉 CPU 微指令设计，掌握机器指令的微程序实现方法。

本实验将设计一个微程序 CPU，其中包括微程序控制器、运算器、存储器、寄存器堆及外部 IO 接口。定义一套较完备的机器指令集，编写每条机器指令对应的微程序，在 CPU 电路上运行基于上述机器指令集的机器语言程序，并且用汇编助记符（语言）加以注释。

3.1.2　CPU 指令集

本书设计的微程序 CPU、硬布线 CPU 和流水线 CPU 采用统一的 CPU 指令集，指令的 OP 码如表 3-1 所示。其格式定义如下：指令 OP 码为指令第一个字节的高 4 位，即指令寄存器 IR 的 $\{I_7I_6I_5I_4\}$ 位。而 R_A 和 R_B 是指由 I_3I_2 和 I_1I_0 定义的逻辑寄存器，R_A 或 R_B 都可以选择 4 个物理寄存器（$R_0 \sim R_3$）中的任何一个。

表 3-1　微程序 CPU 指令集（OP 码表）

OP 码（$I_7I_6I_5I_4$）	指令助记符	OP 码（$I_7I_6I_5I_4$）	指令助记符
0111	IRET	1111	OR、ORI
0110	MOV	1110	AND、ANDI
0101	OUT、OUTA	1101	ADD、ADDI
0100	IN	1100	SUB、SUBI
0011	SET	1011	XOR、XORI
0010	SOP（INC、DEC、NOT、THR）	1010	SHT（RLC、LLC、RRC、LRC）
0001	JMP、JMPR、Jx、JxR	1001	STO、PUSH
0000	NOP、HLT	1000	LAD、POP

上述指令集总共有 38 条机器指令，可以分成以下五大类。

1. 系统指令

系统及中断指令包括 3 条单字节指令：空指令（NOP）、停机指令（HLT）和中断返回指令（IRET），如表 3-2 所示。其中，NOP 指令主要用于精准延时（微程序/硬布线 CPU 延时 4 个 T，流水线 CPU 延时 1 个 T）；HLT 指令用于程序末尾 CPU 停机或设置"断点"，程序自动运行到 HLT 指令时刻停机，可以观察当时 CPU 寄存器、运算器标志位等信息；IRET 指令用于在中断处理子程序末尾返回主程序（即 BP_PC 保存的地址弹回 PC，BP_PSW 保存的标志位信息弹回 PSW），因此，不允许在主程序使用 IRET 指令，否则会导致程序错误跳转。

表 3-2 系统指令

汇编语言	功　能	$I_7 I_6 I_5 I_4$	$I_3 I_2$	$I_1 I_0$
NOP；	无操作（延时 4 个 T）	0000	0/0	x/0
HLT；	停机（断点）	0000	0/0	x/1
IRET；	中断返回：BP_PC→PC；BP_PSW→PSW	0111	0/0	x/x

注：x 在指令格式说明中表示此处的二进制数值可任意为 0 或 1。

2. 寄存器及 I/O 操作指令

寄存器操作指令包括单字节的寄存器间数据传送指令（MOV）和双字节的寄存器赋值指令（SET），如表 3-3 所示。SET 指令的第二个字节是赋予寄存器 RA 的立即数 IMM。

表 3-3 寄存器操作指令

汇编语言	功　能	$I_7 I_6 I_5 I_4$	$I_3 I_2$	$I_1 I_0$
MOV RA,RB；	(RB)→RA	0110	RA	RB
SET RA,IMM；	IMM→RA	0011	RA	x/x
		IMM		

例如，"0110 0001；"表示把 R_1 的内容赋于 R_0；"0011 0000；0000 0101；"表示把 05H 赋予 R_0。

I/O 操作指令包括 3 条单字节指令：输入指令（IN）、输出指令（OUT）和地址选择指令（OUTA），如表 3-4 所示。OUTA 指令的功能是把寄存器的内容作为地址输出到 I/O 端口的地址选择电路，选择所要操作的外部设备。OUT 指令选定操作的外设后，CPU 可以执行两种操作指令：IN 指令把外设的数据输入寄存器 R_A，OUT 指令则是把寄存器 R_A 的内容输出给外设。

表 3-4 I/O 操作指令

汇编语言	功　能	$I_7 I_6 I_5 I_4$	$I_3 I_2$	$I_1 I_0$
IN RA,PORTx；	(PORTx)→RA	0100	RA	PORTx
OUT RA,PORTx；	(RA)→PORTx	0101	RA	0/PORTx
OUTA RA,PORTx；	(RA)→PORTx_addr	0101	RA	1/PORTx

注：IN 指令可以选择 $I_1 I_0$ 指定的 4 个输入端 $PORT_0 \sim PORT_3$ 中的一个；而 OUT/OUTA 指令只能选择 I_0 指定的 2 个输出端 $PORT_0$、$PORT_1$ 中的一个。

例如，"0100 0001；"表示把 PORT1 的输入数据传送到 R_0；"0101 0001；"表示把 R_0 的内容作为数据，输出到 $PORT_1$；"0101 0011；"表示把 R_0 的内容作为地址，输出到 $PORT_1$。

3. 存储器及堆栈操作指令

存储器操作指令包括 2 条双字节指令：取数指令（LAD）和存数指令（STO）。LAD 指令把数据从地址 ADDR（指令第二个字节）的存储器单元取出，存入逻辑寄存器 R_A；而 STO 指令把逻辑寄存器 R_A 的数据取出，存入地址 ADDR（指令第二个字节）的存储器单元。

堆栈操作指令包括两条单字节指令：出栈指令（POP）和入栈指令（PUSH）。此处提到的"堆栈"是基于存储器 ROM、RAM 的"软堆栈"，其指针就是逻辑寄存器 R_B。出栈和入栈指令即是把逻辑寄存器 R_B 存放的内容作为存储器地址，把该地址单元的数据弹出到逻辑寄存器 R_A（POP 指令）或把逻辑寄存器 R_A 的内容弹入到该地址单元（PUSH 指令）。

存储器及堆栈操作指令说明如表 3-5 所示。

表 3-5 存储器及堆栈操作指令

汇 编 语 言	功　　能	$I_7 I_6 I_5 I_4$	$I_3 I_2$	$I_1 I_0$
LAD RA，[ADDR]；	[ADDR]→RA	1000	RA	0/0
		ADDR		
POP RA，[RB]；	[RB]→RA	1000	RA	RB
STO RA，[ADDR]；	(RA)→[ADDR]	1001	RA	0/0
		ADDR		
PUSH RA，[RB]；	(RA)→[RB]	1001	RA	RB

注：因为 LAD 和 POP 指令共用 OP 码，STO 和 PUSH 指令也共用 OP 码，所以共用 OP 码的指令间的区别在于 $I_1 I_0$ 指定的内容。LAD 和 STO 指令的 $I_1 I_0 = 00$，故 POP 和 PUSH 指令的 $I_1 I_0 \neq 00$，即其指定的逻辑寄存器 R_B（指针）不能选择 R0。

例如，"1000 0000；0000 0101；"表示把存储器地址 [05H] 存放的数据弹出到寄存器 R_0；"1000 0001；"表示把堆栈指针 R_1 指向的地址 [R1] 存放的数据弹出到寄存器 R_0。

4. 跳转系列指令

无条件跳转指令 JMP、JMPR 的功能是程序必须跳转到目标地址执行。有条件跳转指令 Jx、JxR 的功能则是程序是否跳转需要条件判断：当运算器结果标志位 CF（溢出）、ZF（零）或 SF（符号位）为 1 时，程序跳转到目标地址执行；反之，标志位为 0 则程序不跳转，继续顺序执行。根据判断标志位的不同，共有 JC、JZ 和 JS 三个有条件跳转指令。跳转系列指令说明如表 3-6 所示。

表 3-6 跳转系列指令说明

汇 编 语 言	功　　能	$I_7 I_6 I_5 I_4$	$I_3 I_2$	$I_1 I_0$
JMP ADDR；	ADDR→PC	0001	0/0	0/0
		ADDR		
JMPR RB；	(RB)→PC	0001	0/0	RB
JC ADDR；	IF CF=1，ADDR→PC	0001	0/1	0/0
		ADDR		
JCR RB；	IF CF=1，(RB)→PC	0001	0/1	RB
JZ ADDR；	IF ZF=1，ADDR→PC	0001	1/0	0/0
		ADDR		

汇编语言	功　　能	$I_7I_6I_5I_4$	I_3I_2	I_1I_0
JZR RB;	IF ZF = 1，(RB)→PC	0001	1/0	RB
JS ADDR;	IF SF = 1， ADDR→PC	0001	1/1	0/0
		ADDR		
JSR RB;	IF SF = 1，(RB)→PC	0001	1/1	RB

注：双字节跳转指令 I_1I_0 = 00，故单字节跳转指令 I_1I_0 定义的逻辑寄存器 R_B 不能选择 R0。

跳转系列指令共用 OP 码 0001，指令的 I_3I_2 位规定是无条件跳转指令（JMP、JMPR）还是有条件跳转指令（Jx、JxR）中的一种；而指令的 I_1I_0 位则指定目标地址是来源于寄存器 R_B（单字节 JMPR、JxR 指令）还是来源于地址 ADDR 的存储器单元（双字节 JMP、Jx 指令）。

例如，"0001 0100；0000 0101；"表示 CF = 1 时，程序跳转到第二个字节指定的目标地址 05H。

"0001 1001；"表示 ZF = 1 时，寄存器 R_1 存放数据作为目标地址，程序跳转到该地址。

5. 算术逻辑运算指令

单字节移位指令（SHT）可以把逻辑寄存器 R_A 中存放的数据向左或向右移动一个位（bit），移入的位是 0（逻辑移位）或是数据另一端的位（循环移位），如表 3-7 所示。4 种 SHT 指令共用 OP 码 1010，指令的 I_0 位指定逻辑移位还是循环移位，而指令的 I_1 位则是指定移位的方向。

表 3-7　SHT 指令说明

汇编语言	功　　能	$I_7I_6I_5I_4$	I_3I_2	I_1I_0
RLC RA;	(RA) 右逻辑移位	1010	RA	0/0
LLC RA;	(RA) 左逻辑移位	1010	RA	1/0
RRC RA;	(RA) 右循环移位	1010	RA	0/1
LRC RA;	(RA) 左循环移位	1010	RA	1/1

注：此处"右移位"指的是寄存器输出端 $Q_3Q_2Q_1Q_0$ 往小端移动，而"左移位"指的是寄存器输出端 $Q_3Q_2Q_1Q_0$ 往大端移动，跟时序发生器 74LS194 的"右移"和"左移"的定义相反。

例如，"1010 0000；"表示把寄存器 R_0 存放的数据右逻辑移位，即 R0 = R0/2。

单字节单操作数运算指令（SOP）可以把寄存器 R_A 递增（INC）、递减（DEC）、取反（NOT）和直通（THR），如表 3-8 所示。4 个 SOP 指令共用 OP 码"0010"，由指令 I_1I_0 位指定具体功能。

表 3-8　SOP 指令说明

汇编语言	功　　能	$I_7I_6I_5I_4$	I_3I_2	I_1I_0
INC RA;	(RA) + 1→RA	0010	RA	0/0
DEC RA;	(RA) - 1→RA	0010	RA	0/1
NOT RA;	#(RA)→RA	0010	RA	1/0
THR RA;	(RA)→RA	0010	RA	1/1

注：THR 指令一般用于根据某个寄存器的数据判断 ZF 和 SF 标志位，从而决定是否跳转。

双操作数运算指令可以把两个操作数进行算术运算：加法（ADD）、减法（SUB），以及逻辑运算与（AND）、或（OR）、异或（XOR）。指令的 I_1I_0 位指定两个操作数全部来自寄存器或分别来自于寄存器和立即数 IMM（指令第二个字节）。前者是单字节指令（ADD、SUB、AND、OR、XOR），后者是双字节指令（ADDI、SUBI、ANDI、ORI、XORI），如表 3-9 所示。

表 3-9　双操作数运算指令说明

汇编语言	功　　能	$I_7I_6I_5I_4$	I_3I_2	I_1I_0
ADD RA,RB;	（RA）+（RB）→RA	1101	RA	RB
ADDI RA,IMM;	（RA）+IMM→RA	1101	RA	0/0
		IMM		
SUB RA,RB;	（RA）-（RB）→RA	1100	RA	RB
SUBI RA,IMM;	（RA）-IMM→RA	1100	RA	0/0
		IMM		
AND RA,RB;	（RA）∧（RB）→RA	1110	RA	RB
ANDI RA,IMM;	（RA）∧IMM→RA	1110	RA	0/0
		IMM		
OR RA,RB;	（RA）∨（RB）→RA	1111	RA	RB
ORI RA,IMM;	（RA）∨IMM→RA	1111	RA	0/0
		IMM		
XOR RA,RB;	（RA）⊕（RB）→RA	1011	RA	RB
XORI RA,IMM;	（RA）⊕IMM→RA	1011	RA	0/0
		IMM		

注：双字节指令的 $I_1I_0=00$，故单字节指令 I_1I_0 定义的逻辑寄存器 R_B 不能选择 R0。

例如，"1101 0000;0000 0101;"表示加法运算"R0=（R0）+05H"；"1101 0001;"表示加法运算"R0=（R0）+（R1）"。

3.1.3　微程序 CPU 架构

如图 3-1 所示，本实验的微程序 CPU 由微程序控制器通路（CONTROLLER）、时序电路（CLOCK）及数据通路组成。数据通路包括：程序存储器 ROM、数据存储器 RAM 及通用寄存器 $R_0 \sim R_3$；I/O 接口；算术逻辑运算器（74LS181）及附带的移位寄存器（74LS194）；程序计数器（PC）、ALU 运算结果标志位寄存器（PSW）及其断点寄存器（BP_PC、BP_PSW）。数据通路的所有部件都共同挂在一条 8 位系统总线（BUS）上。

图 3-1 中的微程序 CPU 架构如图 3-2 所示，右侧是时序电路（CLOCK）和微程序控制器（CONTROLLER），左侧则是由 8 位系统总线（BUS）串联起来的数据通路。挂在总线 BUS 上的 CPU 部件包括：存储器 ROM、RAM 及其地址寄存器 AR；指令寄存器 IR；通用寄存器 $R_0 \sim R_3$；算术逻辑运算器（ALU）及其附属的缓存器 DA（兼作移位功能）和 DB；外设 I/O 接口；程序计数器（PC）及其断点寄存器（BP_PC）；中断向量地址（IVA）。此外，数据通路还包括了右边的运算结果标志位寄存器（PSW）及其断点寄存器（BP_PSW）。

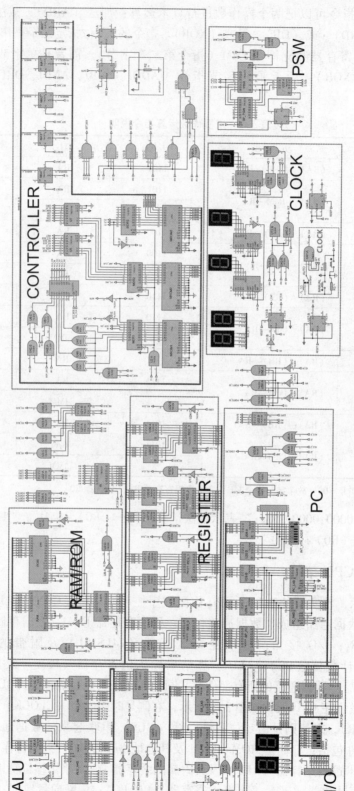

图3-1 微程序CPU电路图

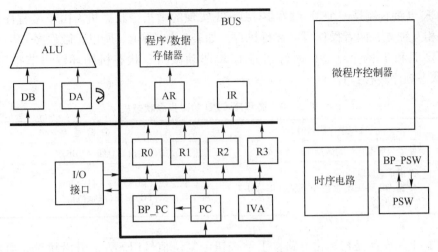

图 3-2 微程序 CPU 架构

3.1.4 时序电路（CLOCK）

微程序 CPU 的时序电路如图 3-3 所示。图中的 CLOCK 电路是 CPU 的基准时钟电路，系统时钟 CLK 可以由方波信号源 AUTO – CLK 提供（双击信号源可以自行选择方波信号频率）或者通过开关 MANUAL 手动步进。当初始化信号 ON = 0 或停机指令信号 $\overline{HLT}$ = 0，时钟 CLK 阻塞（强制 CLK = 0），CPU 停机。

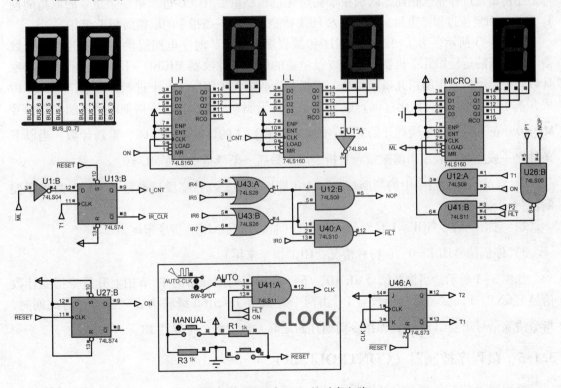

图 3-3 微程序 CPU 的时序电路

CLOCK 电路右侧是一个 JK 触发器 74LS73 实现的微指令状态机。由于微程序控制器和数据通路相互独立，两者操作可以并行执行，如表 3-10 所示。所以，微程序 CPU 的微指令周期只需要 T_1 和 T_2 两个状态，时钟信号 CLK 驱动微指令状态机循环输出节拍序列 $\{T_1, T_2\}$，使状态顺序转移：$T_1 \rightarrow T_2 \rightarrow T_1 \rightarrow \cdots \cdots$

表 3-10　微程序 CPU 的微指令状态机

状　　态	微程序控制器通路	数　据　通　路
T_1	使能当前微指令的微操作信号有效	信息从源部件输出到总线（BUS）
T_2	微指令下址取址； 根据 OP 码决定微指令下址 $[0I_7 I_6 I_5 I_4]$ （取指微指令）	信息从总线（BUS）打入目的部件； 程序计数器(PC) +1（取指微指令）

CLOCK 电路左侧是初始化电路，手动按钮令复位信号$\overline{RESET}$上升沿跳变，可以使信号 ON = 1。CPU 启动仿真后，初始化过程十分简单，如下所述。

1）启动仿真后，时钟 CLK 选择从手动按钮 MANUAL 输入信号；

2）手动按钮使信号$\overline{RESET}$跳变 "1→0→1"，令信号 ON = 1，CLK 允许输出，过程结束。

CLOCK 电路上方是 NOP/HLT 指令电路：当指令寄存器 IR 的 OP 码 I7I6I5I4 = 0000 的时候，空指令信号 NOP = 1，送往微指令计数器；OP 码 I7I6I5I4 = 0000 且 I_0 = 1 的时候，指令信号$\overline{HLT}$ = 0，时钟 CLK 阻塞，CPU 停机（陷入 "断点"）。跳出 HLT 指令 "断点" 的复位过程与上述初始化过程完全相同，区别在于初始化过程结束后，CPU 进入第一条指令的取指周期 T_1 节拍；而复位过程结束后，CPU 进入 HLT 指令后续下一条指令的取指周期 T_1 节拍。

如图 3-3 所示，为了便于观测程序和微程序的运行，时序电路提供了双位的指令计数器 I 显示当前运行第几条机器指令，以及单位的微指令计数器 MICRO - I 显示当前运行指令计数器 I 所示指令中的第几条微指令。微指令计数器 MICRO - I 由十进制计数器 74LS160 构成，基于信号 ON（初始化过程）或 T_1 节拍上升沿驱动递增，在指令周期末尾使能加载信号 $\overline{ML}$ = 0，在下一个指令周期开始时刻，重置 MICRO - I 的计数值为 "1"，重新计数。当以下条件之一成立时，表示当前微指令是指令周期最后一条微指令，令$\overline{ML}$ = 0。

1）当前执行微指令中的判断位 P_2 = 1（即$\overline{P_2}$ = 0）；（P 字段请参考 "3.1.5 微程序控制器"）。

2）空指令信号 NOP = 1 且判断位 P_1 = 1（特殊情况：NOP 指令末尾）。

3）停机信号$\overline{HLT}$ = 0；（特殊情况：HLT 指令末尾）。

如图 3-3 所示，当加载信号$\overline{ML}$ = 0，下一个指令周期开始的 T_1 节拍上升沿令指令计数信号 I_CNT = 1，驱动指令计数器 I（由两个计数器 74LS160 级联构成）递增。与此同时，指令清除信号$\overline{IR\_CLR}$ = 0，即指令周期开始之际，清空指令寄存器 IR。

3.1.5　微程序控制器（CONTROLLER)

微程序版 CPU 的微指令结构图如图 3-4 所示。微指令字长 24 位，其中微指令的第 1 ~ 5

位是下一条微指令地址，即下址字段［uA$_4$，uA$_0$］；微指令的第 6 ~ 8 位是判断字段 P1 ~ P3；微指令的第 9 ~ 24 位则是微命令字段，对应数据通路的所有微操作信号，其中置 1 的位表示执行相应的微操作；反之，置 0 的位则是不执行相应的微操作。

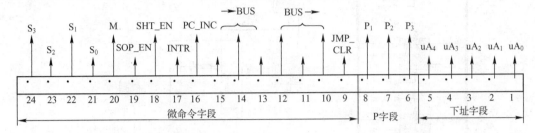

图 3-4　微程序 CPU 的微指令结构图

此外，微指令的第 15 ~ 13 位和 12 ~ 10 位采用字段编译法（3 - 8 译码），分别对应源部件输出到总线和总线打入目标部件的微操作信号，如表 3-11 所示。

表 3-11　微指令字段编译列表

"→BUS" 字段				"BUS→" 字段			
15	14	13	微命令	12	11	10	微命令
0	0	0	\	0	0	0	\
1	0	0	PC_BUS	1	0	0	LDAR
0	1	0	MEM_OE	0	1	0	LDIR
1	1	0	IO_R	1	1	0	LDD
0	0	1	RA_BUS	0	0	1	LDR
1	0	1	RB_BUS	1	0	1	RAM_WE
0	1	1	ALU_BUS	0	1	1	IO_W
1	1	1	IRET	1	1	1	LDPC

基于上述微指令结构，本实验设计了如图 3-5 所示的微程序控制器通路，包括 3 个 8 位 ROM 存储器 2764 组成的微指令存储器 MROM$_1$ ~ MROM$_3$、3 个寄存器 74LS273 组成的微指令寄存器 MDR$_1$ ~ MDR$_3$、微指令译码电路、5 位微地址寄存器 MA$_0$ ~ MA$_4$ 及微地址转移电路。

如图 3-6 所示，24 位微指令存储器 MROM$_1$ ~ MROM$_3$ 共存放了 32 条微指令，所以微地址是 MABUS_4 ~ MABUS_0。当信号为 ON 或在 T$_1$ 节拍上升沿，微地址下址指定的微指令的微命令字段和 P 字段锁存到微指令寄存器 MDR$_1$ ~ MDR$_3$，输出微操作信号；而下址字段则送往微地址寄存器。

其中，微指令寄存器 MDR$_2$ 的输出端采用了两个 3 - 8 译码器 74LS138 进行字段译码，分别实现把数据从源部件输出到总线 BUS（译码器 U8）和从总线打入目标部件（译码器 U7）的微操作。因为，在任何一条微指令中，仅有一条数据路径，该路径中只有一个源部件把数据打入总线，其微操作信号互斥；也只有一个目标部件从总线接收数据，其微操作信号也是互斥。因此，上述两种微操作信号可以分别用译码器实现。

因为本实验只有 32 条微指令，却需要实现 38 条机器指令。所以部分机器指令需要共用微指令。微指令寄存器 MDR$_1$ 的输出译码电路采用了硬连线逻辑来实现以下单操作数指令：递增（INC）、递减（DEC）、取反（NOT）和直通（THR），以及决定算术运算指令所需的 CN 操作信号（最低进位，用于补码运算的"求补 +1"操作）。

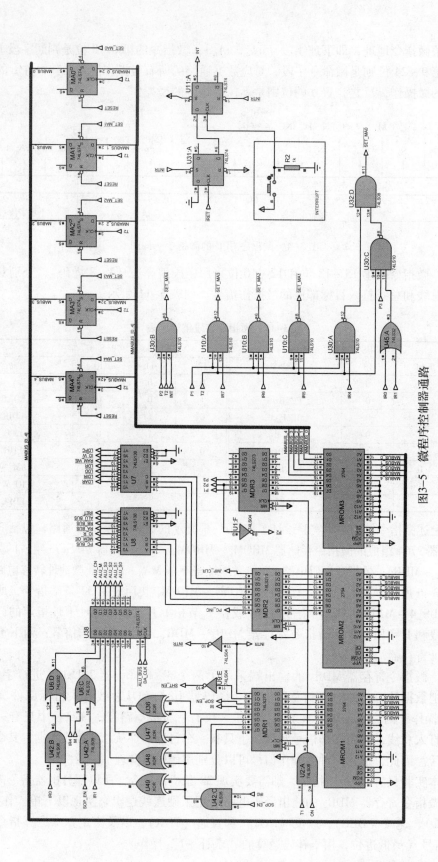

图3-5 微程序控制器通路

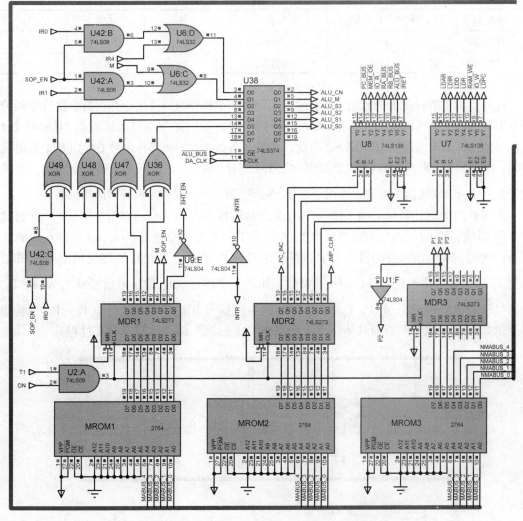

图 3-6　微指令存储器、寄存器及其译码电路

当执行 SOP 指令时，运算器 74LS181 控制端 $[S_3, S_2, S_1, S_0, M, CN] = [0, 0, 0, 0, 0, 0]$。因为 SOP_EN $= 1$，所以 I_1 位修改 M，I_0 位修改 $S_3 \sim S_0$ 和 CN（$I_4 = 0$，不影响 CN），如表 3-12 所示。

表 3-12　执行 SOP 指令时

CPU 指令		OP 码（$I_7 I_6 I_5 I_4$）	$S_3 S_2 S_1 S_0$	M	CN	I_4	I_1	I_0
SOP	INC	0010	0000	0	0	0	0	0
	DEC		1111	0	1	0	0	1
	NOT		0000	1	x	0	1	0
	THR		1111	1	x	0	1	1

OP 码的 I_4 则用来指定双操作数运算指令 ADD/ADDI 和 SUB/SUBI 的 CN 操作信号，如表 3-13 所示。

表 3-13　执行双操作数运算指令时

CPU 指令	OP 码（$I_7 I_6 I_5 I_4$）	$S_3 S_2 S_1 S_0$	M	CN	I_4
ADD/ADDI	1101	1001	0	1	1
SUB/SUBI	1100	0110	0	0	0

此外，为了节省微指令地址，所有的双操作数和单操作数运算指令都在指令执行序列的第一条微指令就锁存 $[S_3, S_2, S_1, S_0, M, CN]$，待到最后一条微指令再打入运算器 74LS181 执行，从而得到运算结果输出到总线 BUS。因此，在第一条微指令的微操作信号 DA_CLK 上升沿跳变时刻，把 $[S_3, S_2, S_1, S_0, M, CN]$ 锁存到 74LS374 寄存器 U_{38}；在最后一条微指令周期，微操作信号 $\overline{ALU\_BUS}=0$ 使能 74LS374 输出 $[S_3, S_2, S_1, S_0, M, CN]$ 执行，再得到运算结果。

本实验的微地址转移电路如图 3-7 所示，微地址寄存器 5 位（$MA_4 \sim MA_0$），由触发器 74LS74 组成。T_2 时刻，当前微指令第 1～5 位的下一条微指令地址 $[uA_4, uA_0]$ 打入微地址寄存器；此刻，若当前执行的微指令中的判断位 $P_1 \sim P_3$ 置位，则地址转移逻辑电路将根据判断位 $P_1 \sim P_3$ 置位微地址寄存器 $MA_4 \sim MA_0$。如图 3-7 所示，P_2 位生成信号 $\overline{SET\_MA4}$，P_1 生成信号 $\overline{SET\_MA3} \sim \overline{SET\_MA1}$，$P_1$ 和 P_3 位共同生成信号 $\overline{SET\_MA0}$。判断位 $P_1 \sim P_3$ 的地址跳转逻辑如下（可以对照后面具体指令流程图中"菱形框"的条件判断分支过程）。

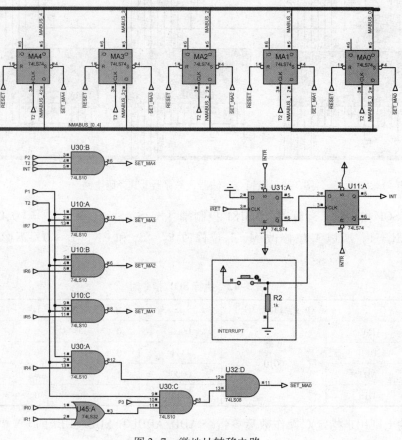

图 3-7　微地址转移电路

- **P1 逻辑**：若当前微指令是机器指令取指周期的最后一条微指令，则判断位 $P_1 = 1$，从而根据指令寄存器 IR 的 $I_7 I_6 I_5 I_4$ 位强制置位微地址寄存器的 $MA_3 \sim MA_0$，修改微地址 $[uA_3, uA_0]$ 位，转向该机器指令的执行周期序列的第一条微指令地址 $[0I_7 I_6 I_5 I_4]$。
- **P2 逻辑**：若当前微指令是机器指令执行周期的最后一条微指令，则判断位 $P_2 = 1$，此时若无中断发生，则返回取指周期第一条微指令地址 $[00000]$；若有中断发生（$INT = 1$），则强制置位微地址寄存器的 MA_4，转向中断处理过程第一条微指令地址 $[10000]$。
- **P3 逻辑**：在 CPU 指令集中部分单字节指令和双字节指令（LAD/POP、STO/PUSH、ALU 系列和 JMP 系列指令）共用 OP 码，其执行周期的微指令序列共用第一条微指令（判断位 $P3 = 1$），从第二条微指令开始分支，根据指令寄存器 IR 的 $I_1 I_0$ 位来决定不同微指令的分支走向：若 $I_1 I_0 = 00$，微指令下址的 $MA_0 = 0$，操作数分别来自寄存器和存储器（双字节指令）；若 $I_1 I_0 \neq 00$，则微指令下址的 $MA_0 = 1$，操作数全部来自寄存器（单字节指令）。

3.1.6 取指及中断处理过程

除了空指令（NOP）和停机指令（HLT）以外，所有的 CPU 指令都包括了取指周期和执行周期。因为 NOP 指令 OP 码为 "0000"，所以取指周期末尾 P1（$0I_7 I_6 I_5 I_4$）译码的时候，直接返回取指周期（取下一条指令），没有执行周期。而 HLT 指令与 NOP 指令完全相同，唯一不同之处是在取指周期后 CPU 硬件停机，需要手动 RESET（重启）才能跳出停机状态，进入下一条指令。此外，外部中断触发后，中断处理周期有专用的微指令使程序转向中断子程序。待到中断子程序末尾，最后一条指令必须是中断返回指令（IRET）才能返回主程序。

图 3-8 所示是取指周期、中断处理周期及 NOP、HLT、IRET 指令的微程序流程图，其中每个方框在时间上表示一个微指令周期，包括 T_1 和 T_2 两个节拍；在空间上表示数据从某个源部件经过总线（BUS）到达另一个目标部件的路径。每个方框的右上方是该微指令在控制存储器中的地址，右下方则是下一条微指令的地址。表 3-14 列出取指周期（即 NOP、HLT 指令）、中断处理周期及 IRET 指令的微指令代码。

表 3-14 微指令代码表（取指周期、中断处理周期及 IRET 指令）

Addr	S_3	S_2	S_1	S_0	M	SOP_EN	SHT_EN	INTR	PC_INC	→BUS	BUS→	JMP_CLR	P_1	P_2	P_3	uA_4	uA_3	uA_2	uA_1	uA_0
00000	0	0	0	0	0	0	0	0	0	100	100	0	0	0	0	1	0	1	0	1
10101	0	0	0	0	0	0	0	1	1	010	010	0	1	0	0	0	0	0	0	0
10000	0	0	0	0	0	0	0	1	0	000	100	0	0	0	0	1	1	1	1	0
11110	0	0	0	0	0	0	0	1	0	010	111	0	0	1	0	0	0	0	0	0
00111	0	0	0	0	0	0	0	0	1	111	111	0	0	1	0	0	0	0	0	0

本实验设计的存储器地址总线 8 位，地址空间 256 字节（00H ~ FFH）。分配其中低半区（00H ~ 7FH）为 ROM 存储区（128 字节），高半区（80H ~ FFH）为 RAM 存储区（128 字节）。如图 3-9 所示，存储器 ROM 和 RAM 共用一个地址寄存器（AR），两个存储器共用 $\overline{MEM\_OE}$ 信号作为存储器读信号，由地址最高位 A_7 来作为两个存储器的片选信号。RAM 存储器是可读/写存储器，存放临时的数据。而 ROM 是只读存储器，存放程序和常量（采用堆栈操作指令访问）。因此，CPU 程序和常量的存储容量最大是 128 字节，若程序和常量的

代码量超过了 128 字节，则会越界出错。同样的，因为只有存储器 RAM 允许写入，所以当存储器写信号 $\overline{R\_WE}$ =0 的时候，只有地址范围 [80H, FFH] 是允许写入操作的；对地址范围 [00H, 7FH] 的存储器单元进行写入操作是非法的。值得注意的是，上述存储器不同地址范围的读/写差异必须由通过软件（程序员或汇编器）来判别。

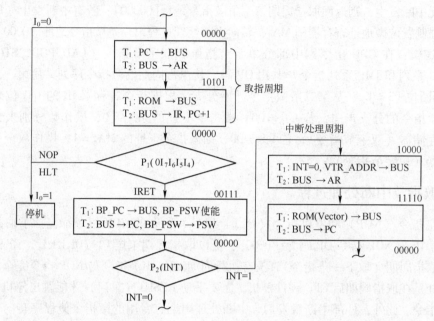

图 3-8　取指周期、中断处理周期及系统指令的微程序流程图

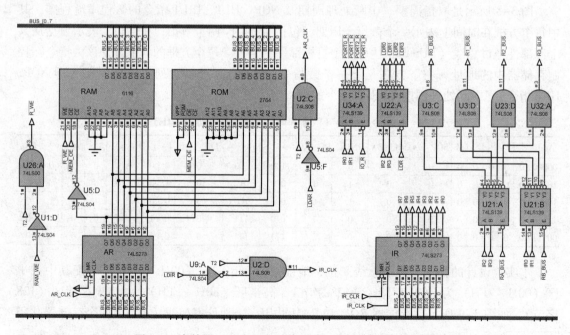

图 3-9　存储器（ROM/RAM）及指令寄存器（IR）电路图

存储器 ROM（存放程序和常量）和 RAM（存放数据）共用地址寄存器 AR，而程序计

90

数器 PC 和 AR 并联挂到总线（BUS）。因此，如图 3-9 和图 3-10 所示，取指周期需要两条微指令（即两次路径）：第一条微指令［00000］的 T_1 时刻，PC 输出当前指令地址到总线（$\overline{PC\_BUS}=0$），T_2 时刻由 AR_CLK 上升沿打入存储器地址寄存器（AR）；第二条微指令 T_1 时刻，程序存储器 ROM 输出指令（$\overline{MEM\_OE}=0$）到总线（BUS），在 T_2 时刻由 IR_CLK 上跳沿打入指令寄存器（IR）；并且 PC＋1（PC_CLK 上升沿）。

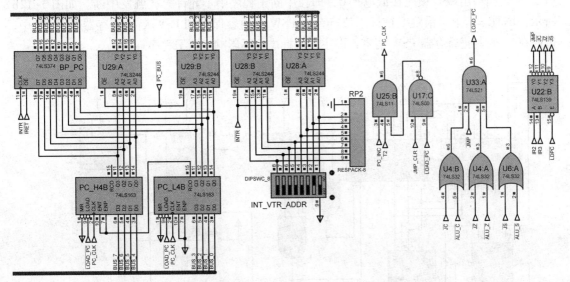

图 3-10　程序计数器（PC）、断点 BP_PC 及中断向量地址电路图

本实验的 CPU 中断电路采用单级中断机制，不允许中断嵌套；同时，CPU 采用中断向量表的形式保存中断向量 Vector（即中断子程序入口地址）。如图 3-11 所示，中断子程序的位置和长度随意设置，子程序的首地址（即中断向量 Vector）必须放在中断向量表中。中断发生时，CPU 通过二次寻址跳转到中断子程序执行。如图 3-10 所示，进入中断处理周期的第一条微指令［10000］后，在 T_1 时刻，INTR＝1 的上升沿跳变把 PC 的当前值保存到断点寄存器 BP_PC；同时，$\overline{INTR}=0$ 令拨码开关设置的中断向量地址 VTR_ADDR 输出到总线 BUS，并在 T_2 时刻上升沿打入存储器地址寄存器 AR。在中断处理周期第二条微指令的 T_1 时刻，存储器输出 Vector 到总线 BUS，并且在 T_2 时刻打入 PC。

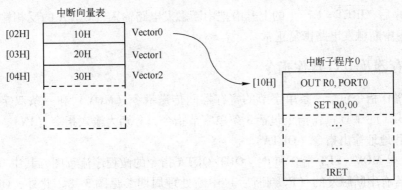

图 3-11　中断向量表示意图

如图 3-12a 所示，采用按钮来模拟 CPU 的外部中断，其按下的时候将产生一个上升沿跳变，输出 INT = 1。所有指令的执行周期末尾必须执行 P_2（INT）判断：若 INT = 1，表示在当前指令周期有中断触发，则 P_2 置位 MA4 = 1，即微指令下址$[uA_4,uA_0]$ = $[10000]$，进入中断处理周期；若 INT = 0，表示没有中断，则返回取指周期（取下一条机器指令）。在中断处理周期的第一条微指令$[10000]$中，INTR = 1 清零 INT，并且把中断触发电路的输入（U_{31}:A 反相输出端）锁死在低电平 0，即在中断子程序中不允许再次触发中断。如图 3-12b 所示，INTR = 1 上升沿跳变把标志位寄存器 PSW 的内容保存到 PSW 断点寄存器BP_PSW 中，进而在 T_2 时刻把寄存器 PSW 清零，即主程序标志位不影响中断子程序。

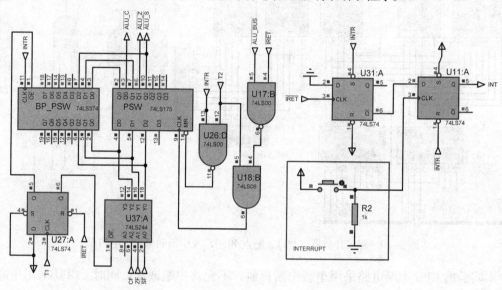

图 3-12　中断触发电路及断点 BP_PSW 图

IRET 指令则是一个与中断处理周期相反的过程。如图 3-10 所示，$\overline{IRET}$ = 0 把断点寄存器 BP_PC 保存的"断点"输出到总线（BUS），然后在 T_2 时刻打入 PC 中。类似的，如图 3-12b 所示，断点寄存器 BP_PSW 保存的"断点"输出，把数据通路的标志位输出缓冲器 U_{37}:A 禁止，然后在 T_2 时刻恢复到标志位寄存器 PSW 中（注：在主程序中是由运算结果输出信号ALU_BUS在 T_2 时刻把标志位打入 PSW）。最后，如图 3-12a 所示，在 IRET 指令结束返回主程序后，$\overline{IRET}$ = 1 产生的上升沿把中断触发电路输入（U_{31}:A 的反相输出端）置为高电平 1，令中断触发电路恢复正常。

3.1.7　寄存器及 I/O 操作指令

寄存器操作指令包括一条单字节的寄存器间传送指令（MOV）和一条双字节的寄存器赋值指令（SET）；I/O 操作指令包括 3 条单字节指令，分别为输入指令（IN）、数据输出指令（OUT）和地址输出指令（OUTA）。

图 3-13 是 MOV、SET 指令和 IN、OUT/OUTA 指令的微程序流程图，其中（P_1 判断前）取指周期和若有中断触发的（P_2 判断后）中断处理周期参见图 3-8。此外，OUT 和 OUTA 指令的微指令序列完全相同，由硬件逻辑区分。

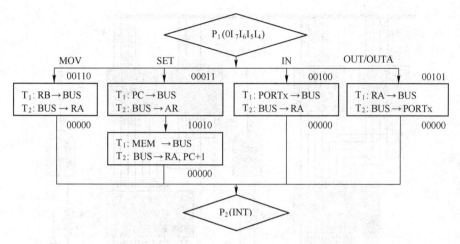

图 3–13　寄存器及 I/O 操作指令的微程序流程图

表 3–15 列出了寄存器操作指令 MOV、SET，以及 I/O 操作指令 IN、OUT/OUTA 的微指令代码。

表 3–15　微指令代码表（MOV、SET、IN、OUT/OUTA 指令）

Addr	S_3	S_2	S_1	S_0	M	SOP_EN	SHT_EN	INTR	PC_INC	→BUS	BUS→	JMP_CLR	P_1	P_2	P_3	uA_4	uA_3	uA_2	uA_1	uA_0
00110	0	0	0	0	0	0	0	0	0	101	001	0	0	1	0	0	0	0	0	0
00011	0	0	0	0	0	0	0	0	0	100	100	0	0	0	0	1	0	0	1	0
10010	0	0	0	0	0	0	0	0	1	010	001	0	0	1	0	0	0	0	0	0
00100	0	0	0	0	0	0	0	0	0	110	001	0	0	1	0	0	0	0	0	0
00101	0	0	0	0	0	0	0	0	0	001	011	0	0	1	0	0	0	0	0	0

如图 3–14a 所示，CPU 共有 4 个并列的通用寄存器 $R_0 \sim R_3$，因为在上述 CPU 指令中，指令执行的操作数来源可能是逻辑寄存器 R_A 或 R_B 的输出，但是指令执行的结果只能是打入寄存器 R_A。所以，在图 3–14b 中，微操作信号 $\overline{RA\_BUS}$ 和 $\overline{RB\_BUS}$ 分别根据指令的 I_3I_2 位和 I_1I_0 位选择通用寄存器（$R_0 \sim R_3$）之一输出操作数（注：微操作信号 $\overline{RA\_BUS}$ 和 $\overline{RB\_BUS}$ 不允许出现在同一个微指令中，避免出现冲突）；而微操作信号 $\overline{LDR}$ 则直接根据指令的 I_3I_2 位指定打入的通用寄存器。

图 3–15 所示是 CPU 外围设备及 I/O 接口电路图，采用拨码开关 DSW_1 模拟输入设备，数码管模拟输出设备。若当前运行 IN 指令，则信号 $\overline{IO\_R}=0$，外围设备输入数据到 BUS 总线。在图 3–14b 中，根据 IN 指令的 I_1I_0 位产生 I/O 输入使能信号 $\overline{PORTx\_R}$，可以指定 4 个输入设备，同样的，若当前运行 OUT/OUTA 指令，则信号 $\overline{IO\_W}=0$，总线输出数据到 I/O 接口外围设备，根据指令的 I_0 位产生 I/O 输出使能信号 $\overline{PORTx\_W}$，可以指定 2 个输出设备，而指令的 I_1 位作为地址锁存信号 ALE。若 ALE $=1$，则输出地址（OUTA 指令）；若 ALE $=0$，则输出数据（OUT 指令），如图 3–15b 所示。注意，$\overline{PORTx\_W}$ 信号是打入目标部件的使能信号，时序需与其他打入信号保持一致，仅在 T_2 周期有效。

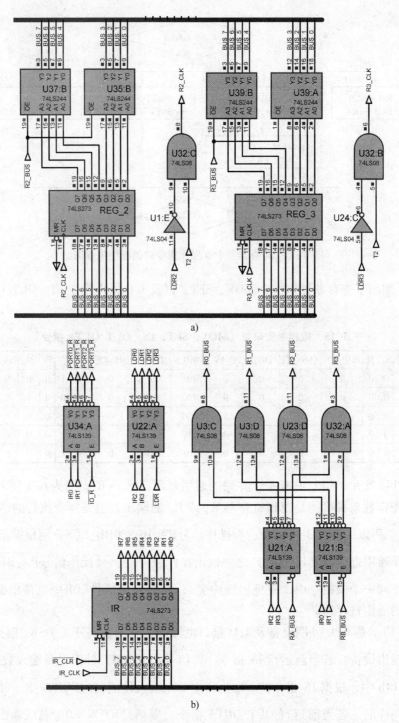

图 3-14 通用寄存器 R₃ 及寄存器选择电路图

3.1.8 存储器及堆栈操作指令

双字节存储器操作指令包括了取数指令 LAD 和存数指令 STO，而单字节堆栈操作指令包括出栈指令 POP 和入栈指令 PUSH。

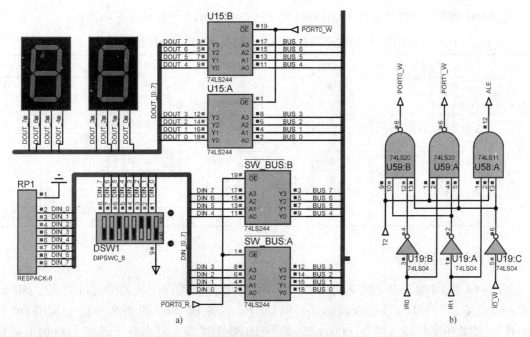

图 3-15   外围设备及 I/O 接口电路图

如图 3-16 所示是存储器操作指令 LAD、STO 和堆栈操作指令 POP、PUSH 的微程序流程图。从图中可以看出，POP 指令只需要[11011]和[11101]两条微指令就够了，但是为了节省 OP 码，POP 和 LAD 指令共用 OP 码"1000"，即共用第一条微指令[01000]（即使 POP指令其实并不需要微指令[01000]）。从而可以在第一条微指令的末尾采用 $P_3(I_1I_0)$ 判断LAD 和 POP 指令的不同路径：若 $I_1I_0=00$，执行直接根据第二个字节目标地址 ADDR 从存储器取数的双字节 LAD 指令；若 $I_1I_0 \neq 00$，则执行根据逻辑寄存器 $R_B(R_1 \sim R_3)$ 内容指定的目标地址从存储器取数的单字节 POP 指令。STO 和 PUSH 指令的关系类似 LAD 和 POP 指令。

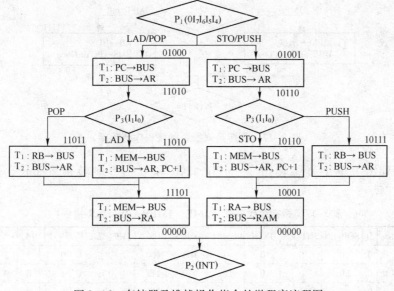

图 3-16   存储器及堆栈操作指令的微程序流程图

表 3-16 列出了存储器指令 LAD/STO 和堆栈指令 POP/PUSH 的微指令代码。

表3-16　微指令代码表（**LAD、POP、STO、PUSH 指令**）

Addr	S_3	S_2	S_1	S_0	M	SOP_EN	SHT_EN	INTR	PC_INC	→BUS	BUS→	JMP_CLR	P_1	P_2	P_3	uA_4	uA_3	uA_2	uA_1	uA_0
01000	0	0	0	0	0	0	0	0	0	100	100	0	0	0	1	1	1	0	1	0
11010	0	0	0	0	0	0	0	0	1	010	100	0	0	0	0	1	1	1	0	1
11011	0	0	0	0	0	0	0	0	0	101	100	0	0	0	0	1	1	1	0	1
11101	0	0	0	0	0	0	0	0	0	010	001	0	0	1	0	0	0	0	0	0
01001	0	0	0	0	0	0	0	0	0	100	100	0	0	0	1	1	0	1	1	0
10110	0	0	0	0	0	0	0	0	1	010	100	0	0	0	0	1	0	0	0	1
10111	0	0	0	0	0	0	0	0	0	101	100	0	0	0	0	1	0	0	0	1
10001	0	0	0	0	0	0	0	0	0	001	101	0	0	1	0	0	0	0	0	0

3.1.9　跳转系列指令

图 3-17 是 JMPR/JxR 指令和 JMP/Jx 指令的微程序流程图。从图中可以看出，JMPR/JxR 指令只需要[11111]微指令就够了，但是为了节省 OP 码，两条跳转指令共用 OP 码 "0001"，即共用第一条微指令[00001]（即使 JMPR/JxR 指令其实并不需要［00001］微指令）。从而可以在第一条微指令的末尾采用 P3（I_1I_0）区分两种跳转指令的不同路径：若 $I_1I_0 = 00$，执行直接根据第二个字节目标地址 ADDR 跳转的双字节 JMP/Jx 指令；若 $I_1I_0 \neq 00$，则执行根据逻辑寄存器 R_B（$R_1 \sim R_3$）内容指定的目标地址跳转的单字节 JMPR/JxR 指令。

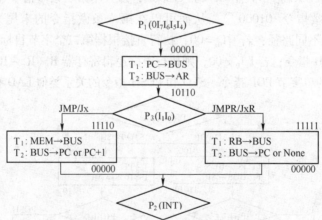

图 3-17　跳转系列指令的微程序流程图

表 3-17 列出了单字节跳转指令 JMPR、JxR 和双字节跳转指令 JMP、Jx 的微指令代码。

表3-17　微指令代码表（**JMP、JMPR、Jx、JxR 指令**）

Addr	S_3	S_2	S_1	S_0	M	SOP_EN	SHT_EN	INTR	PC_INC	→BUS	BUS→	JMP_CLR	P_1	P_2	P_3	uA_4	uA_3	uA_2	uA_1	uA_0
00001	0	0	0	0	0	0	0	0	0	100	100	0	0	0	1	1	1	1	1	0
11110	0	0	0	0	0	0	0	0	1	010	111	0	0	1	0	0	0	0	0	0
11111	0	0	0	0	0	0	0	0	1	101	111	1	0	1	0	0	0	0	0	0

如图 3-18a 所示，跳转指令"0001"执行的时候，微操作信号$\overline{\text{LDPC}}$首先根据指令的 I_3I_2 位译码，判断是执行无条件跳转指令（微操作信号 JMP = 0）还是有条件跳转指令 JC、 JZ 和 JS（对应的微操作信号$\overline{\text{Jx}}$ = 0）。若执行有条件跳转指令，还需要根据标志位寄存器 PSW 保存的运算器标志位 CF、ZF、SF 来断定是否生成微操作信号$\overline{\text{LOAD\_PC}}$，使得跳转发生。

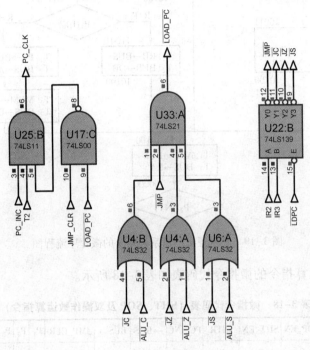

图 3-18   跳转系列指令的硬件译码逻辑电路图

值得注意的是，在有条件跳转指令 JCR、JZR、JSR 的执行周期最后一条微指令[11111] 处，倘若最后不跳转，则因为 JxR 是单字节指令，所以，此处不但需要不打入 PC，而且还必须禁止 PC + 1。因此，只有在地址[11111]的微指令执行的时候，使用微操作信号 JMP_ CLR 和$\overline{\text{LOAD\_PC}}$的逻辑"与"来决定是否运行 PC_CLK = 1（即 PC + 1 操作）。

3.1.10   算术逻辑运算系列指令

算术逻辑运算系列指令包括了单字节的移位指令（SHT），单字节单操作数运算指令 （SOP），以及 5 条单字节双操作数运算指令（ADD、SUB、AND、OR、XOR）和 5 条双字节 双操作数运算指令（ADDI、SUBI、ANDI、ORI、XORI），其微程序流程图如图 3-19 所示。 为了节省微指令，所有的运算指令都在第一条微指令期间锁存 74181 运算器的控制端逻辑 $[S_3, S_2, S_1, S_0, M, CN]$。此外，5 种双操作数的运算指令都采取在第一条微指令的末尾采用 P_3 (I_1I_0) 判断双字节和单字节指令的不同路径：若 $I_1I_0 = 00$，执行操作数分别来自逻辑寄 存器 RA 和指令第二个字节（立即数 IMM）的双字节指令；若 $I_1I_0 \neq 00$，则执行操作数全部 来自寄存器的单字节指令。

97

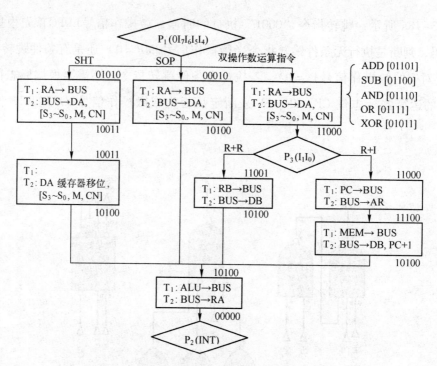

图 3-19　算术逻辑运算系列指令的微程序流程图

上述算术逻辑运算指令的微指令代码表如表 3-18 所示。

表 3-18　微指令代码表（SHT、SOP 及双操作数运算指令）

Addr	S_3	S_2	S_1	S_0	M	SOP_EN	SHT_EN	INTR	PC_INC	→BUS	BUS→	JMP_CLR	P_1	P_2	P_3	uA4	uA3	uA2	uA1	uA0
01010	1	1	1	1	1	0	0	0	0	001	110	0	0	0	0	1	0	0	1	1
10011	1	1	1	1	1	0	1	0	0	000	110	0	0	0	0	1	0	1	0	0
00010	0	0	0	0	0	1	0	0	0	001	110	0	0	0	0	1	0	1	0	0
01101	1	0	0	1	1	0	0	0	0	001	110	0	0	0	1	1	1	0	0	0
01100	0	1	1	0	0	0	0	0	0	001	110	0	0	0	1	1	1	0	0	0
01110	1	0	1	1	1	0	0	0	0	001	110	0	0	0	1	1	1	0	0	0
01111	1	1	1	0	1	0	0	0	0	001	110	0	0	0	1	1	1	0	0	0
01011	0	1	1	0	1	0	0	0	0	001	110	0	0	0	1	1	1	0	0	0
11000	0	0	0	0	0	0	0	0	0	100	100	0	0	0	0	1	1	1	0	0
11100	0	0	0	0	0	0	0	0	1	010	110	0	0	0	0	1	0	1	0	0
11001	0	0	0	0	0	0	0	0	0	101	110	0	0	0	0	1	0	1	0	0
10100	0	0	0	0	0	0	0	0	0	011	001	0	1	0	0	0	0	0	0	0

　　值得注意的是，单操作数运算指令 SOP 只有一条微指令［00010］。必须由如图 3-20 所示的硬件逻辑电路根据 SOP 指令的 I_1I_0 位修改运算器控制端［S_3，S_2，S_1，S_0，M，CN］，实现递增（INC）、递减（DEC）、取反（NOT）、直通（THR）4 个功能。同时，OP 码的 I_4 位则用

来指定双操作数算术运算指令 ADD 和 SUB 的 CN 操作信号，如表 3-19 所示。

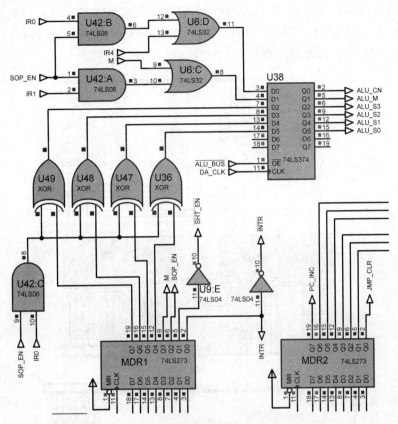

图 3-20　运算指令的硬件译码逻辑电路图

表 3-19　执行 SOP 和双操作数算术运算指令时

CPU 指令		OP 码 ($I_7 I_6 I_5 I_4$)	$S_3 S_2 S_1 S_0$	M	CN	I_1	I_0	I_4
SOP	INC	0010	0000	0	0	0	0	0
	DEC		1111	0	1	0	1	0
	NOT		0000	1	×	1	0	0
	THR		1111	1	×	1	1	0
ADD/ADDI		1101	1001	0	1	×	×	1
SUB/SUBI		1100	0110	0	0	×	×	0

图 3-21a 所示是算术逻辑运算器（ALU）通路，运算器 74LS181 除了输出结果到总线 BUS，还输出运算结果的标志位 CF（溢出）、ZF（零）、SF（符号位）到标志位寄存器 PSW 保存。

图 3-21b 所示是算术逻辑运算器 ALU 的缓存器 DA 和 DB。其中 DB 采用寄存器 74LS273，而 DA 则采用移位寄存器 74LS194，兼有缓存和移位功能。当微操作信号 $\overline{SHT\_EN}=1$ 的时候（非 SHT 指令），74LS194 的状态 $\{S_0, S_1\}=\{1, 1\}$，工作模式强制为送数，DA_CLK 上升沿跳变把 74LS194 输入端 $D_3 D_2 D_1 D_0$ 保存到输出端 $Q_3 Q_2 Q_1 Q_0$；当 $\overline{SHT\_EN}=0$ 的时候（SHT 指令），移位寄存器 74LS194 的状态 $\{S_0, S_1\}$ 由指令 SHT 的 I_1 位决定。若 $I_1=0$，$\{S_0,$

$S_1\} = \{0,1\}$，则寄存器输出端 $Q_3Q_2Q_1Q_0$ 往 Q_0 端移动，即右移；若 $I_1 = 1$，$\{S_0,S_1\} = \{1,0\}$，则寄存器输出端 $Q_3Q_2Q_1Q_0$ 往 Q_3 端移动，即左移。而 SHT 指令的 I_0 位则决定是逻辑移位还是循环移位：若 $I_0 = 0$，则 74LS194 的输入端 $S_L = S_R = 0$，即逻辑移位；若 $I_0 = 1$，则 74LS194 的输入端 S_L 和 S_R 分别接 74LS194 的另一端，即循环移位。

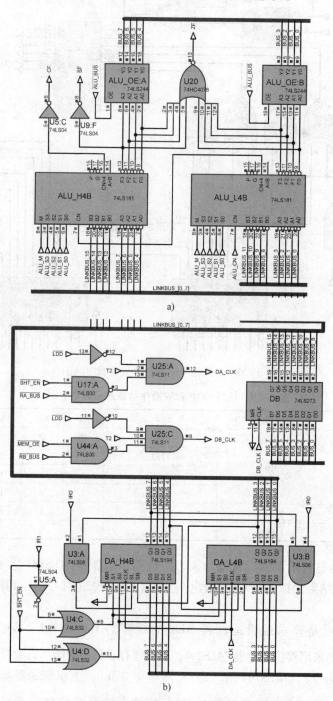

图 3-21　算术逻辑运算器（ALU）及其缓存器通路

缓存寄存器 DA 和 DB 的打入微操作信号 DA_CLK 和 DB_CLK 分别在 3 种情况下触发。

- 双操作数运算指令：操作数全部来源于逻辑寄存器 RA 和 RB，DA_CLK 和 DB_CLK 分别由微操作信号 $\overline{RA\_BUS}$ 和 $\overline{RB\_BUS}$ 驱动。
- 双操作数运算指令：操作数之一来自指令第二个字节（立即数 IMM），则 DA_CLK 由微操作信号 $\overline{RA\_BUS}$ 驱动，而微指令 [11100] 期间，DB_CLK 则由微操作信号 $\overline{MEM\_OE}$ 驱动。
- 移位指令 SHT：在微指令 [10011] 期间，DA 缓存器 74LS194 移位需要再次 DA_CLK 上升沿跳变才能实现，则 DA_CLK 由微操作信号 $\overline{SHT\_EN}$ 驱动。

3.1.11 实验步骤

实验 1：顺序结构程序

1）在微程序版 CPU 项目工程的子文件夹 PROGRAMS 里，存放着全部机器指令的示例源程序（ASM 文件）。除了 JS、SOP_JZ 和 INT_IRET 这 3 个源程序外，其他源程序都是顺序结构的程序，如以下 ADD 指令的示例程序 ADD.asm。

```
ORG  0000H
     DB  00110000B;SET R0,03H
     DB  00000011B;
     DB  00110100B;SET R1,30H
     DB  00110000B;

     DB  00111000B;SET R2,F0H
     DB  11110000B;
     DB  11010001B;ADD R0,R1
     DB  11011001B;ADD R2,R1

     DB  00000001B;HLT
END
```

2）编译 ADD.asm 源程序，生成 HEX 文件烧写到存储器 ROM（编译和烧写 ASM 文件的方法参见"2.3.3 ROM 批量导入数据的技巧"）。

3）启动仿真后，时钟 CLK 选择从手动开关 MANUAL 输入信号；手动按钮使复位信号 $\overline{RESET}$ 跳变 "1→0→1"，令信号 ON=0，CLK 允许输出，初始化过程完成。

4）若手动执行程序，则直接手动 MANUAL 按钮，令时钟 CLK 输出 "⌐_" 信号，程序单步执行。对照 ADD 指令流程图及其微指令代码表，观察每次手动单步执行结果，记录寄存器 AR、IR、PC、通用寄存器 Rx 及总线 BUS 上的数据变化。

5）若自动运行程序，则把信号 CLK 改接在 AUTO – CLK 信号源（主频 10 Hz），程序自动运行，直到 HLT 指令 "断点" 处才暂停。暂停后，可以通过信号 CLK 改接手动按钮 MANUAL，然后手动按钮令复位信号 $\overline{RESET}$ 输出 "1→0→1" 变化，即可跳出 HLT "断点"，进入 HLT 指令后续下一条指令，然后时钟 CLK 再接 AUTO – CLK 信号源，程序即可继续自动运行。

6）在程序自动运行过程中，可以采用 HLT 指令在程序需要调试的位置设置"断点"。观察"断点"暂停时刻，寄存器 AR、IR、PC、通用寄存器 R_x 及总线 BUS 上的数据（注意，增加 HLT 指令"断点"会出现跳转指令的目标地址偏移问题）。

7）参照上述过程，编译、烧写、手动或自动运行文件夹 PROGRAMS 里其余机器指令（JS 和 SOP_JZ 除外）的示例程序。对照相应的指令流程图及其微指令代码表，观察自动运行或每次单步执行结果，记录寄存器 AR、IR、PC、PSW 及总线 BUS 上的数据变化。

实验 2：分支结构程序

1）条件跳转指令验证程序 JS 是典型的分支结构程序，其功能类似于汇编语言的 CMP 语句，实现了比较寄存器 R_0 和 R_1 所存数据的大小，并且输出较大的数据到 I/O 端口外挂设备（数码管）。具体代码如下所示。

```
ORG  0000H
     DB  00110000B;SET R0,04H
     DB  00000100B;
     DB  00110100B;SET R1,03H
     DB  00000011B;

     DB  00000001B;HLT
     DB  11000001B;SUB R0,R1
     DB  00011100B;JS 0CH
     DB  00001100B;

     DB  11010001B;ADD R0,R1
     DB  01010000B;OUT R0,PORT0
     DB  00010000B;JMP 0DH
     DB  00001101B;

     DB  01010100B;OUT R1,PORT0
     DB  00000001B;HLT
     END
```

2）参照上述实验 1 的操作，编译、烧写、自动运行 JS 源程序。观察程序自动运行过程中两个"断点"的暂停时刻，通用寄存器 R_0 和 R_1 的数据变化。

3）修改上述 JS 源程序，把寄存器 R_0 和 R_1 保存的数据对调，程序运行过程和结果有什么不同？记录运行过程中寄存器 R_0 和 R_1 的数据变化，观察 I/O 接口的数据显示管显示。

4）请问本程序中的 ADD 指令起什么作用？如果要求比较的过程不能改动 R_0 和 R_1 的值，则需要如何修改 JS 源程序？

5）编译、执行如下所示的源程序 ADD0_SUB0.asm。试问，$0+0=0$ 且 $0-0=0$，为何分别运算这两个算式后执行 JC 的结果不一致（一个跳转，另一个不跳转）？

```
ORG  0000H
     DB  00110000B;SET R0,0
     DB  00000000B
     DB  00110100B;SET R1,0
```

```
        DB    00000000B

        DB    11010001B;ADD R0,R1
        DB    00010100B;JC 0CH
        DB    00001100B;
        DB    01010000B;OUT R0,PORT0

        DB    11000001B;SUB R0,R1
        DB    00010100B;JC 0CH
        DB    00001100B;
        DB    01010000B;OUT R0,PORT0

        DB    00000001B;HLT
    END
```

实验3：循环结构程序

1）单操作数运算指令验证程序 SOP_JZ 是典型的循环结构程序，其功能类似于汇编语言的 LOOP 语句，实现了"1+2+…+9+10"的连续 10 次相加求和。具体代码如下所示。

```
ORG   0000H
        DB    00110000B;SET R0,01H
        DB    00000001B;
        DB    00110100B;SET R1,02H
        DB    00000010B;

        DB    00111000B;SET R2,09H
        DB    00001001B;
        DB    00000001B;HLT
        DB    11010001B;ADD R0,R1

        DB    00101001B;DEC R2
        DB    00100100B;INC R1
        DB    00101011B;THR R2
        DB    00011000B;JZ 0FH

        DB    00001111B;
        DB    00010000B;JMP 07H
        DB    00000111B;
        DB    01010000B;OUT R0,PORT0

        DB    00000001B;HLT
    END
```

2）参照上述实验 1 的操作，编译、烧写、自动运行 SOP_JZ 源程序。观察自动运行过程中的"断点"暂停时刻，通用寄存器 R_0、R_1 和 R_2 的数据变化。

3）请问 R_0 和 R_1 总共循环相加了几次？为何统计次数的 $R_2 = 09$？最后 R_0 输出的结果是多少？"THR R2"指令执行的意义是什么？能否只使用两个通用寄存器完成连续相加求和

的任务？如果可以，程序要如何修改？

实验 4：中断程序

1）INT_IRET 是基于中断向量二次跳转实现的单级中断程序，主程序功能是寄存器 R0 的数值累加，而中断子程序则是显示中断时刻 R_0 数值并且清零。具体代码如下所示。

```
ORG   0000H
DB   00010000B;JMP 08H
DB   00001000B;
DB   00000011B;vector [02]=03        ;中断向量地址 02,中断向量 03
DB   00000001B;HLT                   ;sub 中断子程序入口

DB   01010000B;OUT R0,PORT0
DB   00110000B;SET R0,0
DB   00000000B;
DB   01110000B;IRET

DB   00110000B;SET R0,02H            ;main 主程序
DB   00000010B;
DB   11010000B;ADDI R0,02H
DB   00000010B;

DB   00010000B;JMP 0AH
DB   00001010B;
DB   00000001B;HLT
END
```

2）参照上述实验 1 的操作，编译、烧写、自动运行中断程序 INT_IRET，随机触发 INTERRUPT 按钮（模拟外部中断），观察 R_0 的变化。

3）在主程序中设置的 HLT"断点"暂停时刻，在"断点"暂停时刻，信号 CLK 改用手动单步执行，触发 INTERRUPT 按钮，模拟外部中断。观测和记录中断处理过程中，寄存器 PC、BP_PC、PSW、BP_PSW 及总线 BUS 的数据变化。

4）本实验中，中断出现会令通用寄存器 R_0 清零，改变主程序的参数。因为中断是随机发生的，不确定中断发生时刻主程序运行的位置。所以，应该尽量使中断子程序和主程序的参数（主要是寄存器）互相独立。请问在寄存器资源有限的情况下，可以采用什么方法实现？

3.1.12　思考题

1. 中断返回指令 IRET 只能在中断子程序出现，请设计一个硬件电路的保护机制：若在主程序中出现 IRET 指令，则 CPU 不执行打入 PC 的操作，避免系统崩溃。

2. 微程序版 CPU 的取指周期和中断处理周期目前尚需要两个 CPU 周期（两条微指令），可否修改硬件电路和微指令列表，只用一个 CPU 周期实现上述功能？

（提示：拆分独立的数据存储器 ROM、RAM 和程序存储器 PROGRAM，数据存储器的地址寄存器仍为 AR，程序计数器 PC 则作为程序存储器的地址寄存器，不再直连到总线 BUS。注意，因为取指周期只有一个 CPU 周期，需要谨慎考虑取指周期末尾 PC +1 的问题，以及

取指周期开头把 IR 寄存器输出的 OP 码清零，从而避免影响微地址 P1 跳转的问题。）

3. 在思考题 2 的基础上，可否利用节省出来的空闲微指令地址安排新的微指令或增加指令功能？例如，使 OUT/OUTA 指令既可以输出通用寄存器 R_x 内容（单字节指令），也可以输出立即数 IMM（双字节指令）。从而在 I/O 端口的操作中减少对寄存器资源的占用。

3.2 硬布线 CPU 实验

3.2.1 实验概述

本实验的主要内容是掌握基于硬布线控制器的 CPU 设计原理，理解机器指令的硬布线逻辑实现方法。本实验将设计一个硬布线 CPU：在功能上完全兼容前述的微程序 CPU：数据通路相同，指令体系相同，不同之处在于改用硬布线逻辑电路产生各时序阶段的微操作信号，取代了微程序控制器。在硬布线 CPU 上验证微程序 CPU 的指令程序。

3.2.2 硬布线 CPU 架构

硬布线 CPU 完全兼容微程序 CPU 的机器指令集，共有以下五大类（38 条）机器指令（见表 3-20，具体格式见"3.1 微程序 CPU 实验"）。

- 系统指令：NOP、HLT、IRET。
- 寄存器及 I/O 操作指令：MOV、SET、IN、OUT/OUTA。
- 存储器及堆栈操作指令：LAD/POP、STO/PUSH。
- 跳转系列指令：JMP、JMPR、Jx（JC/JZ/JS）、JxR（JCR/JZR/JSR）。
- 算术逻辑运算指令：SHT（RLC/LLC/RRC/LRC）、SOP（INC/DEC/NOT/THR）、ADD/ADDI、SUB/SUBI、AND/ANDI、OR/ORI、XOR/XORI。

表 3-20　硬布线 CPU 指令集（OP 码表）

OP 码（$I_7I_6I_5I_4$）	指令助记符	OP 码（$I_7I_6I_5I_4$）	指令助记符
0111	IRET	1111	OR、ORI
0110	MOV	1110	AND、ANDI
0101	OUT/OUTA	1101	ADD、ADDI
0100	IN	1100	SUB、SUBI
0011	SET	1011	XOR、XORI
0010	SOP（INC、DEC、NOT、THR）	1010	SHT（RLC、LLC、RRC、LRC）
0001	JMP、JMPR、Jx、JxR	1001	STO、PUSH
0000	NOP、HLT	1000	LAD、POP

硬布线 CPU 架构如图 3-22 所示，红线的左侧是与微程序 CPU 完全兼容的数据通路，包括：程序/数据存储器 ROM/RAM 及其地址寄存器（AR）；指令寄存器（IR）；通用寄存器（$R_0 \sim R_3$）；算术逻辑运算器（ALU）及其附属缓存器 D_A（兼作移位功能）和 D_B；外设 I/O 接口；中断向量地址（IVA）；程序计数器（PC）、运算结果标志位寄存器（PSW）及其断点寄存器（BP_PC、BP_PSW）。而图 3-22 红线右侧则是替代微程序控制器功能的硬布线控制器（包括基于两级状态机的时序发生器电路）以及中断电路。

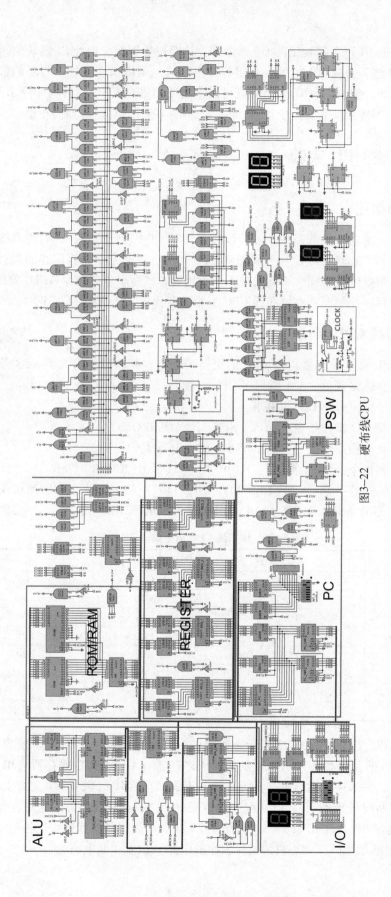

图3-22 硬布线CPU

106

3.2.3 硬布线 CPU 的控制器

硬布线 CPU 的时序发生器电路基于"多周期硬布线控制器"原理设计，采用两级状态机架构，如图 3-23 所示。一级状态机 MCLOCK 由 6 个状态 $\{M_1, M_2, M_3, M_4, M_5, M_6\}$ 组成，其中 $M_1 \sim M_2$ 是取指状态，$M_3 \sim M_6$ 是执行状态。每一次状态 M 循环对应一个指令周期，其状态数目不固定，由该指令决定。状态机在每条指令最后的执行状态 M_x 结束后，自动跳转到下一条指令的取指状态 M_1。每一个状态 M 本身是一个二级状态机，与微程序微指令状态机完全相同：包括两个状态 $\{T_1, T_2\}$，循环进行状态转移 $T_1 \rightarrow T_2$。在 T_1 状态，指令/数据先从源部件打入总线 BUS；在 T_2 状态，指令/数据再从总线 BUS 打入目标部件。

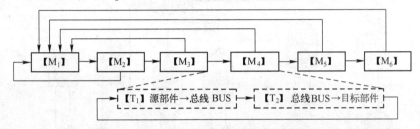

图 3-23　硬布线 CPU 的控制器"状态机"模型

两级状态机电路如图 3-24 所示，二级状态机与微程序版本的微指令状态机完全相同，依旧使用 JK 触发器 74LS73。时钟信号 CLK 驱动，循环进行固定的状态转移 $T_1 \rightarrow T_2$。一级

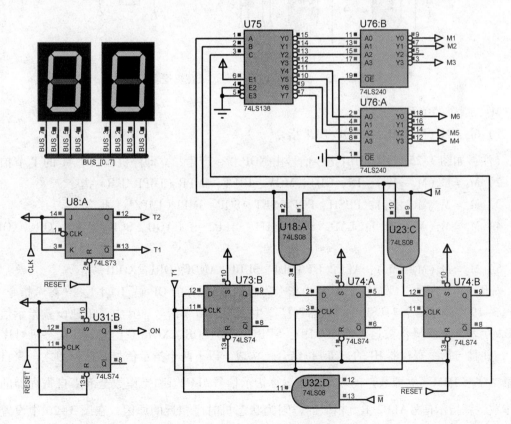

图 3-24　硬布线 CPU 的时序发生器电路

状态机则使用一个 2 位扭环计数器及其译码电路，由每次状态 T 循环开始的 T_1 上升沿驱动，进行状态数量不固定的状态 M 循环（如图 3-23 所示）。一级状态机的次态 M_{X+1} 不仅取决于当前状态 M_X，还由跳转信号 $\overline{M}$ 决定：$\overline{M}=1$ 则照常进行状态转移 $M_X \to M_{X+1}$；$\overline{M}=0$ 则计数器输入置位 $\{1,0,0,0\}$，使次态 M_{X+1} 强制转移到 M_1。

跳转信号 $\overline{M}$ 的形成逻辑电路如图 3-25 所示。当一条指令的当前状态是指令周期最后一个状态 M_x，其指令信号与状态节拍信号 M_x 的逻辑"与"令跳转信号 $\overline{M}=0$，从而使次态强制转移到下一条指令的取指状态 M_1，构成 $M_1 \to M_x$ 循环。

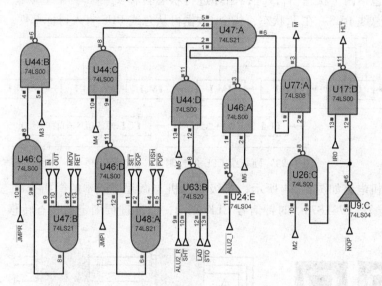

图 3-25　状态机的跳转信号形成逻辑逻辑

M_x 与指令的关系如下。

1）$M_x = M_2 (M_1 \to M_2)$：NOP/HLT 指令。

（注：如图 3-25 所示，$\overline{\text{HLT}}$ 指令信号由 NOP 指令产生，立即停机在状态 M_2 的 T_2 节拍。）

2）$M_x = M_3 (M_1 \to M_3)$：IN、OUT、MOV、IRET、JMPR（JMPR/JxR）指令。

3）$M_x = M_4 (M_1 \to M_4)$：PUSH、POP、SET、SOP、JMPI（JMP/Jx）指令。

4）$M_x = M_5 (M_1 \to M_5)$：LAD、STO、SHT、ALU2_R（ADD、SUB、AND、OR、XOR）指令。

5）$M_x = M_6 (M_1 \to M_6)$：ALU2_I（ADDI、SUBI、ANDI、ORI、XORI）指令。

如图 3-26 所示，硬布线 CPU 是由指令寄存器 IR 保存的 OP 码 $\{I_7 I_6 I_5 I_4\}$（参考指令 OP 码表 3-19）经过两个 74LS138 译码器直接产生相应的指令信号。其中，单独设置指示信号 ALU2 代表 5 个双操作数运算指令 ADD、SUB、AND、OR、XOR（上述指令状态机时序相近），并且与指令寄存器 IR 的 $\{I_1 I_0\}$ 位结合，构成了以下两个指示信号：操作数之一来自指令第二字节 IMM（立即数）的双操作数运算指令信号 $\overline{\text{ALU2\_I}}$ 和操作数全部来自寄存器的双操作数运算指示信号 $\overline{\text{ALU2\_R}}$。相似的，因为状态机时序相近的原因，在图 3-26 中设置指示信号 MEM_OP 代表 4 个存储器操作指令 LAD、STO、POP、PUSH。另一方面，因为 LAD/

POP 指令、STO/PUSH 指令和跳转系列指令共用 OP 码，所以需要 $I_1 I_0$ 位参与指令译码：当 $I_1 I_0 = 00$ 时，生成跳转指令信号JMP和存储器操作指令信号$\overline{LAD/STO}$（跳转目标地址或操作数地址来自指令第二字节 ADDR）；当 $I_1 I_0 \neq 00$ 时，生成跳转指令信号$\overline{JMPR}$和堆栈操作信号$\overline{POP/PUSH}$（跳转目标地址或操作数地址来自寄存器）。

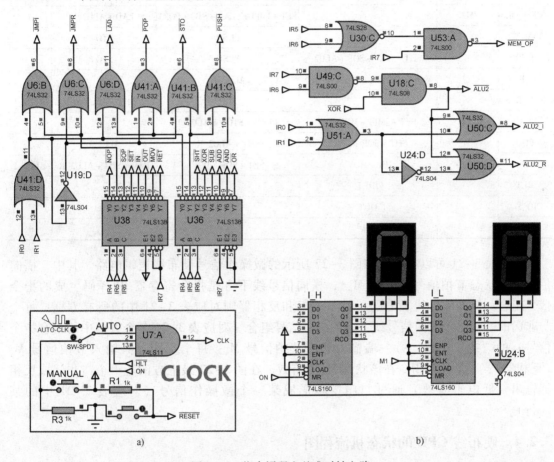

图 3-26　指令译码和基准时钟电路

此外，硬布线 CPU 的基准时钟电路（红色边框）、双位指令计数器电路（由指令周期开始的状态节拍信号 M_1 上升沿驱动）与微程序 CPU 保持一致。硬布线 CPU 的初始化/复位过程亦与微程序 CPU 保持一致（参见"3.1 微程序 CPU 实验"相关章节）。

硬布线 CPU 执行指令所需的微操作信号与前述微程序 CPU 保持一致，由当前状态节拍信号 M_x 和特定的指令信号通过逻辑"与"形成，如表 3-21 所示。

表 3-21　微操作信号的逻辑组合

微操作信号	取指周期	M_3 周期	M_4 周期	M_5 周期	M_6 周期
SHT_EN			SHT	SHT	
INTR	INT(M1)				
PC_INC	M2	IRET + JMPR	SET + JMPI + (LAD + STO)	ALU2_I	

（续）

微操作信号	取指周期	M_3 周期	M_4 周期	M_5 周期	M_6 周期
LDPC	INT(M2)	IRET + JMPR	JMPI		
PC_BUS	M1(仅 INT 无操作)	SET + JMPI + (LAD + STO)	ALU2_I		
MEM_OE	M2		SET + JMPI + (LAD + STO + POP)	LAD + ALU2_I	
RAM_WE			PUSH	STO	
RA_BUS		SHT + OUT + SOP + ALU2	PUSH	STO	
RB_BUS		MOV + JMPR + (PUSH + POP)	ALU2_R		
ALU_BUS			SOP	SHT + ALU2_R	ALU2_I
LDAR	M1	SET + JMPI + MEM_OP	(LAD + STO) + ALU2_I		
LDD		SHT + SOP + ALU2	SHT + ALU2_R	ALU2_I	
LDR		IN + MOV	SET + SOP + POP	LAD + SHT + ALU2_R	ALU2_I
RET		IRET			
IO_W		OUT			
IO_R		IN			

根据表 3-21 可以推导出如图 3-27 所示的微操作信号硬布线逻辑电路。其中，横向信号线是状态节拍信号（$M_1 \sim M_6$），横向信号线下方是指令寄存器 IR 译码生成的指令信号组合。横向信号线上方的一排与非门和反相器则对应表 3-21 中的所有方框：每个与非门的一端输入横向信号线下方的指令信号组合（对应表 3-21 某个方框中的所有指令信号）的"或"逻辑，另一端输入状态节拍信号 M_x；每个反相器只输入节拍信号 M_x（反相器），表示任何指令在该状态 M_x 都有效。在图 3-27 最上方的若干个与非门或反相器输出（低电平有效）通过与门逻辑形成某一个微操作信号（对应表 3-21 中的某一行）。

3.2.4 硬布线 CPU 的状态机流程图

硬布线 CPU 的状态机流程图与微程序 CPU 的状态机流程图基本相同，其中每一个方框都代表一个状态 M_x，对应微程序流程图中的一条微指令。每一个方框内的微操作信号都由图 3-27 所示的硬布线逻辑生成，亦与微程序 CPU 的状态机流程图方框中的微操作信号基本一致。

取指周期和中断处理周期的状态机流程图如图 3-28 所示。所有机器指令至少需要 2 个 CPU 周期（M_1 和 M_2）的取指周期，在 M_1 周期开始时刻，通过中断标记信号 INT 决定是运行取指周期（INT = 0），还是运行中断处理周期（INT = 1）。指令寄存器 IR 在 M_1 周期或复位信号 $\overline{RESET} = 0$ 的情况下清零。在取指周期 M_2 的 T_2 节拍上升沿时刻，信号 IR_CLK 上跳变，把从程序存储器 PROGRAM 取出的指令打入指令寄存器 IR，再通过指令寄存器 IR 的 $\{I_7I_6I_5I_4\}$ 译码产生一系列的指令信号（如图 3-26 所示）。若产生 NOP 指令信号，则直接返回 M_1 周期取出下一条指令；若产生 HLT 指令信号，则 CPU 直接停机，重启跳出断点后进入下一指令的取指周期。若产生其他信号，则进入执行周期（$M_3 \sim M_6$）。

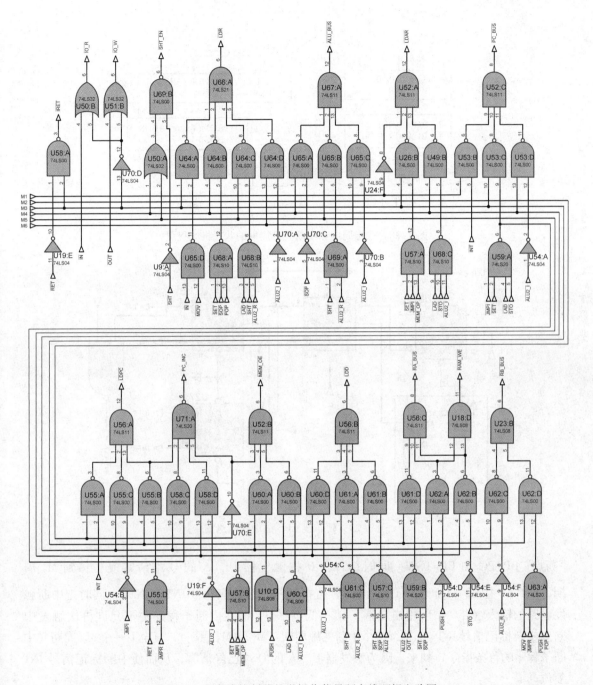

图 3-27　硬布线控制器的微操作信号硬布线逻辑电路图

　　硬布线 CPU 的中断触发电路如图 3-29 所示。采用按钮来表征 CPU 的外部中断 INTER-RUPT，其按下的时候将产生一个上升沿跳变，在触发器 U_{11}：A 的 Q 端输出高电平，表示有中断发生。等待当前指令执行结束后（下一条指令开始之际），M_1 周期的上升沿跳变置位中断标志信号 INT $=1/\overline{\text{INT}}=0$，以及中断响应信号 INTR $=1/\overline{\text{INTR}}=0$。

　　硬布线 CPU 中断处理机制依旧采用中断向量表的二级寻址形式，与微程序 CPU 保持一致：M_1 周期的中断响应信号 INTR/$\overline{\text{INTR}}$使得中断向量地址 VTR_ADDR 输出，以及保存程序

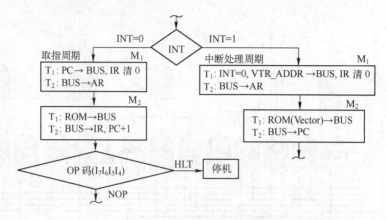

图 3-28　取指周期和中断处理周期的状态机流程图

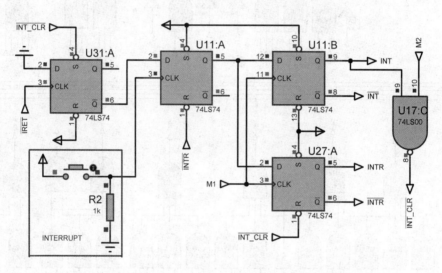

图 3-29　硬布线 CPU 的中断电路图

"断点" BP_PC 和 BP_PSW，同时 $\overline{INTR}$ = 0 把触发器 U_{11}：A 的 Q 端清零复位；到 M_2 周期，INT = 1 且 M2 = 1 产生 $\overline{INT\_CLR}$ = 0，直接复位中断响应信号 INTR/$\overline{INTR}$，同时把中断触发电路的输入（U_{31}：A 反相输出端）锁在低电平 0，即在中断子程序中不允许再次触发中断。中断标记信号 INT = 1 持续整个中断处理周期（M_1 和 M_2 周期），直至下一个 M_1 周期（中断子程序的首条指令）到来，因为触发器 U_{11}：A 的 Q 端已经清零，从而使中断标记信号 INT 复位。

　　如图 3-28 所示，所有 CPU 指令的状态机都经过公共的取指周期（$M_1 \sim M_2$ 状态），然后在取指周期末尾，OP 码（$I_7I_6I_5I_4$）译码产生一系列指令信号，进入各自指令的执行周期。图 3-30 列出了寄存器操作指令（MOV、SET 指令）和 I/O 操作指令（IN、OUT/OUTA 指令）执行周期的状态机流程图，与微程序流程图完全一致。

　　图 3-31 列出存储器操作指令（LAD、STO 指令）和堆栈操作指令（POP、PUSH 指令）执行周期的状态机流程图。与微程序流程图相比，硬布线 CPU 不需要考虑微指令容量问题，因此堆栈操作指令 POP 和 PUSH 的执行周期只占用两个 CPU 周期，效率得到提升。

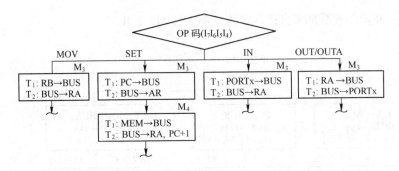

图 3-30　寄存器及 I/O 操作指令的状态机流程图

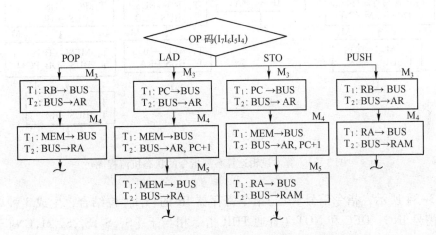

图 3-31　存储器及堆栈操作指令的状态机流程图

图 3-32 所示的状态机流程图包括了中断返回指令、目标地址来源寄存器的跳转指令 JMPR（包括 JMPR 和 JxR 系列指令）和目标地址来源存储器的跳转指令 JMPI（包括 JMP 和 Jx 系列指令）。与微程序流程图相比，硬布线 CPU 不需要考虑微指令容量的问题，因此跳转指令 JMPR 的执行周期只占用两个 CPU 周期，效率大大提高。

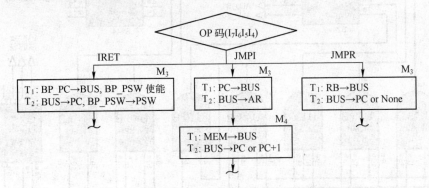

图 3-32　中断返回及跳转系列指令的状态机流程图

如图 3-33 所示，算术逻辑运算系列指令的状态机都在 M_3 周期生成运算器 74LS181 控制端逻辑[S_3, S_2, S_1, S_0, M, CN]，其中，双操作数运算指令 ALU2 系列（ADD、SUB、AND、OR、XOR）在 M_3 周期微操作信号一致，在 M_4 周期则出现两个分支：操作数之一来自存储器的指令系列 ALU2_I 和操作数全部来自寄存器的指令系列 ALU2_R。

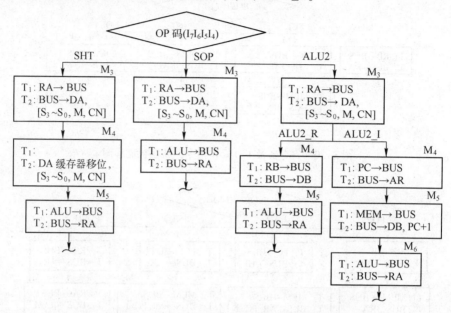

图 3-33　算术逻辑运算系列指令的状态机流程图

如图 3-34 所示，指令信号 $\overline{SOP}$ 与指令寄存器 IR 的 $\{I_1I_0\}$ 位结合，生成 3 种单操作数运算指令信号 INC、DEC 和 NOT（直通 THR 指令相当于 $[S_3,S_2,S_1,S_0,M,CN]$ 全为 1 的缺省状态）。这 3 种单操作数的运算指令信号又与 5 种双操作数的运算指令信号（ADD、SUB、AND、OR、XOR）一起，根据表 3-22（74LS181 控制端逻辑组合），生成运算器

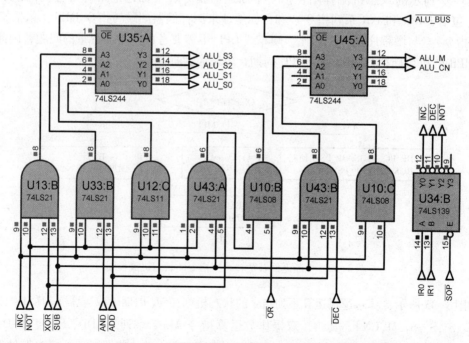

图 3-34　运算器 74LS181 的控制端译码电路图

74LS181 的控制端信号 ALU_S3、ALU_S2、ALU_S1、ALU_S0、ALU_M、ALU_CN（当执行周期末尾，微操作信号 $\overline{\text{ALU\_BUS}}$ = 0 有效时刻，上述信号才经过两个 74LS244 缓冲器输出）。

表 3-22　运算器 74LS181 的控制端逻辑组合

	ADD	SUB	AND	OR	XOR	INC	DEC	NOT	THR（默认）
S_3	1	0	1	1	0	0	1	0	1
S_2	0	1	0	1	1	0	1	0	1
S_1	0	1	1	1	1	0	1	0	1
S_0	1	0	1	0	0	0	1	0	1
M	0	0	1	1	1	0	0	1	1
CN	1	0	1	1	1	0	1	1	1

3.2.5　实验步骤

实验 1：与硬布线 CPU 的一致性验证

1）硬布线 CPU 项目工程的子文件夹 PROGRAMS，与微程序 CPU 项目工程的子文件夹 PROGRAMS 完全一致。请逐个编译、烧写、手动单步执行或自动运行所有机器指令 ASM 文件（注：程序编译、烧写、初始化、手动单步执行、自动运行及跳出断点的方法，请参见"3.1.11 实验步骤"中实验的相关内容）。

2）在手动单步执行过程中，对照相应的指令流程图，观察时序发生器电路的两级状态机变化，记录每个状态 M_x 中 AR、IR、PC、通用寄存器 R_x 及总线 BUS 的数据。

3）程序自动运行过程中，通过 HLT 指令在程序需要调试的位置设置断点。在断点暂停时刻，观察和记录 AR、IR、PC、通用寄存器 Rx 及总线 BUS 的数据，然后再跳出断点返回程序（注意，增加 HLT 指令断点会出现跳转指令的目标地址偏移问题）。

4）修改中断程序 INT_IRET，在主程序不同位置，设置 HLT "断点"模拟中断。在断点暂停时刻，信号 CLK 改用手动单步执行，触发 INTERRUPT 按钮（模拟外部中断），观察和记录进入中断时，PC/BP_PC、PSW/BP_PSW 及总线 BUS 的数据变化。

实验 2：子程序调用

1）在实际应用中，经常需要多次用到某一段程序。为了避免重复编写，节约内存空间，可以把该程序独立出来，供主程序在需要的时候反复调用，这种程序称为子程序。在本书的 CPU 指令集中缺少专门的子程序调用及返回指令。但是，因为子程序调用的位置是固定和可以预见的（与中断的随机出现不同），所以可以采用跳转系列指令来实现跳转到子程序和从子程序返回的功能。

2）在硬布线 CPU 项目工程的子文件夹 test 里，存放着子程序示例 SUB_PROG.asm。其功能类似于汇编语言的 CALL 和 RET 语句，实现的功能是统计存储器中一个数组包含了多少个正数、零和负数（所有数都用补码形式表示），并把统计结果分别存放在通用寄存器 R_1（正数）、R_2（零）和 R_3（负数）中。具体代码如下所示。

```
ORG  0000H
     DB  00010000B;JMP 16H                      ;[00H]
     DB  00010110B;
     DB  01010101B;55H
     DB  10101010B;AAH

     DB  11111111B;FFH
     DB  10000000B;80H
     DB  00000000B;00H
     DB  00001111B;0FH

     DB  01010000B;OUT R0,PORT0                  ;sub_p:
     DB  00100011B;THR R0
     DB  00011000B;JZ 10H
     DB  00010000B;

     DB  00011100B;JS 13H
     DB  00010011B;
     DB  00010000B;JMP 14H
     DB  00010100B;

     DB  00101000B;INC R2                        ;[10H]
     DB  00010000B;JMP 14H
     DB  00010100B;
     DB  00101100B;INC R3

     DB  00010000B;JMP 21H                       ;ret
     DB  00100001B;
     DB  00111100B;SET R3,0                      ;main:
     DB  00000000B

     DB  00111000B;SET R2,0
     DB  00000000B
     DB  00110100B;SET R1,06H
     DB  00000110B

     DB  00000001B;HLT
     DB  00100100B;INC R1                        ;loop:
     DB  10000001B;POP R0,[R1]
     DB  00010000B;JMP 08H                       ;call sub_p

     DB  00001000B;                              ;[20H]
     DB  11000100B;SUB R1,02H
     DB  00000010B;
     DB  00011000B;JZ 27H
```

```
    DB  00100111B;
    DB  00010000B;JMP 1DH                    ;goto loop
    DB  00011101B;
    DB  00110100B;SET R1,06H

    DB  00000110B
    DB  11000110B;SUB R1,R2
    DB  11000111B;SUB R1,R3
    DB  00000001B;HLT
END
```

3）编译、烧写、自动运行上述 SUB_PROG. asm 源程序，观察自动运行过程中的"断点"暂停时刻，通用寄存器 R_0、R_1、R_2 和 R_3 的数据变化（注：程序编译、烧写、初始化、自动运行以及跳出断点的方法，请参见"3.1.11 实验步骤"中实验 1 的相关内容）。

4）修改上述 SUB_PROG 源程序中的数组（存储器地址[02～07H]存放的数据），改变正数、零和负数的比例，记录程序末尾，通用寄存器 R1、R2 和 R3 最终结果的变化。

5）与"3.1 微程序 CPU 实验"中的"实验 3：循环结构程序"比较，请问本程序可否从数组开始顺序读出数据，再调用子程序做统计？如果通用寄存器不够用，有什么解决办法？

6）修改上述 SUB_PROG 源程序，如把 POP 指令放入子程序中，或者是把 OUT 指令放在主程序的循环中。如果仅仅添加或删除某些指令，子程序调用会出现什么问题？采用跳转系列指令来模拟子程序调用有什么缺点？（提示：跳转地址出问题）

7）与"3.1 微程序 CPU 实验"中的"实验 4：中断程序"比较，请问子程序是否要保护主程序使用的所有通用寄存器？子程序调用和中断发生的区别是什么？

3.2.6 思考题

1. 请设计一个带启动/复位功能（信号$\overline{\text{RESET}}$）和条件判断（跳转信号$\overline{\text{M}}$）的 4 位环形计数器电路，替换硬布线控制器的一级状态机的 2 位扭环计数器电路，实现相同的 M 状态转移功能。

2. 在硬布线 CPU 中，采用了软件方法通过跳转指令 JMP 实现子程序的调用及返回。保持指令长度和 OP 码位数不变，请设计硬件电路实现同样的功能，即实现从立即数/寄存器获得跳转地址的 CALL 和 RET 指令。

（提示：CALL 指令与 JMP 指令可以共用 OP 码 0001，规定 JMPR、JxR 指令的地址来源只能是寄存器 R_1。修改跳转系列指令格式，如表 3-23 所示。若规定指令的 $I_1 I_0 = 00$，表示是双字节的 JMP、Jx 指令；若指令的 $I_1 I_0 = 01$，表示是单字节的 JMPR、JxR 指令；若指令的 $I_1 I_0 = 10$，表示是双字节的子程序调用指令 CALL，子程序跳转处"断点"的保存地址是第二个字节 ADDR；若指令的 $I_1 I_0 = 11$，表示是单字节的子程序调用指令 CALLR，子程序跳转处"断点"的保存地址是寄存器 R_3。同样的，在中断子程序中，中断返回指令 IRET 的 $I_1 I_0 = 00$；而在主程序中，可以规定子程序返回指令 RET 的 $I_1 I_0 = 01$。注意：子程序调用也需要设置一套与中断电路类似的断点寄存器 BP_SUB，不能与中断共用"断点"，否则中断的时候不允许调用子程序，子程序调用的时候不允许中断。）

表 3-23　跳转系列指令

汇编语言格式	功　能	$I_7 I_6 I_5 I_4$	$I_3 I_2$	$I_1 I_0$
JMP ADDR;	ADDR→PC	0001	0/0	0/0
		ADDR		
JMPR;	(R1)→PC	0001	0/0	0/1
Jx ADDR;	IF CF/ZF/SF =1,ADDR→PC	0001	01/10/11	0/0
		ADDR		
JxR;	IF CF/ZF/SF =1,(R1)→PC	0001	01/10/11	0/1
CALL ADDR;	PC→BP_SUB 且 ADDR→PC	0001	0/0	1/0
		ADDR		
CALLR;	PC→ BP_SUB 且(R3)→PC	0001	0/0	1/1
IRET;	中断返回：BP_PC→PC;BP_PSW→PSW	0111	0/0	0/0
RET;	子程序返回：BP_SUB→PC;	0111	0/0	0/1

3. 在 CPU 指令集中，有条件跳转指令 Jx、JxR 的跳转条件是标志位 CF、ZF、SF 都为 1。但是，有时候需要标志位 CF、ZF、SF 都为 0 时跳转，否则不跳转，即 JNx、JNxR 指令。可以采用软件的方法，通过 Jx/JxR 和 JMP/JMPR 指令的组合跳转来实现上述功能，但是 CPU 效率不高。请通过硬件电路直接实现 JNx、JNxR 指令的功能。JNx、JNxR 指令格式如表 3-24 所示。

表 3-24　JNx、JNxR 指令

汇编语言格式	功　能	$I_7 I_6 I_5 I_4$	$I_3 I_2$	$I_1 I_0$
JNx ADDR;	IF CF/ZF/SF =0,ADDR→PC	0001	01/10/11	1/0
		ADDR		
JNxR;	IF CF/ZF/SF =0,(R3)→PC	0001	01/10/11	1/1

3.3　流水线 CPU 实验

3.3.1　实验概述

本实验的主要内容是在掌握"流水线"概念的基础上，设计一个四级流水线架构的 CPU。该 CPU 机器指令集及指令功能完全兼容微程序 CPU 及硬布线 CPU，且性能得到较大提升。在流水线满载情况下，一个时钟周期完成一条机器指令。本实验还将在流水线 CPU 上验证微程序 CPU 及硬布线 CPU 的机器语言程序，考察指令相关性对流水线 CPU 程序的影响。

3.3.2　流水线 CPU 架构

流水线 CPU 完全兼容微程序 CPU 和硬布线 CPU 的指令集，共有 38 条机器指令，分成以下五大类。

1）系统指令：NOP、HLT、IRET。

2）寄存器及 I/O 操作指令：MOV、SET、IN、OUT、OUTA。

3）存储器及堆栈操作指令：LAD、POP、STO、PUSH。

4）跳转系列指令：JMP、JMPR、Jx(JC、JZ、JS)、JxR(JCR、JZR、JSR)。

5）算术逻辑运算指令：SHT(RLC、LLC、RRC、LRC)、SOP(INC、DEC、NOT、THR)、ADD、ADDI、SUB、SUBI、AND、ANDI、OR、ORI、XOR、XORI。

上述指令 OP 码如表 3-25 所示，其具体格式参见"3.1 微程序 CPU 设计实验"中的相关内容。

表 3-25　流水线 CPU 指令集（OP 码表）

OP 码（$I_7I_6I_5I_4$）	指令助记符	OP 码（$I_7I_6I_5I_4$）	指令助记符
0111	IRET	1111	OR、ORI
0110	MOV	1110	AND、ANDI
0101	OUT、OUTA	1101	ADD、ADDI
0100	IN	1100	SUB、SUBI
0011	SET	1011	XOR、XORI
0010	SOP（INC、DEC、NOT、THR）	1010	SHT（RLC、LLC、RRC、LRC）
0001	JMP、JMPR、Jx、JxR	1001	STO、PUSH
0000	NOP、HLT	1000	LAD、POP

通过对微程序 CPU 和硬布线 CPU 的指令流程图分析可知，上述指令的执行过程部分或全部包含了以下 4 个相互独立的阶段。

1）取指（fetch）。指令从程序存储器打入指令寄存器 IR，且 PC +1，指向下一条指令地址。

2）译码（decode）。其主要功能是取数（取出指令所需操作数），并且把取出的操作数打入运算器的缓存器 D_A 和 D_B。根据所取的操作数来源，不同指令在该阶段的取数操作还可以分为从通用寄存器堆 Rx 取数和从程序存储器（指令第二个字节）取立即数或地址。

3）执行（execute）。其主要功能是处理译码阶段取到的数据，包括以下操作：执行算术或逻辑运算，通过 I/O 接口与外围设备交换数据；刷新程序计数器 PC，实现程序跳转；把地址打入数据存储器 ROM、RAM 的地址寄存器 AR，在下一阶段再读/写数据存储器。

4）写回（writeback）。把上述执行阶段结果写回通用寄存器堆 Rx 或数据存储器 RAM。

微程序版和硬布线版 CPU 基于单总线架构，在一个 CPU 周期中只能执行一条指令中一个阶段的操作，而其他阶段的电路则在闲置。一条指令的执行过程需要多个 CPU 周期，效率较低。而流水线版 CPU 架构的不同之处则是采用多总线架构，把上述 4 个阶段组合成四级流水线。指令依次顺序遍历 4 个阶段（没有操作的阶段就直接通过），

4 条相邻的指令在 4 个阶段同时执行，如图 3-35 所示。当流水线满载后（即图 3-35 中第 4 个 CPU 周期以后），每一个 CPU 周期就输出一条指令的执行结果，CPU 效率得到极大的提升。

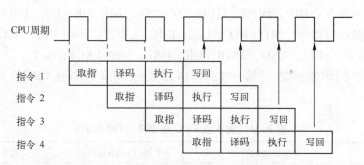

图 3-35　流水线架构 CPU 的指令周期

流水线 CPU 的电路图如图 3-36 所示，每个阶段的硬布线逻辑电路都相当于一个小型的硬布线 CPU，它们之间相互独立，依次衔接。图中红色方框标注的 D 区、E 区、W 区就是译码、执行和写回阶段各自的硬布线逻辑（取指阶段较简单，没有独立硬布线逻辑），红线左侧则是数据通路，包括数据存储器 DATA MEM，程序存储器 PRO，指令流水线通路 IR，外设 I/O，通用寄存器 REGISTER，运算器 ALU，程序计数器 PC 和运算结果标志位寄存器 PSW。红线的下方则是中断电路 INTERRUPT 及其他辅助电路。

与微程序 CPU 和硬布线 CPU 的两级时序相比，流水线 CPU 的时序大大简化。一个 CPU 周期就是一个系统时钟 CLK 周期，CLK 信号的上升沿和下降沿都用来驱动硬布线逻辑。其时序电路图如图 3-37a 所示，基准时钟 TCLK 由方波信号源 AUTO - CLK 提供（双击信号源可以自行选择频率）或通过拨码开关 MANUAL 手动步进，系统时钟 CLK 由 TCLK 产生，CLK = TCLK · $\overline{\text{D2\_EN}}$（详见"3.3.5 译码（D）阶段及'暂停'机制"）。启动仿真后，初始化信号 ON = 0，阻塞基准时钟 TCLK = 0。手动复位后，如图 3-37b 所示，复位信号 $\overline{\text{RESET}}$ 上升沿令触发器 U55:B 输出端 ON = 1，时钟 TCLK 输出恢复正常。而停机信号 HLT 则由 HLT 指令在执行（E）阶段译码产生，阻塞基准时钟 TCLK = 0，使 CPU 进入断点暂停。

因为每个 CLK 周期有一条指令进入流水线，所以 CLK 信号上升沿驱动图 3-37c 所示的双位指令计数器电路（显示范围为 1 ~ 99），显示当前第几条指令开始进入流水线。

流水线 CPU 启动仿真后的初始化操作十分简单，其操作步骤如下。

1）启动仿真后，拨码开关 MANUAL 必须置于低电平，流水线 CPU 才能运行正常。

2）手工按下复位按钮，复位信号 $\overline{\text{RESET}}$ 的上升沿使得信号 ON = 1，基准时钟 TCLK 输出。

跳出 HLT 指令断点重启的操作步骤亦与上述初始化过程完全相同，唯一不同的是复位信号 $\overline{\text{RESET}}$ 上升沿令执行（E）阶段的 E_IR 寄存器清零，从而使 $\overline{\text{HLT}}$ = 1，CPU 跳出断点继续执行。

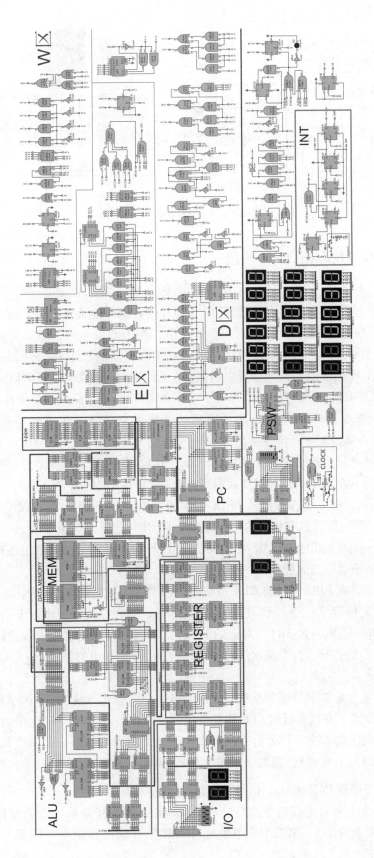

图3-36 流水线CPU电路图

121

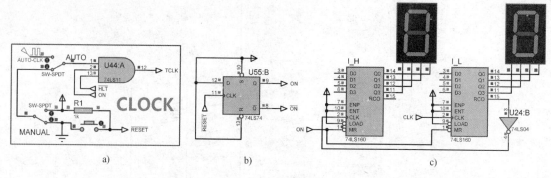

图 3-37　基准时钟、初始化电路及指令计数器

3.3.3　指令流水线及取指（F）阶段

图 3-38a 所示是 CPU 的取指（F）阶段电路图，其主要功能是取指，即在每一个 CPU 周期的 CLK 下降沿时刻，程序计数器 PC（即程序存储器地址寄存器）递增，程序存储器 PROGRAM 顺序输出当前指令，打入总线 F_IR。在中断发生时，断点寄存器 BP_PC 保存 PC 当前值（即断点）；在中断结束后，BP_PC 负责将断点返回 PC，保证主程序继续运行。此外，IRET 及跳转系列指令还可以通过 PC 总线对程序计数器 PC 赋值。

注意： 与微程序 CPU 和硬布线 CPU 不同，流水线 CPU 的程序和数据存储器是两个独立的存储器。因此，在流水线 CPU 指令集中，跳转系列指令的 ADDR 是程序存储器 PROGRAM 的地址，而存储器及堆栈操作指令（LAD、STO、POP、PUSH）的 ADDR 则是数据存储器 ROM、RAM 的地址，两者是完全不同的。除了 IRET 和跳转系列指令可以刷新程序计数器 PC 以外，任何指令都不能访问或修改程序存储器 PROGRAM 的内容。

如图 3-38b 所示，除了程序存储器 PROGRAM 所挂的总线 F_IR，流水线的译码（D）、执行（E）、写回（W）阶段都有相应的指令寄存器 D_IR、E_IR、W_IR，上述 4 个 IR 共同构成指令流水线 I-pipe（红色方框）。在 CPU 运行过程中，可以通过观察上述指令流水线的各阶段 IR 判断某条指令当前处于哪一个阶段（取指、译码、执行或返回）。

如图 3-39 所示，在 CPU 周期的 CLK 下降沿，PC 刷新，存储器 PROGRAM 输出新 PC 地址对应的存储单元内容（指令）到 F_IR 总线。然后，指令在指令流水线 I-pipe 上依次推进（F_IR→D_IR→E_IR→W_IR），对应的 D、E、W 区硬布线逻辑生成各阶段所需的微操作信号。根据指令的差异，指令流水线时序可以分为图 3-38 中的路径①～③，具体描述如下。

① 若 F_IR 总线上是单字节指令或双字节指令第一个字节 I，则在下一个 CLK 周期的上升沿打入 D_IR 寄存器，并且在后续 CLK 周期的上升沿依次打入 E_IR 和 W_IR 寄存器。

② 若 F_IR 总线上是双字节指令的第二字节立即数，则当指令第一个字节 I 从 D_IR 推进 E_IR 的同时（CLK 上升沿），第二个字节立即数 IMM 从总线 F_IR 同时输出到指令寄存器 D_IR 和立即数寄存器 IMM_REG，信号 $\overline{\text{IR\_CLR}}$ 立刻清零 D_IR。

③ 若 F_IR 总线上是双字节指令的第二个字节地址，则当指令第一个字节 I 推进到 E_IR 段的同时（CLK 上升沿），第二个字节地址 ADDR 同样输出到指令寄存器 D_IR，信号

$\overline{IR\_CLR}$立刻清零 D_IR。到 E_IR 端的 CLK 下降沿，再把总线 F_IR 上的 ADDR 打入 PC。

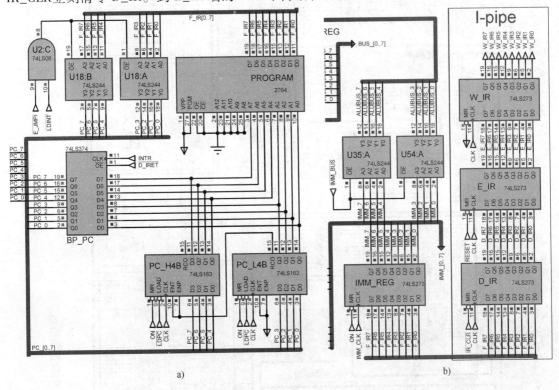

图 3-38 CPU 的取指（F）阶段电路和指令流水线通路图

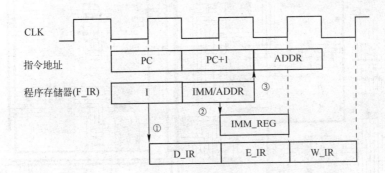

图 3-39 指令流水线时序图

3.3.4 数据通路概述

流水线 CPU 的数据通路如图 3-40 所示，其中指令和数据的路径互相独立：指令在取指（F）阶段从程序存储器 PRO 取出后，进入指令流水线 I-pipe；而该指令对应的数据则在数据通路其余部分组成的"数据流水线"运行。为了适应指令"流水线"架构的需要（如图 3-34 所示），"数据流水线"没有统一的总线，而是分为译码（D）、执行（E）和写回（W）阶段电路，各段电路内部有独立的寄存器和总线。当一条指令进入指令流水线中的某个阶段，其相关数据将保存在"数据流水线"中该段寄存器内，并且通过段内总线传输到

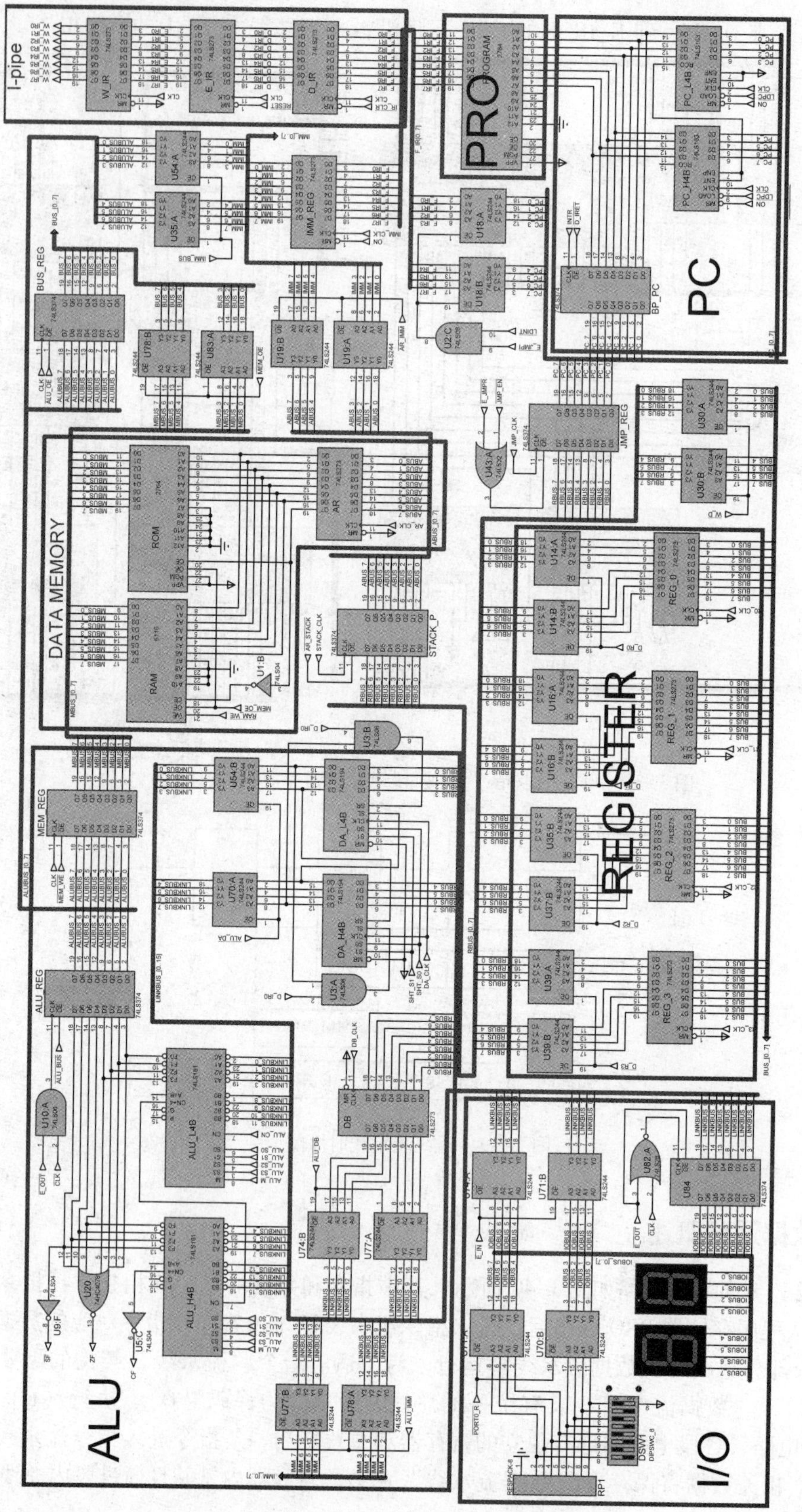

图3—40 流水线CPU的数据通路示意图

下一阶段电路。指令的上述执行过程可以在寄存器传输级（Register Transfer Level，RTL）层次进行抽象描述。

流水线 CPU 的数据通路 RTL 描述如图 3-41 所示。其中，左侧是指令流水线 I-pipe 由三个级联的指令寄存器 D_IR、E_IR 和 W_IR 构成，分别对应右侧"数据流水线"的译码（D）、执行（E）和写回（W）阶段。"数据流水线"各段由不同的寄存器（实线框）组成，相邻段的寄存器通过指定的段内总线（虚线框）互连。当指令沿着指令流水线依次推进（D_IR→E_IR→W_IR），指令相关的数据也在"数据流水线"各阶段同步推进：段内寄存器存储当前指令（即该段指令寄存器内的指令）的相关数据，由该段的当前指令译码形成的微操作信号完成对数据的处理，并且指定相应的段内总线把数据送往下一段寄存器。

如图 3-41 所示，在每一个时钟周期的 CLK 上升沿，指令推进到指令流水线某段的指令寄存器 x_IR，译码控制本段寄存器输出该指令的相关数据，经过组合逻辑（圆头连线"⌐"）传输到对应的总线；在 CLK 下降沿，数据从总线打入下一个阶段的寄存器（箭头连线"↓"），与此同时，段内寄存器保存前一个阶段送来的数据，即下一条指令相关数据（注：寄存器 BUS_REG 和 MEM_REG 例外，它们在 W 阶段周期的 CLK 上升沿保存下一条指令相关数据）。

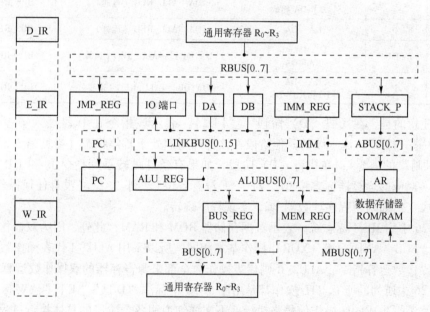

图 3-41　数据通路的 RTL 描述

根据图 3-41 可以列出所有 CPU 指令在数据通路各段的 RTL 操作，如表 3-26 所示。其中大部分指令是单字节指令"i"，亦有带立即数 IMM 和指令地址 ADDR 的双字节指令"i + IMM"和"i + ADDR"。此外，部分指令在某些阶段没有任何操作，即"空"。

表 3-26　CPU 指令 RTL 操作列表

指　　令	类　　型	译码（D）阶段	执行（E）阶段	写回（W）阶段
NOP	i	空	空	空
HLT	i	空	停机	空

指　　令	类　　型	译码（D）阶段	执行（E）阶段		写回（W）阶段
IRET	i	BP_PC→PC	BP_PSW→PSW		空
MOV	i	RB→DA	DA→ALU_REG（直通）		ALU_REG→RA
SET	i + IMM	D_IMM = 1	F_IR→IMM_REG		IMM_REG→RA
IN	i	空	PORTx→ALU_REG		ALU_REG→RA
OUT、OUTA	i	RA→DA	DA→PORTx		空
LAD	i + IMM	D_IMM = 1	F_IR→IMM_REG→AR		MEM→RA
STO	i + IMM	RA→DA D_IMM = 1	DA→ALU_REG（直通） IMM_REG→AR		MEM_REG→MEM
POP	i	RB→STACK_P	STACK_P→AR		MEM→RA
PUSH	i	RA→DA 【D2】RB→ STACK_P	DA→ALU_REG（直通） STACK_P→AR		MEM_REG→MEM
JMP、Jx	i + ADDR	空	F_IR→PC	空	空
JMPR、JxR	I	RB→JMP_REG	JMP_REG→PC	空	空
SHT	i	RA→DA 【D2】DA 移位	DA→ALU_REG（直通）		BUS_REG→RA
SOP	i	RA→DA	DA→ALU_REG（运算）		BUS_REG→RA
ALU2_I	i + IMM	D_IMM = 1 RA→DA	［DA,IMM］→ALU_REG（运算）		BUS_REG→RA
ALU2_R	i	RA→DA 【D2】RB→DB	［DA,DB］→ALU_REG（运算）		BUS_REG→RA

　　值得注意的是，在译码（D）阶段，"【D2】"表示该指令在 D 段插入了一个额外的 CPU 周期——"D2"，流水线的其他阶段在该特殊周期处于暂停状态（参见第 3.3.5 节关于"暂停"机制"的内容）；在执行（E）阶段，如果有条件跳转系列指令 Jx 和 JxR 的跳转条件不成立（对应的运算器标志位 CF、ZF、SF 没有置位），则"空"（没有任何操作）；如果跳转条件成立，则刷新程序计数器 PC，实现程序跳转。

　　表 3-26 中用 MEM 标志统一表示数据存储器 ROM 和 RAM；此外，因为双操作数运算指令（ADD、SUB、AND、OR、XOR）操作基本相同，所以采用 ALU2_I 代表操作数之一是立即数的双操作数运算指令，ALU2_R 则代表操作数全部来源寄存器的双操作数运算指令。

　　表 3-26 中所列的所有 RTL 操作都是由图 3-36 中标注"D 区""E 区""W 区"的方框内的硬布线逻辑生成的微操作信号来执行，下文详细说明各个阶段的具体执行过程。

3.3.5　译码（D）阶段及"暂停"机制

　　译码（D）阶段的指令译码电路如图 3-42 所示。D_IR 寄存器输出的 D_IR[0..7]经过两个 74LS138 译码器 U_{34} 和 U_{59} 产生相应的指令信号（参见表 3-12）。其中，共用 OP 码的 LAD/POP 指令和 STO/PUSH 指令需要 D_IR 寄存器的 I_1I_0 位参与指令译码：$I_1I_0 = 00$，选择操作数地址来自指令第二个字节 ADDR 的存储器操作指令 LAD 和 STO；而 $I_1I_0 \neq 00$，则选择操作数地址来自寄存器的堆栈操作指令 POP 和 PUSH。同样的，单字节的 JMPR 跳转指令和 ALU2_R 系列运算指令（如 ADD、SUB、AND、OR、XOR）需要 D_IR 寄存器的 I_1I_0 位参与指令译码（$I_1I_0 \neq 00$）。而双字节的 JMP 跳转指令和 ALU2_I 系列运算指令没有专用指令信号，在 D 段的硬布线逻辑中通过 OP 码和 D_IR 寄存器的 I_1I_0 位（$I_1I_0 = 00$）组合产生。

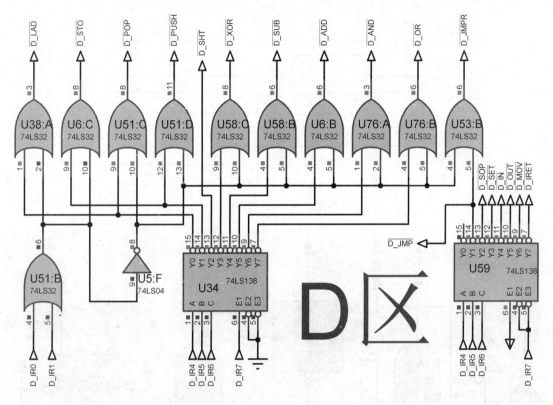

图 3-42　译码（D）段的指令译码电路图

1. 暂停（stalling）机制

从指令流程表（见表 3-26）中可以看出，在 D 段，ALU2_R 系列指令同时执行 Rx→DA 和 Rx→DB；PUSH 指令同时执行 Rx→DA 和 Rx→STACK_P；SHT 指令在 DA 暂存器中先执行 Rx→DA，再 DA 移位。这三种指令与其他指令不同，在 D 段需要两个路径（CPU 周期）。

然而，在指令流水线中，依次推进的指令在每个阶段只能经历一个 CPU 周期。若某条指令在 D 段需要占用两个 CPU 周期，将会堵塞后续指令进入流水线 D 段，引起混乱。因此，流水线 CPU 需要采用一种暂停机制：在这三种指令（统称为"D2 指令"）推进到 D 段后，D 段执行一个额外的 CPU 周期（其他各段在该周期全部暂停）。

暂停机制的时序图如图 3-43 所示，一个 CPU 周期相当于一个 CLK 周期，默认 D2_EN = 0，系统时钟 CLK = 基准时钟 TCLK，两者保持一致。当 D2 指令推进到译码（D）阶段，在执行完操作的 CLK、TCLK 下降沿，信号 D2_EN = 1 译码生成，直到下一个 TCLK 下降沿后才恢复 D2_EN = 0。在 D2_EN = 1 期间，系统时钟 CLK 被信号 D2_EN 的反相端强制 CLK = 0，而基准时钟 TCLK 不受影响。因此，在 CLK = 0 的特殊 CPU 周期（称为 D2 段）内，指令流水线其他各段上的指令失去 CLK 时钟驱动，暂停一个 CLK 周期；而 D 段上的 D2 指令由 TCLK 时钟驱动，多执行了一次路径。

暂停机制的硬布线逻辑图如图 3-44 所示，其对应图 3-43 的时序步骤如下。

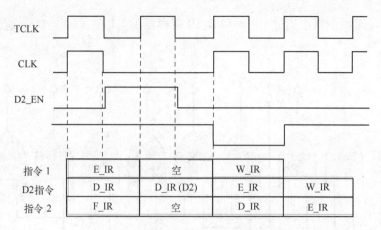

图 3-43 暂停机制的时序图

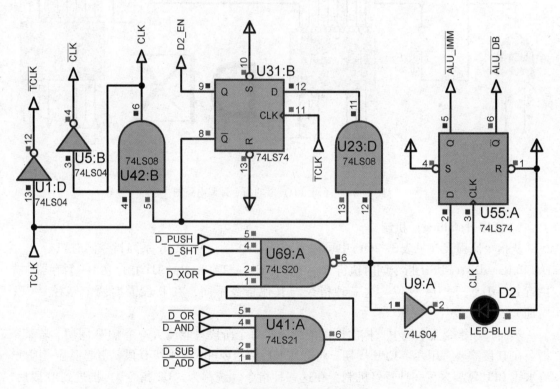

图 3-44 暂停机制的硬布线逻辑图

1) D2 指令推进到译码（D）阶段，指示灯 D_2 亮，在该段 CPU 周期的 CLK 下降沿，触发器 U_{31}:B 的正相输出端 D2_EN = 1，系统时钟 CLK = TCLK · $\overline{D2\_EN}$，被强制在低电平 0 上。同时，U_{31}:B 的反相输出端又使其自身的输入端为 0。

2) D2 指令推进到 D2 段，在该段特殊 CPU 周期，CLK 一直保持低电平，TCLK 正常。在 TCLK 下降沿，D2_EN 信号清零，信号 CLK 恢复与 TCLK 保持一致，暂停结束。

值得注意的是，在图 3-44 的右边，当 D2 指令的暂停机制结束时，CLK 上升沿驱动触发器 U_{55}:A 翻转$\overline{ALU\_IMM}$和$\overline{ALU\_DB}$信号。翻转前，运算器（ALU）所需的第二个操作数来源于默认的 IMM_REG 寄存器（$\overline{\text{ALU\_IMM}}=0$）；翻转后，运算器（ALU）所需的第二个操作数来源于 D_B 暂存器（$\overline{\text{ALU\_DB}}=0$），满足操作数全部来源于寄存器的 ALU_R 系列运算指令在 E 阶段运算的需要。不涉及 D_B 暂存器的指令不受上述翻转影响。

2. 译码（D）阶段数据通路

译码（D）阶段主要实现的功能是取数。指令在 D_IR 寄存器译码，从通用寄存器堆 R_0 ~ R_3 取出本指令所需的操作数，存放到指定的目标寄存器。D 段的数据通路图如图 3-45 所示，从通用寄存器堆（R_0 ~ R_3）出发的路径如下。

1）RB→DA【D 段】：MOV 指令。

2）RA→DA【D 段】：OUT、OUTA、SOP、SHT、STO、PUSH、ALU2_R/ALU2_I 系列指令。

3）RB→DB【D2 段】：ALU2_R 系列指令。

4）RB→JMP_REG【D 段】：JMPR、JxR 指令。

5）RB→STACK_P【D 段】：POP 指令。

6）RB→STACK_P【D2 段】：PUSH 指令。

7）DA 移位【D2 段】：SHT 指令。

除了上述从通用寄存器堆 R_x 出发的路径，译码（D）阶段还有以下两个特殊路径。

8）D_IMM = 1：SET、LAD、STO、ALU2_I 系列指令。

9）BP_PC→PC：IRET 指令。

注意：路径"D_IMM = 1"在 D 段没有实际操作，只是置位标志信号 D_IMM，等待相关的指令到执行（E）阶段开始的 CLK 上升沿再对 IMM_REG 寄存器操作；而路径"BP_PC→PC"则在后面的"中断处理过程"中集中讨论。

如图 3-46 所示，硬布线逻辑把指令信号按照操作数来源是逻辑寄存器 R_A 还是 R_B 进行分类，对应 D 阶段或 D2 阶段周期（D2_EN = 0 或 1），分别形成逻辑寄存器指示信号 D_RA 和 D_RB。这两个指示信号与指令的 I_3I_2 位和 I_1I_0 位组合，再次产生 D 阶段寄存器译码信号 D_02 和 D_13，如图 3-47a 所示。该译码信号最终通过 74LS138 译码器 U_{21}，形成通用寄存器使能信号 $\overline{\text{D\_Rx}}$，指定通用寄存器 Rx 输出数据到 RBUS 总线，如图 3-47b 所示（图中信号 PASS 将在后面的"写回（W）阶段中的旁路（bypass）机制"中再讨论）。

如图 3-46 所示，硬布线逻辑形成下列在 D 段或 D2 阶段周期把 RBUS 总线上的数据打入目标寄存器的微操作信号：JMP_CLK 信号在 D 阶段（JMPR 指令）执行"→JMP_REG"操作；STACK_CLK 信号负责在 D 阶段（POP 指令）或 D2 阶段（PUSH 指令）执行"→STACK_P"堆栈操作；DA_CLK 和 DB_CLK 信号则分别负责"→DA"和"→DB"操作。

如图 3-46 所示，信号 SHT_R0 和 SHT_R1 负责设置 DA 暂存器（74LS194）工作模式。

① 送数模式。在非 SHT 指令的 D 段周期或 SHT 指令的 D2 阶段周期，暂存器 D_A 的状态 $\{S_0,S_1\}=\{1,1\}$，信号 DA_CLK 上升沿跳变，把 RBUS 总线的数据打入 D_A 寄存器。

② 移位模式。在 SHT 指令的 D 段周期，暂存器 DA 的状态 $\{S_0,S_1\}=\{0,1\}$ 或 $\{1,0\}$，DA_CLK 上升沿跳变使得暂存器 DA 保存的数据移位，D_IR 的 I_1 位决定左移（$I_1=1$）或右移（$I_1=0$），I_0 位决定循环移位（$I_0=1$）或逻辑移位（$I_0=0$）。

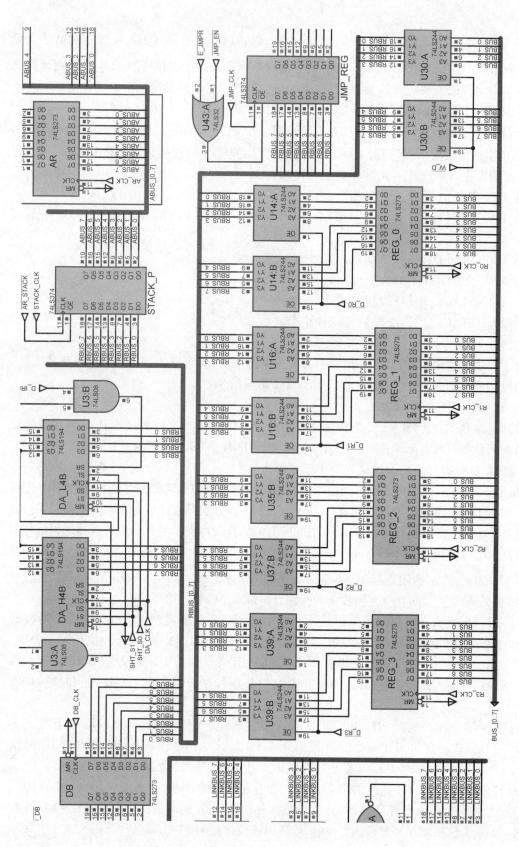

图3-45 译码(D)阶段的数据通路图

130

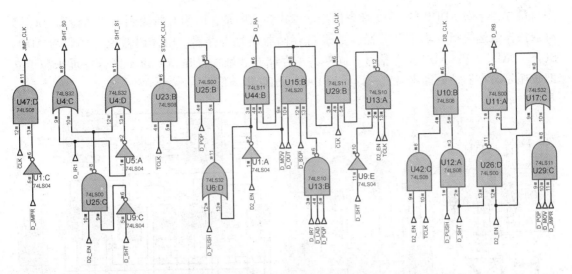

图 3-46　译码（D）阶段的微操作信号硬布线逻辑图

最后，图 3-47c 展示了 SET、LAD、STO 和 ALU2_I 系列指令在 D 阶段使能标志信号 D_IMM = 1；等到执行（E）阶段开始的 CLK 上升沿时刻，D_IMM = 1 触发 IMM_CLK 上升沿跳变，把 F_IR 总线上的立即数 IMM（双字节指令的第二个字节）打入 IMM_REG 寄存器。

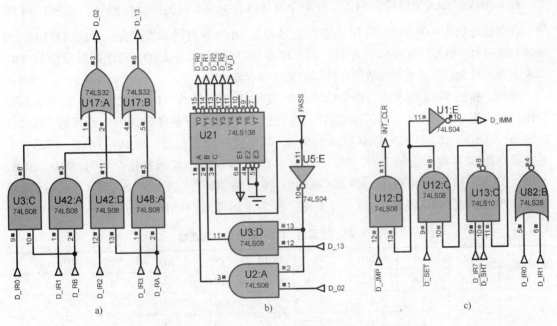

图 3-47　通用寄存器选择和 D_IMM 信号的硬布线逻辑图

3.3.6　执行（E）阶段及"气泡"机制

执行（E）阶段的指令译码电路如图 3-48 所示。E_IR 寄存器的输出经过两个 3-8 译码器 74LS138 产生相应的指令信号（参见表 3-25）。其中，跳转系列指令信号与 E_IR 的 $\{I_1I_0\}$ 位组合译码：$I_1I_0 \neq 00$ 生成地址来自寄存器的 JMPR 指令信号；而 $I_1I_0 = 00$ 选择地址来自第二个字节 ADDR 的 JMPI 指令信号。值得注意的是，因为 E 阶段侧重"执行"，所以 5 种双操作数运算指令都不区分操作数来自存储器还是寄存器，由译码器统一译码为 ADD、SUB、AND、OR、XOR 指令信号；同样的，存储器和堆栈操作指令也不区分地址来源于立即数还是寄存器，由译码器统一译码为 LAD、STO 指令信号。

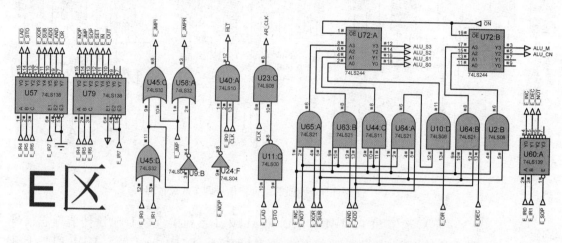

图 3-48 执行（E）阶段的指令译码电路图

在 E 阶段的 CLK 下降沿时刻，部分指令信号组合生成关键的微操作信号。如图 3-48 所示，若当前指令是 0000xxx1，则 NOP 指令信号与 E_IR 寄存器的 I_0 位结合，生成信号 $\overline{HLT}=0$ 阻塞基准时钟 TCLK，导致 CPU 停机；而存储器读/写指令信号 LAD、STO 则触发信号 AR_CLK 上升沿跳变，把地址写入数据存储器的地址寄存器 AR。

此外，在图 3-48 的右边，指令信号 SOP 与 E_IR 寄存器的 $\{I_1 I_0\}$ 位结合，得到 3 种单操作数运算指令信号 INC、DEC 和 NOT。直通指令 THR 不需要译码，因为运算器 74LS181 控制端 $[S_3, S_2, S_1, S_0, M, CN]$ 默认状态为全 1，对应操作就是直通，即 DA→ALU_REG。上述单操作数运算指令信号 INC、DEC、NOT、THR 和双操作数运算指令信号 ADD、SUB、AND、OR、XOR 一起构成了运算器 74LS181 控制端逻辑 $[S_3, S_2, S_1, S_0, M, CN]$。运算器 74LS181 控制端逻辑如表 3-27 所示（参见"表 2-1 运算器 74LS181 真值表"）。

表 3-27　运算器 74LS181 的控制端逻辑

	ADD	SUB	AND	OR	XOR	INC	DEC	NOT	THR（默认）
S_3	1	0	1	1	0	0	1	0	1
S_2	0	1	0	1	1	0	1	0	1
S_1	0	1	1	1	1	0	1	0	1
S_0	1	0	1	0	0	0	1	0	1
M	0	0	1	1	1	0	0	1	1
CN	1	0	1	1	1	0	1	1	1

1. 执行（E）段数据通路

根据 CPU 指令 RTL 操作列表（表 3-26），指令推进到执行（E）阶段，具体可以分为 5

个数据通路。

1）运算器通路：DA→ALU_REG（直通）或 DA→ALU_REG（单操作数运算）；[DA,IMM]/[DA,DB]→ALU_REG（双操作数运算）。

2）I/O 端口通路：DA→PORTx（输出）或 PORTx→ALU_REG（直通）（输入）。

3）数据存储器通路：IMM_REG→AR 或 STACK_P→AR。

4）立即数通路：IMM_REG→ALU_REG（直通）。

5）指令跳转通路：F_IR→PC 或 JMP_REG→PC。

2. 运算器通路

运算器（ALU）通路如图 3-49 所示。其主要功能是从总线 LINKBUS 提供一个或两个 8 位操作数（来源于 ALU 暂存器 D_A、D_B 或外围设备），通过运算器 74LS181（执行运算或直通）输出到目标寄存器 ALU_REG（或直接输出到外围设备），最后寄存器 ALU_REG 和 IMM_REG 二选一输出数据到总线 ALU_BUS。

在执行（E）阶段开始的 CLK 上升沿，根据指令判断总线 LINKBUS_[0..7] 的数据来源。

- 非 IN 指令：若 $\overline{ALU\_DA}=0$，则 DA→ LINKBUS_[0..7]（默认状态）。

- IN 指令：若 $\overline{ALU\_PORT}=0$，则 PORTx→ LINKBUS_[0..7]。

然后，根据指令判断总线 LINKBUS_[0..7] 上的数据打入的目标。

- 非 OUT 指令：若 E_OUT=1，则 LINKBUS_[0..7]→ALU_REG（默认状态）。

- OUT 指令：若 E_OUT=0，则 LINKBUS_[0..7]→IOBUS_[0..7]。

同样的，根据指令判断总线 LINKBUS_[8..15] 的数据来源。

- 非 ALU2_R 系列指令：若 $\overline{ALU\_IMM}=0$，则 IMM_REG→LINKBUS_[8..15]（默认状态）。

- ALU2_R 系列指令：若 $\overline{ALU\_DB}=0$，则 DB→LINKBUS_[8..15]。

在 E 段的 CLK 下降沿时刻，运算器 74LS181 输出结果到 ALU_REG 寄存器，其中 SOP、ALU2_R 系列及 ALU2_I 系列指令是执行运算，必须把运算结果标志位 CF（溢出）、ZF（零）、SF（符号位）保存到标志位寄存器 PSW。其他指令则是通过，不改变 PSW 寄存器。

最后，在 E 段的 CLK 下降沿，根据指令判断是 ALU_REG 还是 IMM_REG 寄存器输出数据到总线 ALU_BUS。

① 非 SET 指令：若 $\overline{ALU\_BUS}=0$，则 ALU_REG →ALUBUS_[0..7]（默认状态）。

② SET 指令：若 $\overline{IMM\_BUS}=0$，则 IMM_REG→ALUBUS_[0..7]。

3. I/O 端口通路

如图 3-50a 所示，I/O 端口通路的主要功能是 CPU 选择外围设备及交互数据。

根据上述运算器通路所述，若 IN 指令推进到 E 段，信号 $\overline{ALU\_PORT}=0$，使 IOBUS 上的外设数据通过 74LS244 缓冲器打入到总线 LINKBUS_[0..7]。而且，指令信号 E_IN 还与 E_IR 寄存器{$I_1 I_0$}位组合译码，生成信号 $\overline{PORTx\_R}$，从而指定具体的输入端口（PORT0 ~ PORT3）。

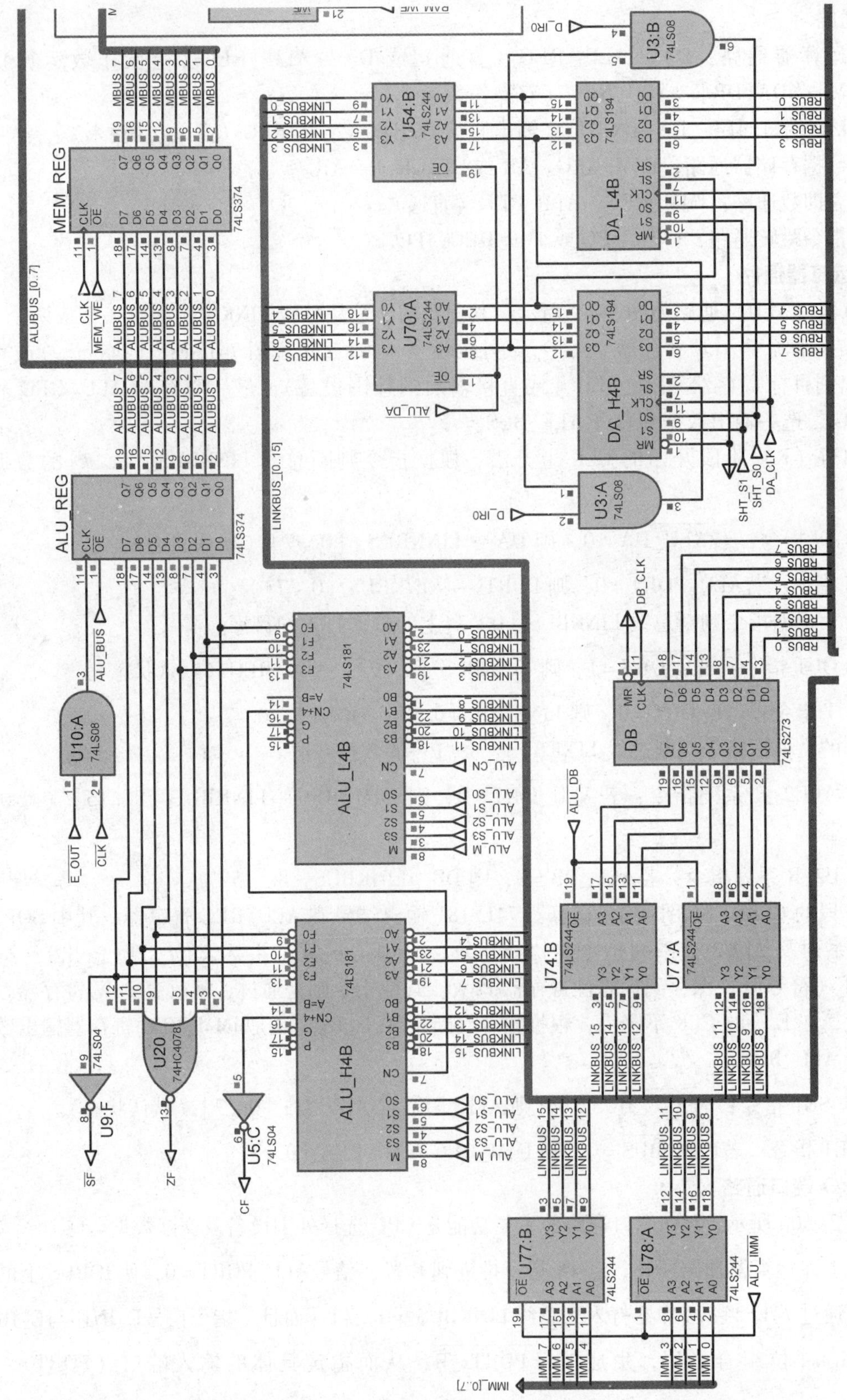

图3—49 运算器（ALU）通路图

134

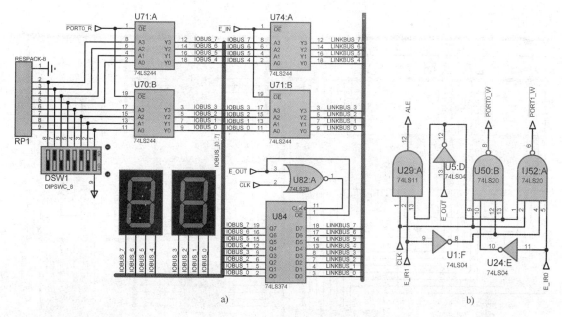

图 3-50 I/O 端口通路图

根据上述运算器通路所述，若 OUT、OUTA 指令推进到 E 段，在 E 段的 CLK 上升沿，信号 $\overline{E\_OUT}=0$ 把总线 LINKBUS_[0..7] 上的数据锁存到 74LS374 寄存器 U_{84}，并且在整个 E 段期间稳定输出到总线 IOBUS。而且，OUT、OUTA 指令的 I_0 位生成信号 $\overline{PORTx\_W}$，从而指定具体的输出端口（PORT0、PORT1）。OUT、OUTA 指令的 I_1 位则作为地址锁存信号（ALE）。若信号 ALE=1，则 CPU 输出地址到外设（OUTA 指令）；若信号 ALE=0，则 CPU 输出数据到外设（OUT 指令），如图 3-50b 所示。

4. 数据存储器和立即数通路

数据存储器通路和立即数通路如图 3-51 所示。其主要功能分别是对数据存储器 ROM、RAM 的地址寄存器（AR）赋值，以及判断寄存器 IMM_REG 所保存立即数的打入目标。

在 E 段周期开始的 CLK 上升沿，根据指令判断地址寄存器（AR）的数据来源。

● LAD/STO 指令（存储器操作）：若 $\overline{AR\_IMM}=0$，则 IMM_REG→AR（默认状态）。

● POP/PUSH 指令（堆栈操作）：若 $\overline{AR\_STACK}=0$，则 STACK_P→AR。

同样，根据指令判断寄存器 IMM_REG 保存的立即数 IMM 的打入目标。

● ALU2_I 系列指令：若 $\overline{ALU\_IMM}=0$，则 IMM_REG→LINKBUS_[8..15]（参考运算器通路）。

● LAD/STO 指令：若 $\overline{AR\_IMM}=0$，则 IMM_REG→AR。

● SET 指令：若 $\overline{IMM\_BUS}=0$，则 IMM_REG→ALUBUS_[0..7]（参考运算器通路）。

在 E 段周期的 CLK 下降沿时刻，信号 AR_CLK 的上升沿把待访问的数据存储器单元地址打入 AR 寄存器，即可以在 W 段访问相应单元。数据存储器地址空间分配如下：只读存储器（ROM）地址 00~7FH；可读/写存储器（RAM）地址 80~FFH（唯有该地址允许写入数据）。

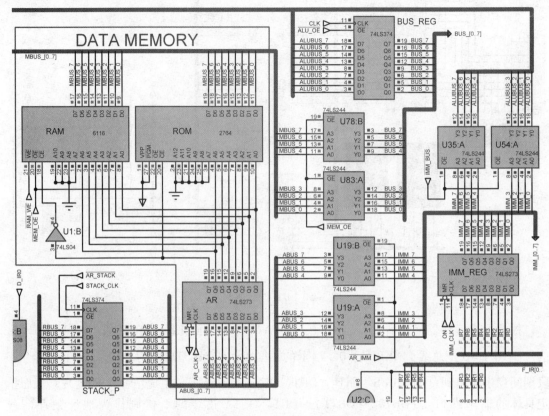

图 3-51　数据存储器通路和立即数通路图

5. 指令跳转通路

跳转系列指令的时序图如图 3-52 所示。其跳转通路如图 3-53a 所示。根据跳转的目标地址来源，可以分为以下两个路径。

1）JMP/Jx 指令：程序存储器（F_IR）输出指令第二个字节 ADDR。在 E_IR 周期的 CLK 上升沿，$\overline{E\_JMPI}=0$ 使 F_IR 连接 PC 总线。若跳转，则 $\overline{LDPC}=0$ 在 CLK 下降沿从 PC 总线加载 PC。

2）JMPR/JxR 指令：目标地址在 D 段 CLK 下降沿（即 JMP_CLK 上升沿）打入 JMP_REG。在 E_IR 周期开始的 CLK 上升沿，若 $\overline{E\_JMPR}=0$ 且 $\overline{JMP\_EN}=0$（即程序跳转），则清除跳转指令的后续指令 next_I，同时 JMP_REG 输出目标地址 ADDR 到 PC 总线，然后，$\overline{LDPC}=0$ 在 CLK 下降沿从 PC 总线加载 PC。若不跳转（$\overline{JMP\_EN}=1$），JMP_REG 不输出。

上述指令跳转路径的硬布线逻辑图如图 3-53b 所示，指令信号 JMP 与 E_IR 寄存器的 {$I_3 I_2$} 位结合，得到无条件跳转指令信号 JMP 及三种有条件跳转指令信号 JC、JZ 和 JS。除了无条件跳转 JMP 指令会直接令信号 $\overline{JMP\_EN}=0$ 以外，其他三种有条件跳转指令信号 JC、JZ 和 JS 必须在对应的运算器的溢出标志（CF）、零标志（ZF）、符号位标志（SF）有效的情况下，才能触发 $\overline{JMP\_EN}=0$，进而使得程序计数器（PC）的加载端 $\overline{LDPC}=0$ 有效。

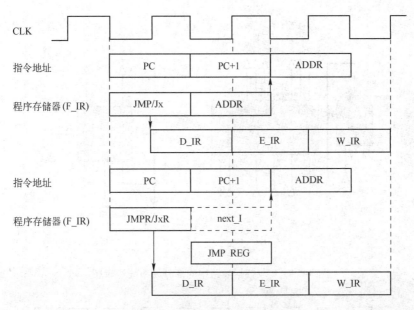

图 3-52　跳转系列指令的时序图

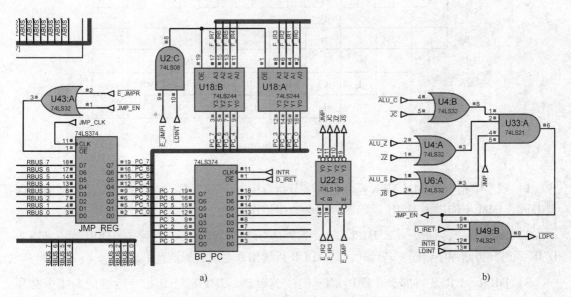

图 3-53　指令跳转通路及其硬布线逻辑图

最后，E 段数据通路中的部分硬布线逻辑如图 3-54a 和图 3-54b 所示。74LS175 触发器 U67 负责数据存储器通路的地址寄存器 AR 数据来源判断、运算器通路的 IN 指令判断、由 D 段确定的标志信号 D_IMM = 1 产生 IMM_CLK 上升沿跳变，以及 IRET 指令切换 PSW 和 BP_ PSW 寄存器（详见后文第 3.3.8 节关于"中断返回过程"的内容）。74LS74 触发器 U66：A 则负责运算器通路最后的 SET 指令判断。

6. 气泡（bubble）机制

在 E 段放入以下三种情形必须使能信号$\overline{IR\_CLR}$ = 0，令 D_IR 寄存器清零，即把 D 段的后续下一条指令变成 NOP 指令，称为气泡机制。其时序图如图 3-55 所示。

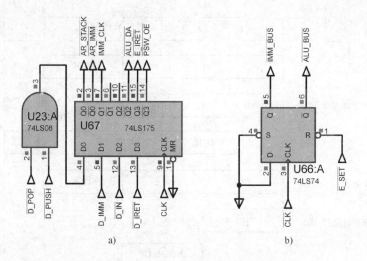

图 3-54 E 段数据通路中的部分硬布线逻辑图

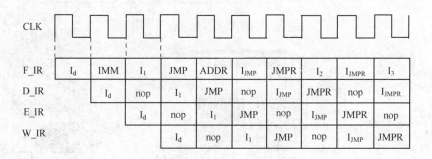

图 3-55 气泡机制的时序图

1）双字节指令（IMM_CLK = 1）：双字节指令第一个字节 I_d 后续跟着是第二个字节立即数 IMM，IMM 不能进入 D_IR 译码，否则会产生错误。

2）JMP、Jx 系列指令（$\overline{E\_JMPI}$ = 0）：无论是否跳转，指令第二个字节 ADDR 都不能进入 D_IR 译码，否则程序错误。若跳转，则 ADDR 后续指令变成目标地址 I_{JMP}（I_{JMP} = [ADDR]）。

3）JMPR、JxR 系列指令（$\overline{JMP\_EN}$ = 0）：若跳转，JMPR、JxR 指令后续的 I_2 指令必须清除（程序转向），I_2 后续指令变成目标地址 I_{JMPR}（I_{JMPR} = [Rx]）。若没有跳转，则无须清除。

除了以上 3 种情形，还有以下 2 种特殊情形会触发气泡机制。

4）系统上电（ON = 0）：在按复位按钮重启之前，禁止任何数据进入 D_IR。

5）中断处理过程（$\overline{INTR}$ = 0）：将在第 3.3.8 节中详细讨论。

气泡机制的硬布线逻辑则如图 3-56 所示。其中 74LS74 触发器 U_{81}:A 的作用是确保信号 $\overline{IR\_CLR}$ = 0 到当前 CPU 周期的 CLK 下降沿即结束。否则在下一个 CLK 周期开始的上升沿，因为逻辑器件延时原因，旧的 D_IR 形成的 IR_CLR = 0 仍然有效，把刷新后的 D_IR 寄存器也清除了，相当于做了相邻的两次气泡，引起错误。

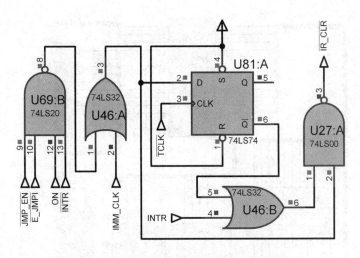

图 3-56 气泡机制的硬布线逻辑图

3.3.7 写回（W）阶段及"旁路"机制

如图 3-57 所示，写回（W）阶段数据通路的主要功能是把执行结果写回数据存储器或通用寄存器。

由 CPU 指令 RTL 操作列表（表 3-26）可知，当指令推进到 W_IR 寄存器，在 CPU 周期开始的 CLK 上升沿，ALUBUS 总线上的数据同时打入 BUS_REG 和 MEM_REG 寄存器（注：这是唯一在 CLK 上升沿数据打入寄存器的操作）。根据不同的指令，W 段再选择执行相应的数据流。

- 若 LAD/POP 指令（$\overline{MEM\_OE}=0$），则 ROM→BUS，即数据存储器输出。
- 若 STO/PUSH 指令（$\overline{MEM\_WE}=0$），则 MEM_REG→RAM，即数据存储器写入。
- 若非存储器操作指令（$\overline{ALU\_OE}=0$），则 BUS_REG→BUS。

写回（W）阶段的译码电路如图 3-58 所示。在 W 阶段开始的 CLK 上升沿，若 LAD/POP 指令（信号 E_LAD=0），则 $\overline{MEM\_OE}=0$，选择存储器 ROM 输出；否则，$\overline{ALU\_OE}=0$，选择寄存器 BUS_REG 输出。同样的，若 STO/PUSH 指令（信号 E_STO=0），则选择存储器 RAM 输入（$\overline{MEM\_WE}=0$），然后在相邻的 CLK 下降沿形成写入信号 $\overline{RAM\_WE}=0$。

同时，除了 NOP、OUT、IRET、JMP 指令，以及 STO、PUSH 指令在 W 阶段没有任何操作以外，其他指令使寄存器译码使能信号 R_EN=0，进而对寄存器 W_IR 的 $\{I_3 I_2\}$ 位进行译码，产生具体的通用寄存器 Rx 的写入使能信号 $\overline{W\_Rx}$。

由 CPU 指令 RTL 操作列表（表 3-26）可见，流水线 D 阶段和 W 阶段的 CLK 下降沿都有可能涉及对通用寄存器 R_x 的操作。例如，如图 3-59 所示，指令 "IN R0,PORT0；" 在 W 阶段的 CLK 下降沿要把 PORT0 端口的数据打入 R_0；同时，后续第二条指令 "MOV R1，R0；" 在同一个下降沿又把数据从 R_0 打入暂存器 D_A。由于同时发生两个边沿触发事件，如图 3-59 中方框所示。器件延迟还有可能导致 R_0 先打入 D_A 才被 $PORT_0$ 刷新，引起程序逻辑错误。

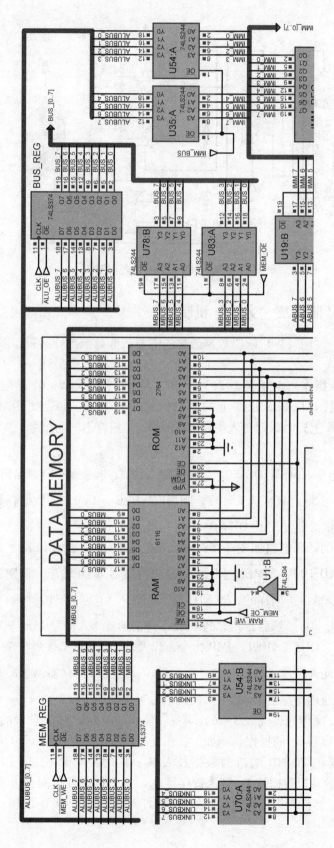

图3-57 写回（W）阶段的数据通路图

140

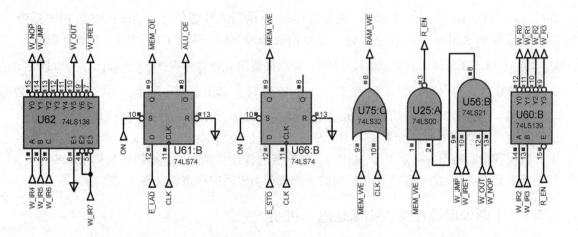

图 3-58　写回（W）阶段的译码电路

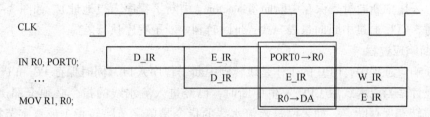

图 3-59　旁路机制的时序图

因此，流水线版 CPU 采用旁路机制来解决上述问题。如图 3-60a 所示，假设 W 段指令有写回通用寄存器操作（寄存器译码信号$\overline{R\_EN}=0$），同时 D 段有读取通用寄存器 R_x 的操作，而且 D 段寄存器译码信号 D_02 和 D_13 都分别与 W 段的 W_IR 寄存器的 IR_2 和 IR_3 位相同，则意味着 D 段和 W 段都选择了同一个通用寄存器 R_x，形成旁路使能信号 PASS，如图 3-60c 所示。

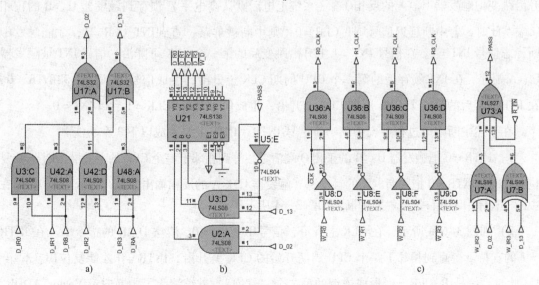

图 3-60　写回通用寄存器 Rx 的硬布线逻辑图

此时，在 CPU 周期的 CLK 下降沿，通用寄存器 R_x 的写入使能信号 W_Rx 依旧把 BUS 总线上的数据写回通用寄存器 R_x。但是，旁路使能信号 PASS 屏蔽了 D 段的寄存器译码信号 D_02 和 D_13，强制译码器 U_{21} 输入为 100，即选择输出直通信号 $\overline{W\_D}=0$，如图 3-60b 所示；并且，禁止所有的通用寄存器 R_x 输出（$\overline{D\_Rx}$ 皆为 1），如图 3-60c 所示。

如图 3-61 所示，直通信号 $\overline{W\_D}=0$ 令 244 缓冲器 U_{30}:A 和 U_{30}:B 导通，从而使 W 段的 BUS 总线"旁路"直接连到 D 段的 RBUS 总线。在该段周期中间的 CLK 下降沿，总线 BUS 上的数据既写回通用寄存器 R_x，又作为该寄存器的替代数据源，输出操作数到 RBUS 总线，避免了 D 段和 W 段在 CLK 下降沿同时打入操作而引发的时序逻辑冲突。

3.3.8 中断处理过程及"中断延迟"机制

流水线 CPU 的中断机制与微程序 CPU 及硬布线 CPU 类似，采用单级中断机制，不允许中断嵌套，采用中断向量表保存中断向量 Vector（中断子程序入口地址）。如图 3-62 所示，中断发生时，CPU 通过中断向量表二次寻址跳转到中断子程序执行。

1. 中断响应过程

在中断响应过程中，CPU 的工作是跳转到中断子程序入口，同时保存 PC 和 PSW 断点。本实验的设计是当流水线版 CPU 发生中断时，已经进入流水线的指令必须全部执行完成，CPU 才能跳转和保存断点。如果刚进入流水线的指令是单字节跳转指令或双字节指令的第一个字节，则还会出现中断延迟情况（详见后文关于"中断延迟机制"的内容）。如图 3-63 所示是没有中断延迟情况的中断响应过程时序图，中断发生时刻（INT=1），在 F 段（F_IR 总线）的指令 I_1 必须执行完毕，才能跳转到中断处理程序入口。而 I_1 相邻下一条指令 I_2 的地址（PC+1）则保存断点寄存器，待中断返回时候主程序从 I_2 继续执行。

图 3-63 对应的中断响应电路图如图 3-64 所示。按下按钮（模拟外部中断）产生的上升沿跳变把触发器 U_{31}:A 的反相 $\overline{Q}$ 端（系统上电后默认高电平）锁存到触发器 U_{68}:B 的正相 Q 端。此时，若中断延迟信号 $\overline{INT\_CLR}=0$，则中断被屏蔽，直到 $\overline{INT\_CLR}=1$，才能触发中断标志信号 INT=1。在信号 INT=1 上升沿跳变后的第一个 CLK 下降沿，信号 INT 被触发器 U_{68}:A 锁存。在 INT 锁存后的第一个 CPU 周期 CLK 上升沿，生成信号 INTR=1 和 $\overline{INTR}=0$。在 INT 锁存后的第二个 CPU 周期 CLK 上升沿，生成信号 PSW_CLK=1 和 $\overline{LDINT}=0$。

在上述中断响应过程中，中断响应信号 INTR、$\overline{INTR}$ 主要完成以下 3 个功能。

1）$\overline{INTR}=0$ 把触发器 U_{68}:B 的正相 Q 端清零，等到相邻下一个 CLK 的上升沿，INT=0 复位；同时，$\overline{INTR}=0$ 把中断电路的触发源（触发器 U31:A 的反相输出）锁死在低电平 0，即在中断子程序中不允许嵌套触发中断，如图 3-64 所示。

2）如图 3-65a 所示，在 CLK 上升沿，信号 $\overline{IR\_CLR}=0$，清空 D_IR 的指令 I_2。在 INTR=1 的支持下，直到相邻下一个 CPU 周期开始的 CLK 上升沿，INTR=0 才能复位 $\overline{IR\_CLR}=1$。此时，信号 $\overline{IR\_CLR}$ 已经形成连续的第二个"气泡"，继续清除了中断向量 Vector_ADDR，连续"气泡"的时序过程如图 3-63 所示。

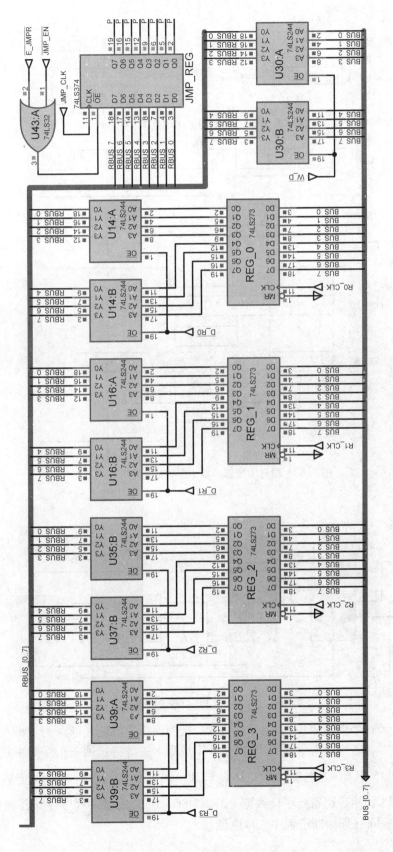

图3-61 旁路机制的数据通路图

143

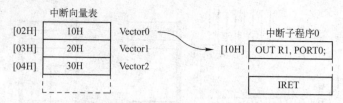

图 3-62　中断向量表示意图

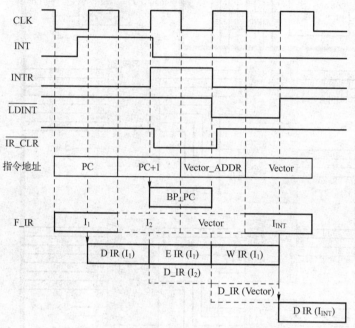

图 3-63　没有中断延迟的中断响应过程时序图

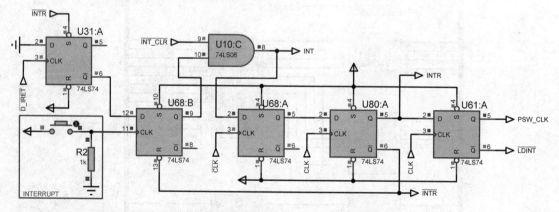

图 3-64　流水线版 CPU 中断响应电路图

3）如图 3-66a 所示，INTR = 1 上升沿跳变，把当前指令地址（PC + 1）保存到 BP_PC，即保存断点。此时，若当前指令是 JMPI 或 JMPR 指令，需等待这两条指令结束输出数据到 PC 总线后，信号 $\overline{\text{INTR}}$ = 0 才把拨码开关 INT_VTR_ADDR 设定的中断向量地址 Vector_ AD-DR 输出到总线 PC，然后刷新程序计数器 PC（$\overline{\text{LDPC}}$ = 0），此时，程序存储器输出的 F_IR 就是中断向量 Vector（即中断子程序入口地址）。

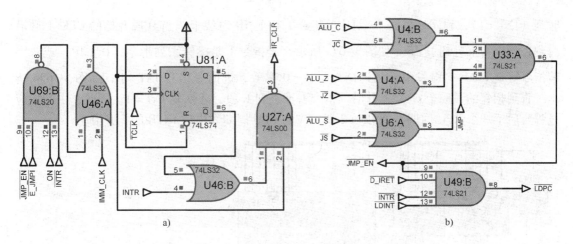

图 3-65　中断响应和返回过程的硬布线逻辑图

在上述中断响应过程中，信号 PSW_CLK = 1 的作用是把标志位寄存器 PSW 的内容保存到断点寄存器 BP_PSW 中，在 CLK 下降沿就把标志位寄存器 PSW 清零，如图 3-66b 所示。而 $\overline{LDINT}$ = 0 的作用是首先把 F_IR 总线上的中断向量 Vector 送到 PC 总线上，同时触发 LDPC = 0，如图 3-65b 所示。然后，在 CLK 下降沿把中断向量 Vector 打入 PC，使得中断子程序第一条指令 I_{INT} 出现在 F 段（F_IR 总线），如图 3-66a 所示。

2. 中断返回过程

当中断执行到末尾时，如图 3-65b 所示，IRET 指令推进到 D 段，$\overline{D\_IRET}$ = 0 触发 $\overline{LDPC}$ = 0，在 CLK 下降沿把 BP_PC 寄存器的断点打入程序计数器 PC，回到主程序。

当 IRET 指令推进到 E 段，如图 3-64 所示，$\overline{D\_IRET}$ = 1 上升沿跳变把中断触发源（触发器 U31:A 的反相 $\overline{Q}$ 端）置为高电平 1，令中断恢复正常。然后，如图 3-67b 所示，信号 $\overline{D\_IRET}$ 生成一对互斥信号 $\overline{E\_IRET}$ = 0 和 $\overline{PSW\_OE}$ = 1；在 E 段的 CLK 下降沿，如图 3-66b 所示，$\overline{PSW\_OE}$ = 1 把缓冲器 U37:A 禁止输出。$\overline{E\_IRET}$ = 0 则使寄存器 BP_PSW 保存的 PSW 断点返回寄存器 PSW，运算标志位恢复正常。

3. 中断延迟机制

如前述时序图 3-63 所示的中断响应过程中，若刚进入流水线的 F 段指令 I_1 是双字节指令第一个字节，则紧随其后的指令 I_2 是双字节指令第二个字节 IMM、ADDR，被当作断点打入 BP_PC。但是，当中断返回的时候，BP_PC 弹回的是数据 IMM、ADDR，却被当作指令推进到 D_IR→E_IR→W_IR 执行，这将引起严重错误。

此外，若刚进入流水线的 F 段指令 I_1 是单字节跳转指令 JxR，则紧随其后的指令 I_2 被当作断点打入 BP_PC。但是，JMPR、JxR 指令推进到 E 段才能做出判断究竟跳转还是不跳转。只有在不跳转的情况下，才会顺序执行后续下一条指令；如果跳转，应该跳转到寄存器 JMP_REG 所保存的地址。所以，直接把 JMPR、JxR 指令的后续下一条指令作为断点，只符合 JMPR、JxR 指令不跳转的情况，当 JMPR、JxR 指令发生跳转的时候，会出现严重错误。

因此，流水线 CPU 采用了中断延迟机制来解决上述问题，如图 3-68 所示。当中断发生时刻（INT = 1），程序计数器 PC 对应的指令 I_1 在 F_IR 总线上。当 D 段开始的 CLK 上升沿时刻，指令 I_1 推进到 D_IR。如图 3-67a 所示，若指令 I_1 是跳转系列指令（D_JMP）或双字节指令（D_IMM），触发中断延迟 $\overline{\text{INT\_CLR}} = 0$ 有效，进而令信号 INT = 0，如图 3-67c 所示。直到相邻的下一个 CLK 上升沿，指令 I_1 推进到 E 段，才恢复 INT = 1。因此，中断响应过程延后了一个 CPU 周期，到 PC + 2 所对应的 CPU 周期才出现 INTR 的上升沿。

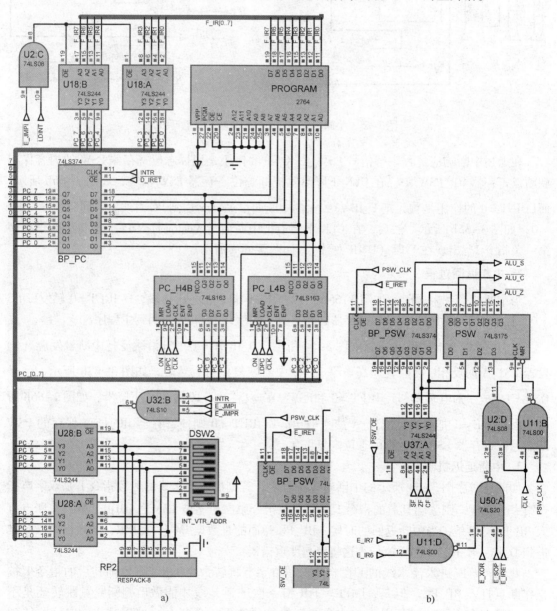

图 3-66 中断响应和返回过程的数据通路图

此时，根据指令 I_1 的不同，中断响应时序可以分为图 3-68 的路径①～③，具体描述如下。

① 指令 I_1 是双字节非跳转指令，则 INTR 上升沿打入 BP_PC 的断点是地址 PC + 2。

146

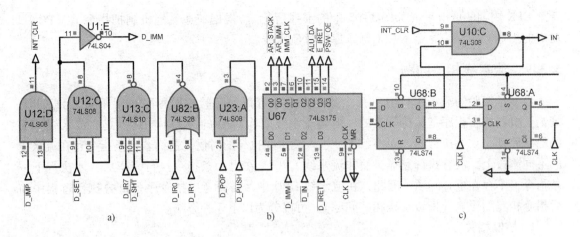

图 3-67　中断延迟机制的硬布线逻辑图

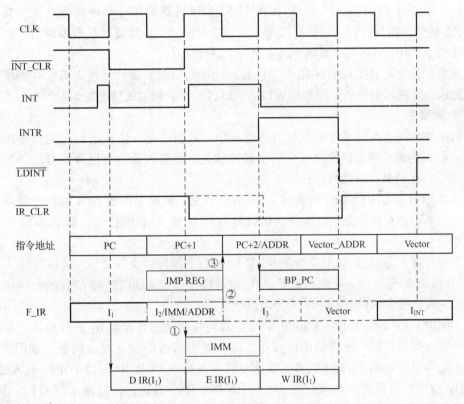

图 3-68　中断延迟机制时序图

②　指令 I_1 是双字节跳转指令（JMP、Jx）：若跳转，则 INTR 上升沿打入 BP_PC 的断点是跳转目标地址 ADDR；若不跳转，则打入 BP_PC 的断点还是地址 PC + 2。

③　指令 I_1 是单字节跳转指令（JMPR、JxR）：若跳转，则 INTR 上升沿打入 BP_PC 的断点是跳转目标地址 ADDR。信号$\overline{IR\_CLR}$是持续两个 CLK 周期低电平（如图 3-68 中的实线所绘）。根据前述气泡机制把后续两条指令 I_2（PC + 1 对应的指令）和 I_3（PC + 2 对应的指令）都清除。若不跳转，INTR 上升沿打入 BP_PC 的断点是地址 PC + 2。信号$\overline{IR\_CLR}$是持续

一个 CLK 周期的低电平（如图 3-68 中的虚线所绘）。根据前述气泡机制把指令 I_3（PC + 2 对应的指令）清除，指令 I_1 和 I_2 都顺序经过流水线。

3.3.9 流水线相关问题

虽然本实验的流水线 CPU 在指令集上完全兼容以前实验的微程序 CPU 和硬布线 CPU，理论上机器语言程序是保持一致的。但是流水线架构 CPU 的最大不同之处是，流水线 CPU 的指令序列是重叠执行的，即一条指令进入流水线执行的时候，前面若干条指令还在流水线的不同阶段上，没有执行完毕。而非流水线 CPU 是在上一条指令执行完毕后，才执行下一条指令，不存在重叠问题。因此，在流水线 CPU 中，需要考虑指令序列重叠执行过程中前后指令相互的影响（即流水线相关问题），可以分为以下 3 种影响。

1. 控制相关

控制相关是流水线中的跳转指令或其他需要改写程序计数器 PC 的指令造成之前进入流水线的指令作废所引起的相关。由前述图 3-52 的跳转系列指令时序图可见，只有 JMPR、JxR 指令在跳转的时候，需要清除后续下一条指令 next_I，导致流水线效率略有下降；而双字节跳转指令 JMP、Jx 不需要清除指令，流水线满载运行。

因为本实验的流水线 CPU 采用"非精确"的中断机制，即已经进入流水线的指令要全部执行完成，才跳转到中断处理程序入口。所以没有控制相关的情况发生。

2. 数据相关

数据相关是在进入流水线重叠执行的过程中，后面的指令依赖于前面的指令执行结果（数据），但是前面的指令还没执行完所引起的相关。根据涉及的数据种类可以分为立即数 IMM 和通用寄存器 R_x 保存的数据。

由前述 CPU 指令 RTL 操作列表（表 3-26）可见，带有立即数 IMM 的指令都是双字节指令，所以不可能有相邻段同时涉及立即数寄存器 IMM_REG 的操作，即立即数 IMM 不涉及数据相关。

通用寄存器 R_x 的数据则主要涉及 D、E 和 W 段的操作，大致可分为两种情况。

1）D 段和 W 段对同一个通用寄存器 R_x 进行操作，该问题已经被 CPU 的旁路机制解决（参见图 3-59、图 3-60 和图 3-61 的旁路机制说明）。

2）相邻段（D 段和 E 段、E 段和 W 段）对同一个通用寄存器 R_x 进行操作，并且是前一条指令写入操作，后一条指令读出操作，即"先写后读"就会发生问题。如图 3-69 所示，MOV 指令从寄存器 R_0 读出的数据应该是前一条指令 IN 从 IO 端口 $PORT_0$ 写入的数据。但是 MOV 指令在 D 段读出 R_0 数据的同时，IN 指令还在 E 段，数据尚未写入 R_0。MOV 指令实际从 R_0 读出的数据是 IN 指令之前的数据，因此产生严重错误。

因此，在"先写后读"相同寄存器 R_x 的相邻指令之间必须插入一个 NOP 指令，如图 3-69 所示。可以证明最多只需要插入一个 NOP 指令即可使得相邻指令之间不再数据相关。

3. 结构相关

结构相关是指令序列在重叠执行的过程中，前后指令在同一阶段使用了相同的硬件资源，发生了硬件资源冲突而引起的相关。流水线版 CPU 的结构相关主要涉及运算器 ALU、程序计数器 PC 和数据存储器 ROM/RAM。

运算器 ALU 的结构相关主要是在 D 段，ALU2_R 系列指令需要把两个操作数分别打

入暂存器 D_A 和 D_B，而 SHT 指令需要连续打入 D_A 两次（一次送数，一次移位）。上述问题已经被 D 段的暂停机制解决（参见图 3-43 和图 3-44 的暂停机制说明）。

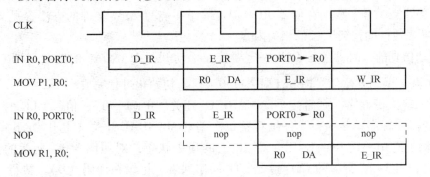

图 3-69　流水线相邻指令的数据相关举例

程序计数器 PC 的结构相关主要涉及跳转系列指令，包括单字节指令（JMPR、JxR）和双字节指令（JMP、Jx）。在 D 段，单字节指令 JMPR、JxR 把跳转的地址打入寄存器 JMP_REG，而在 E 段，跳转地址再从寄存器 JMP_REG 输出，经过 PC 总线打入 PC。因此，在相邻的两段周期内 JMP_REG 必须保持稳定，不允许出现相邻的两条 JMPR、JxR 指令（实际上也无意义，可以合并成一条跳转指令），否则会影响跳转地址稳定打入程序计数器 PC。至于双字节指令 JMP、Jx，不可能出现有相邻段同时涉及寄存器 JMP_REG 的操作，故不存在结构相关性。

数据存储器 ROM、RAM 的结构相关主要涉及存储器的地址寄存器 AR。如表 3-28 所示，涉及存储器操作的 LAD、STO、POP、PUSH 指令，都是 E 阶段把操作数地址写入 AR，直到 W 段才对存储器 ROM、RAM 进行操作。所以，上述指令 E 阶段和 W 阶段都不允许其他指令写入地址寄存器 AR。若堆栈操作指令 POP、PUSH 的后续指令是 LAD、STO、POP、PUSH 指令，则相邻指令间必须插入一个 NOP 指令。使得 POP、PUSH 指令在 W 阶段写回的同时，后续的存储器操作指令（LAD、STO、POP、PUSH）还在 D 阶段操作。

表 3-28　结构相关的指令 RTL 操作列表

指令	类型	译码（D）阶段	执行（E）阶段	写回（W）阶段
LAD	i + IMM	D_IMM = 1	IMM_REG→AR	MEM→RA
STO	i + IMM	RA→DA D_IMM = 1	DA→ALU（直通） IMM_REG→AR	W_ALU→MEM
POP	i	RB→STACK_P	STACK_P→AR	MEM→RA
PUSH	i	【D2】RA→DA RB→STACK_P	DA→ALU（直通） STACK_P→AR	W_ALU→MEM

综上所述，解决流水线 CPU 的数据相关和结构相关的直接方法是插入 NOP 指令。但是，插入 NOP 指令会导致流水线有空闲的周期，效率有所下降。更合理的解决方案是通过编译器或人工调整程序的先后次序，消除上述数据相关或结构相关的情况。

3.3.10　实验步骤

实验 1：流水线 CPU 的一致性验证

1）流水线 CPU 项目工程的子文件夹 PROGRAMS，与微程序 CPU 项目工程的子文件夹

PROGRAMS 完全一致。请逐个编译所有的 ASM 源程序，生成 HEX 文件后，逐一烧写到程序存储器 PROGRAM 执行验证。注意，流水线 CPU 的程序和数据存储器是分开的，切记不要把 HEX 文件错误写入数据存储器 ROM。（编译和烧写 ASM 文件的方法参见"2.3.3 ROM 批量导入数据的技巧"中的相关内容。）

2）启动仿真前，时钟信号 CLK 一定要接在手动开关 MANUAL 的地端（即 CLK = 0）。然后启动仿真，手动复位信号$\overline{\text{RESET}}$端"1→0→1"，初始化过程完成。

3）若手动执行程序，则直接手动 MANUAL 开关"0→1→0"，信号 CLK 的上升沿和下降沿跳变都令程序单步执行。仔细观察每次手动 MANUAL 开关（上升沿/下降沿）后，在指令流水线 F_IR→D_IR→E_IR→W_IR 上的指令状态；对照图 3-41 所示的数据通路 RTL 描述图和表 3-26 所示的 CPU 指令 RTL 操作列表，记录在译码（D）、执行（E）、写回（W）各阶段上的寄存器及总线的数据。

4）若自动运行程序，则把信号 CLK 改接在 AUTO - CLK 信号源（主频 10Hz），程序会自动运行到 HLT 指令断点暂停。暂停后，可以通过信号 CLK 改接手动开关 MANUAL，然后手动复位信号$\overline{\text{RESET}}$"1→0→1"，跳出 HLT 断点，最后信号 CLK 再转回 AUTO - CLK 信号源，程序即可继续自动运行。

5）在程序自动运行过程中，可以通过 HLT 指令在程序需要调试的位置设置断点，观察断点暂停时刻，在指令流水线 F_IR→D_IR→E_IR→W_IR 上的指令状态；在译码（D）、执行（E）、写回（W）各阶段上的寄存器及总线的数据变化，然后再跳出断点返回主程序（注意，增加 HLT 指令断点会出现跳转指令的目标地址偏移问题）。

6）修改中断程序 INT_IRET，在主程序不同位置，设置 HLT 断点模拟中断。在断点暂停时刻，信号 CLK 改用手动单步执行，触发 INTERRUPT 按钮（模拟外部中断）。观察和记录进入中断时，INT、INTR 等中断信号变化，PC/BP_PC 和 PSW/BP_PSW 的数据变化，以及指令流水线 F_IR→D_IR→E_IR→W_IR 的状态。

7）部分程序的验证结果会出现和微程序版不一致的情况，如以下程序 NOP_MOV. asm。

```
ORG  0000H
     DB  00110000B  ;SET R0,03H
     DB  00000011B  ;
     DB  01010000B  ;OUT R0,PORT0
     DB  01100100B  ;MOV R1,R0


     DB  01010100B  ;OUT R1,PORT0
     DB  00000001B  ;HLT
END
```

请问还有哪些程序存在不一致？（提示：JS. asm）

8）思考：这些不一致的程序是由于流水线相关的原因么？在哪个位置的两条指令之间发生了流水线相关？是什么类型的相关？

实验 2：数据结构实验

1）堆栈指令程序 PUSH_POP. asm 是典型的数据结构程序，其功能是把一个数组从存储区的源区域批量转移到另一个目标区域。具体代码如下所示。

```
ORG  0000H
     DB  00010000B    ;JMP 08H
     DB  00001000B    ;
     DB  01001000B    ;48H 'H'
     DB  01000101B    ;45H 'E'

     DB  01001100B    ;4CH 'L'
     DB  01001100B    ;4CH 'L'
     DB  01001111B    ;4FH 'O'
     DB  00100001B    ;21H '!'

     DB  00111100B    ;SET R3,02H        ;main
     DB  00000010B
     DB  00111000B    ;SET R2,80H
     DB  10000000B

     DB  00110100B    ;SET R1,06H
     DB  00000110B
     DB  00000001B    ;HLT
     DB  00100101B    ;DEC R1

     DB  10000011B    ;POP R0,[R3]
     DB  00101100B    ;INC R3
     DB  10010010B    ;PUSH R0,[R2]
     DB  00101000B    ;INC R2

     DB  01010000B    ;OUT R0,PORT0
     DB  00100111B    ;THR R1
     DB  00011000B    ;JZ 1AH
     DB  00011010B    ;

     DB  00010000B    ;JMP 0FH
     DB  00001111B    ;
     DB  00000001B    ;HLT
END
```

2）参照上述实验 1，编译、烧写、自动运行 PUSH_POP. asm 源程序。观察断点暂停时刻，在译码（D）、执行（E）、写回（W）各阶段上的指令状态及寄存器数据的变化。

3）思考：程序执行后，存储器目标区域（地址［80 - 85H］）存储的数据是什么？为何与存储器源区域中的数组不一致？这些数据是从哪里来的？出现不一致是因为流水线相关的问题么？

151

4）流水线 CPU 项目工程的 test 子文件夹存放的子程序示例 SUB_PROG.asm，与硬布线 CPU 项目工程的程序 SUB_PROG.asm 完全一致。参照上述实验 1，编译、烧写、自动运行 SUB_PROG.asm 源程序，请问会出现流水线相关的问题么？在程序的哪些位置出现？解决相关性问题（插入 NOP 指令）会对跳转指令模拟的子程序调用及返回产生什么影响？

实验 3：经典算法实验

1）冒泡排序算法是经典的数据排列算法，其主要原理是：将数组中的一个数与后一个数相比较，如果其比后面相邻的数大，则交换彼此；将数组的所有数比较一遍后，最大的数就会在数组的最后面；再进行下一轮比较，找出第二大数据放在数组的倒数第二位置；如此反复循环，直到全部数据由小到大排列完成。

2）请参考数据结构程序 PUSH_POP.asm 和子程序示例 SUB_PROG.asm，参照图 3-70 所示的流程图编写一个冒泡排序算法程序，对存储器中的某个数组进行排序处理。（提示：如果通用寄存器 $R_0 \sim R_3$ 不够用，又要尽量避免改动硬件，有什么软件解决方案？）

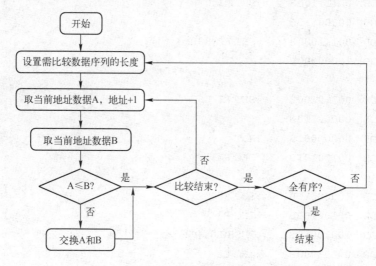

图 3-70 冒泡排序流程图

3.3.11 思考题

1. 为什么流水线 CPU 没有 T 或 M 状态机？有没有基于微程序架构的流水线 CPU？

2. 如流水线版 CPU 指令 RTL 操作列表（表 3-26）所示，在堆栈指令 PUSH、POP 和跳转指令 JMPR、JxR 的执行过程中，可否把寄存器 STACK_P 和 JMP_REG 换成 74LS244 缓冲器，把打入地址寄存器 AR 和程序计数器 PC 的动作从执行（E）阶段提前到译码（D）阶段完成，提升指令执行效率？

（提示：堆栈指令 PUSH、POP 需要考虑结构相关问题：在译码（D）阶段，地址寄存器 AR 从通用寄存器 R_x 获取地址后，需要保持到写回（W）阶段存储器操作完成，AR 才能再输入新的地址，否则指令会出错；而跳转指令则是有条件跳转系列指令 JxR 只有在指令到达执行（E）阶段才能决定是否跳转。）

3. 如图 3-43 所示，SHT、PUSH 及 ALU2_R 系列指令（即 D2 指令）采用了暂停机制来解决 D 阶段需要两个不同路径的问题。假设改变暂停机制的时序，如图 3-71 所示：当 D2

指令到达 D 阶段后，流水线先暂停（CLK 上升沿后被阻塞），D2 指令插入执行 D2 阶段，然后流水线恢复正常，再执行 D、E、W 阶段的指令操作。请问 D2 指令按照上述新时序运行，会引起与相邻指令的流水线相关问题吗？

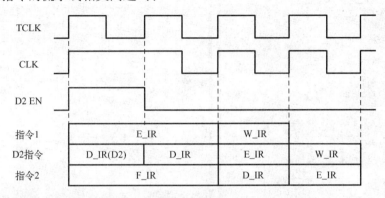

图 3-71　修改后的暂停机制时序图

（提示：需要考虑 D2 阶段和 E 阶段共用部件出现的问题，特别是暂存器 D_A 和 D_B。）

3.4　嵌套中断 CPU 实验

3.4.1　实验概述

本实验的主要内容是理解基于硬布线的堆栈结构。掌握基于堆栈的嵌套中断 CPU 设计。本实验将基于硬布线逻辑构建一个四级位堆栈和一个四级字节堆栈，设计一个具有多中断源和嵌套中断功能的 CPU，其功能和结构完全兼容前述实验 3.1 描述的微程序 CPU（数据通路相同，指令体系相同），差异在于用硬布线的四级位堆栈代替 PC "断点" 寄存器和四级字节堆栈代替 PSW "断点" 寄存器，从而可以 "先入后出" 保存指令地址 PC 和运算器标志位 PSW，实现多级的中断嵌套。

3.4.2　硬布线堆栈电路

在前述实验 3.1～3.3 中出现的堆栈都是基于存储器 ROM、RAM 的 "软堆栈"，其指针就是通用寄存器 R_x。而本实验的中断嵌套所需断点堆栈则是由硬布线逻辑搭建的 "硬堆栈"，其对 CPU 指令和软件程序员来说是完全透明的，如图 3-72 所示。

图 3-72 展示了两种硬堆栈电路：位（bit）堆栈 STACK_BIT（紫色方框）和字节（byte）堆栈 STACK。位堆栈 STACK_BIT 由一个移位寄存器 74LS194 独立构成，而字节堆栈 STACK 则包括以下组成部分：由 4 个 74LS273 寄存器 STACK_0～STACK_3 构成的四级堆栈（红色方框）、堆栈指针寄存器 SP（橙色方框）及输入/输出电路。

上述堆栈共用的控制信号如图 3-73 所示。时序信号 T、入栈信号 push 及其反相信号 $\overline{PUSH}$、出栈信号 pop 及其反相信号 $\overline{POP}$。值得注意的是，堆栈操作信号 {push, pop} 的状态 {0, 0}、{0, 1} 和 {1, 0}，分别代表堆栈在保持、入栈和出栈的状态；而状态 {1, 1} 是非法状态。

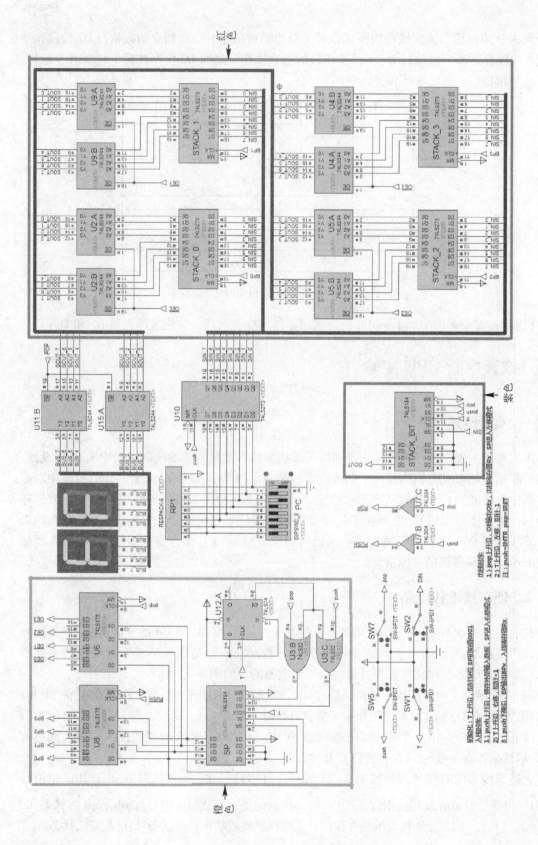

图3-72 硬布线逻辑的堆栈电路图

154

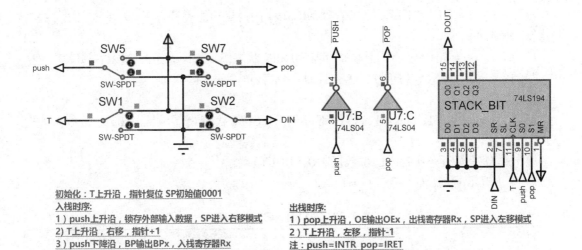

初始化：T上升沿，指针复位 SP初始值0001

入栈时序：
1）push上升沿，锁存外部输入数据，SP进入右移模式
2）T上升沿，右移，指针+1
3）push下降沿，BP输出BPx，入栈寄存器Rx

出栈时序：
1）pop上升沿，OE输出OEx，出栈寄存器Rx，SP进入左移模式
2）T上升沿，左移，指针-1
注：push=INTR pop=IRET

图 3-73　堆栈控制信号和位堆栈电路图

1. 位堆栈（STACK_BIT）

如图 3-73 所示，仅仅需要一个移位寄存器 74LS194，就可以实现四级位堆栈 STACK_BIT。待保存的 1 bit 数据从 DIN 端口输入到 74LS194 移位寄存器的右移端 S_R，左移端 $S_L = 0$；74LS194 输出端 Q_0 连接到 DOUT 端，表示最近存入的 1 bit 数据。信号 push 和 pop 分别连接到 74LS194 的控制端 S_0 和 S_1。时序信号 T 则连接到 74LS194 的 CLK 端。

位堆栈的原理图如图 3-74a 所示，从栈顶到栈底的顺序是 $Q_0 \rightarrow Q_3$，其工作规则是"先进后出"：入栈时刻，新的 1 bit 数据存入 Q_0 的同时，已经存入堆栈的位数据依次向栈底移动；出栈时刻，最近存入的 1 bit 数据从 Q_0 弹出的同时，已经存入堆栈的位数据依次向栈顶移动。

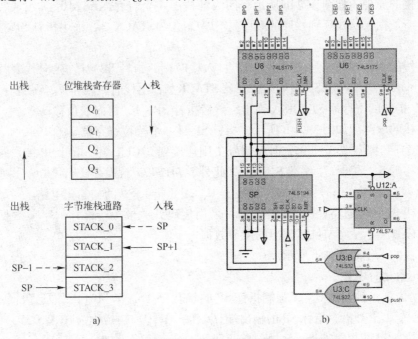

a)

b)

图 3-74　堆栈原理图和字节堆栈的指针电路图

位堆栈的工作时序如下所示（寄存器 74LS194 的逻辑功能表见表 3-29）。

【入栈时序】

1）信号 push = 1 且 pop = 0，移位寄存器 74LS194 状态 $\{S_0, S_1\} = \{1, 0\}$，进入右移模式。

2）T 上升沿时刻，$S_R(\text{DIN}) \to Q_0$，且 $Q_i \to Q_{i+1}(i = 0, 1, 2)$。

【出栈时序】

1）信号 push = 0 且 pop = 1，移位寄存器 74LS194 状态 $\{S_0, S_1\} = \{0, 1\}$，进入左移模式。

输出端 Q_0 是最近一次存入的位数据，$Q_0(\text{DOUT})$ 端输出，在外部锁存。

2）T 上升沿时刻，$Q_i \to Q_{i-1}(i = 1, 2, 3)$。

表 3-29　74LS194 逻辑功能表

CLK	$\overline{MR}$	S_1	S_0	功能	$Q_0 Q_1 Q_2 Q_3$
×	O	×	×	清除	$Q_0 Q_1 Q_2 Q_3 = 0$
↑	1	1	1	送数	$Q_0 Q_1 Q_2 Q_3 = D_0 D_1 D_2 D_3$
↑	1	O	1	右移	$Q_0 Q_1 Q_2 Q_3 = S_R Q_0 Q_1 Q_2$
↑	1	1	O	左移	$Q_0 Q_1 Q_2 Q_3 = Q_1 Q_2 Q_3 S_L$
↑	L	O	O	保持	$Q_0^D Q_1^D Q_2^D Q_3^D = Q_0 Q_1 Q_2 Q_3$

注："右移"和"左移"的定义是 74LS194 输出端从左到右为 $Q_0 \to Q_3$。

值得注意的是，74LS194 寄存器最多可以连续保存 4 个位数据，如果继续保存，将冲掉最初的位数据，引起错误。当所有数据都从 DOUT 端弹出后，74LS194 的 $Q_0 \sim Q_3$ 端全为 0。

2. 字节堆栈（STACK）

字节堆栈的原理图如图 3-74a 所示，四级堆栈由 4 个寄存器 STACK_x 组成，一次可以保存一个字节数据。从栈顶到栈底的顺序是 STACK_0→STACK_3，采用指针 SP 指示堆栈当前寄存器位置。

字节堆栈的工作规则亦是"先进后出"：入栈时刻，指针 SP + 1，先向栈底移动，当前待保存的 1 Byte 数据再存入 SP 指向的寄存器 STACK_x；出栈时刻则相反，最近存入的 1 Byte 数据先从 SP 指向的寄存器 STACK_x 弹出，然后指针 SP - 1，再向栈顶移动。

字节堆栈的电路图如图 3-74b 所示，指针 SP 是一个移位寄存器 74LS194，信号 push 和 pop 分别连接到其控制端 S_0 和 S_1，时序信号 T 则连接到其 CLK 端。指针 SP 被设置成循环移位模式：右移端 $S_R = Q_3$，左移端 $S_L = Q_0$。此外，74LS175 触发器 U8 和 U6 分别保存"入栈"和"出栈"的操作信号，74LS74 触发器 U_{12}:A 是指针 SP 的初始化电路。

字节堆栈 STACK 通路如图 3-75 所示，采用拨码开关模拟待保存的字节数据，而 BUS 总线挂的数码管显示从字节堆栈弹出的字节数据。

节字堆栈的工作时序如下所示。

【堆栈初始化时序】

1）启动仿真，触发器 U_{12}:A 强制指针 SP 的状态 $\{S_0, S_1\} = \{1, 1\}$，即送数模式。

2）第一个 T 上升沿，指针 SP 的输出端 $\{Q_0, Q_1, Q_2, Q_3\}$ 初始化为 $\{0, 0, 0, 1\}$，然后触发器 U_{12}:A 失效，SP 的控制端 $\{S_0, S_1\} = \{push, pop\}$。

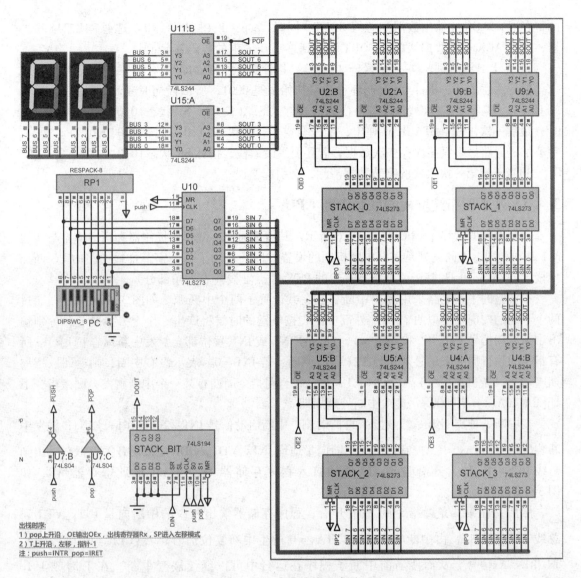

图 3-75 字节堆栈通路图

【入栈时序】（保持 pop = 0）

1）信号 push 上升沿（0→1）时刻，指针 SP 的状态 $\{S_0, S_1\} = \{1, 0\}$，进入右移模式，同时拨码开关输入的数据锁存到总线 SIN。

2）T 上升沿时刻（0→1），$Q_i \to Q_{i+1}$（$i = 0, 1, 2$），指针循环右移，即 SP + 1。

3）信号 push 下降沿（1→0）时刻，push = 0 令信号 $\overline{PUSH}$ = 1，信号 PUSH 的上升沿把新的指针 SP 输出端 $[Q_0, Q_3]$ 打入触发器 U_8，刷新入栈信号 BPx，新的 BPx 上升沿把总线 SIN 的数据打入对应的寄存器 STACK_x。

【出栈时序】（保持 push = 0）

1）信号 pop 上升沿（0→1）时刻，指针 SP 的状态 $\{S_0, S_1\} = \{0, 1\}$，进入左移模式；pop 上升沿把当前指针 SP 的输出端 $[Q_0, Q_3]$ 打入触发器 U6，刷新出栈信号 $\overline{OEx}$，$\overline{OEx}$ 使能对应

的寄存器 STACK_x 输出数据到总线 SOUT；同时，pop = 1（即 $\overline{POP} = 0$）选通 74LS244 缓冲器，令 STACK_x 的数据从总线 SOUT 输出到总线 BUS 上的数码管显示。

2）T 上升沿时刻，$Q_i \to Q_{i-1}$（i = 1,2,3），指针循环左移，即 SP – 1。

值得注意的是，指针 SP 是循环移位且初始值是 0001，所以任何时刻 SP 只有一个输出端 $Q_i = 1$，其余为 0。堆栈通路第一次入栈（存入 STACK_0），SP 状态 $\{0,0,0,1\} \to \{1,0,0,0\}$；最后一次出栈（STACK_0 弹出，堆栈全空），SP 状态 $\{1,0,0,0\} \to \{0,0,0,1\}$。但是，字节堆栈通路最多只能保存 4 次数据，若还要继续入栈，指针 SP 状态 $\{0,0,0,1\} \to \{1,0,0,0\}$，相当于把第一次入栈的字节数据清除，会引起错误。

3.4.3 基于硬布线堆栈的嵌套中断 CPU

嵌套中断的微程序 CPU 如图 3–76 所示，其数据通路、微程序控制器和指令体系与实验 3.1 基本相同，不同之处是多路中断机制的设置，以及增加了基于字节堆栈通路的 PC 断点堆栈（左侧部分）和基于位堆栈寄存器的 PSW 断点堆栈（右下角部分）。

本实验的中断电路采用多路中断机制，共设置了两个中断源。如图 3–77a 所示，通过两个不同的按键来模拟两个 CPU 外部中断，按下键的时候将产生一个上升沿跳变，分别输出中断启动信号 $INT_0 = 1$ 和 $INT_1 = 1$，且信号 INT_0 或 INT_1 置位都会触发中断标志 INT = 1。所有指令的执行周期末尾必须执行 P2(INT) 判断：若 INT = 0，表示没有中断，则返回取指周期（取下一条机器指令）；若 INT = 1，表示在当前指令周期有某一个中断触发，则微指令下址 $[uA_4, uA_0] = [10000]$，进入中断处理周期。

在中断处理周期第一条微指令的 T_1 时刻，中断启动信号 INT_x 和微操作信号 INTR 触发中断响应信号 $\overline{INTAx} = 0$，控制对应的中断向量地址 INTx_VTR_ADDR（拨码开关模拟）输出到总线 BUS。在 T_2 上升沿时刻，该地址打入程序存储器 PROGRAM 地址寄存器 AR，如图 3–77b 所示。

然后，在第二条微指令的 T_1 上升沿，程序存储器输出相应的中断向量 INTx_VTR 到总线 BUS；同时，由中断响应信号 $\overline{INTAx} = 0$ 产生中断复位信号 $\overline{INTx\_CLR} = 0$，复位 INTx 和 $\overline{INTAx}$ 信号，从而使当前中断子程序在运行中可以继续嵌套中断。在 T_2 时刻上升沿，中断向量打入程序计数器 PC，程序正式进入中断服务程序（Interrupt Service Routines，ISR）。

上述过程中，在某个中断源触发的中断服务程序里可以继续被其他中断源甚至同一中断源再次触发中断，即"中断嵌套"。其时序如图 3–78 所示，当主程序 Main 或上级中断服务程序 ISR_i 被下级中断服务程序 ISR_{i+1} 打断，要跳转到下级程序 ISR_{i+1} 入口的时候，必须保存好断点信息，包括上级程序的当前 PC 值和标志位 PSW 状态，才能在下级程序结束后顺利返回被打断的指令地址处继续执行上级程序。图 3–78 中的断点保存和返回遵循"先入后出"原则，即最近保存的断点最先弹出，因此适宜采用堆栈电路实现。

如图 3–79 所示，嵌套中断 CPU 采用三个 74LS194 移位寄存器 BP_CF、BP_ZF、BP_SF 构成三个位堆栈，分别保存标志位 CF（溢出）、ZF（零）、SF（符号位）断点。标志位寄存器 PSW 输出的三个标志位分别连接到对应的位堆栈右移端 S_R，其左移端 $S_L = 0$。三个位堆栈的输出端 Q_0 都连接到 244 缓冲器 U_{55}:B 输出，表示最近一次存入的标志位。信号 INTR

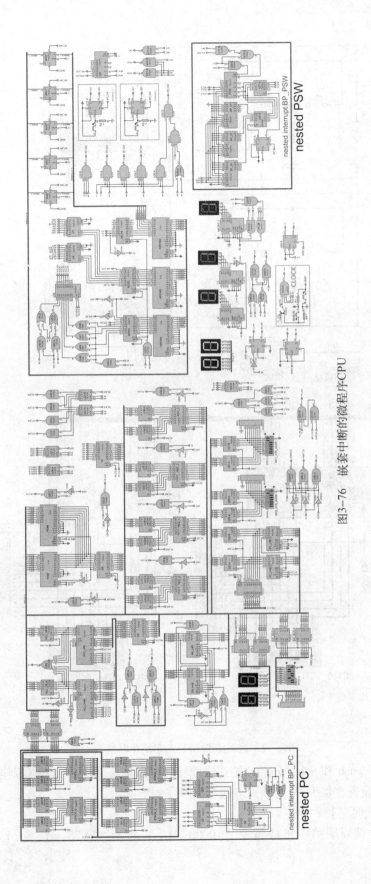

图3-76 嵌套中断的微程序CPU

159

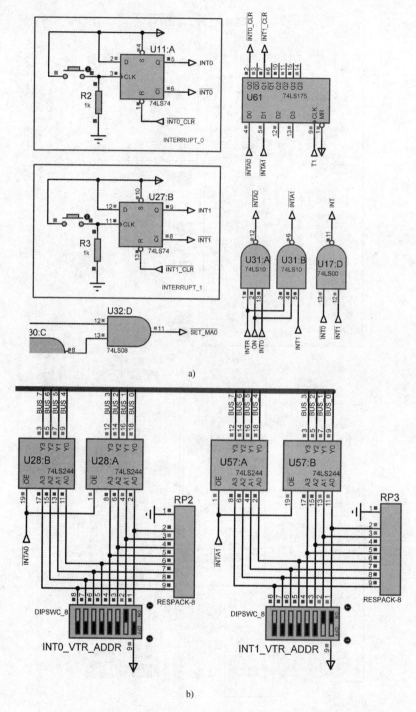

图 3-77　嵌套中断 CPU 的多路中断机制电路

和 IRET 相当于 push 和 pop，分别连接到位堆栈的控制端 S_0 和 S_1，节拍 T_2 则连接到位堆栈的 CLK 端。标志位寄存器 PSW 的断点堆栈工作时序如下所示。

【PSW 入栈时序】

1）中断处理周期第一条微指令［10000］的 T_1 时刻，INTR = 1，三个位堆栈的状态

$\{S_0, S_1\} = \{1, 0\}$，进入右移模式。

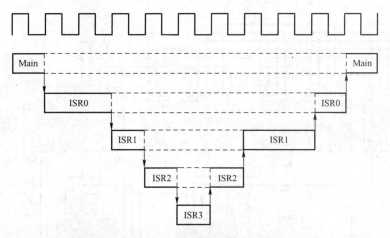

图 3-78　四级嵌套中断的时序图

2）在 T_2 上升沿时刻，待保存的标志位进入对应的堆栈 $S_R \rightarrow Q_0$，且 $Q_i \rightarrow Q_{i+1}$；同时，寄存器 PSW 清零（$\overline{MR} = 0$），上级程序的运算器标志位状态不带入下级程序。

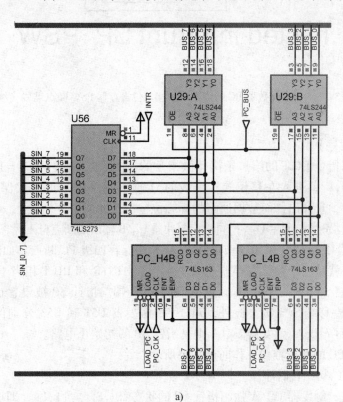

a)

图 3-79　程序计数器 PC 断点入口和标志位寄存器 PSW 断点堆栈

a) PC 断点入口

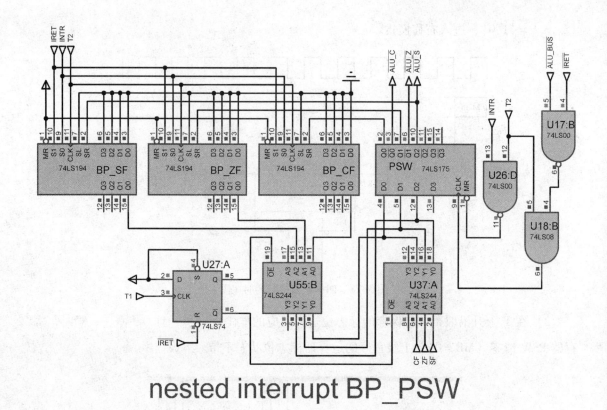

nested interrupt BP_PSW

b)

图 3-79　程序计数器 PC 断点入口和标志位寄存器 PSW 断点堆栈（续）

b）PSW 断点堆栈

【PSW 出栈时序】

1）中断返回指令 IRET 的第一条执行微指令的 T_1 时刻，信号 IRET = 1，三个位堆栈的状态 $\{S_0,S_1\} = \{0,1\}$，进入左移模式；堆栈的 Q_0 输出端（即最近一次保存的标志位"断点"）从缓冲器 U_{55}：B 弹出，而数据通路的标志位输出缓冲器 U_{37}：A 禁止。

2）在 T_2 上升沿时刻，$Q_i \rightarrow Q_{i-1}$；同时，缓冲器 U_{55}：B 输出的断点打入标志位寄存器 PSW。

类似的，嵌套中断 CPU 采用字节堆栈 STACK 来保存四级 PC 断点，如图 3-80 所示。字节通路的指针 SP 就是一个移位寄存器 74LS194，信号 INTR 和 IRET 相当于 push 和 pop，分别连接到其控制端 S_0 和 S_1，节拍 T_2 则连接到其 CLK 端。指针 SP 被设置成循环移位模式：右移端 $S_R = Q_3$，左移端 $S_L = Q_0$。此外，74LS175 触发器 $U51$ 和 $U53$ 分别保存 PC 入栈和出栈的操作信号，而 74LS74 触发器 U_{54}：A 则是指针 SP 的初始化电路。

程序计数器 PC 的断点堆栈工作时序如下所示。

PC 断点堆栈的初始化时序

1）系统上电，触发器 U_{54}：A 强制指针 SP 的状态 $\{S_0,S_1\} = \{1,1\}$，即送数模式。

2）第一个 T_2 上升沿时刻，指针 SP 输出端 $\{Q_0,Q_1,Q_2,Q_3\}$ 初始化为 $\{0,0,0,1\}$；然后，初始化电路 U_{54}：A 失效，SP 的控制端 $\{S_0,S_1\} = \{INTR,\overline{IRET}\}$，堆栈通路的输出只受 $\overline{IRET}$ 控制。

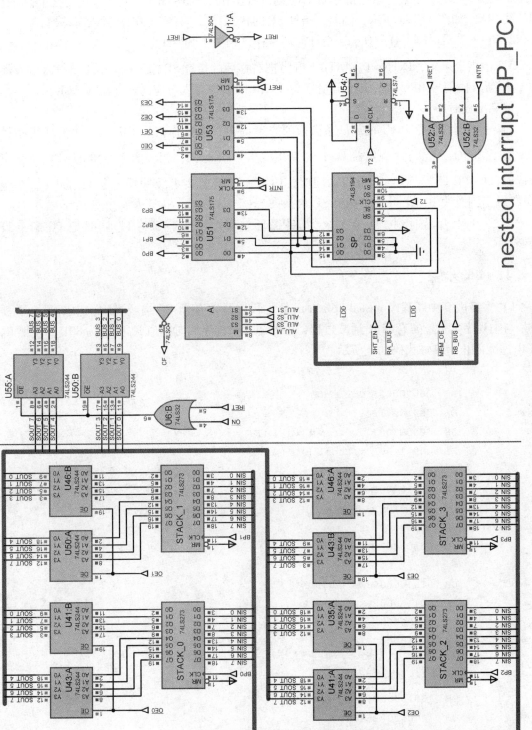

图3-80 程序计数器PC的断点堆栈

nested interrupt BP_PC

163

【PC 入栈时序】

1) 中断处理周期第一条微指令的 T_1 时刻，微操作信号 INTR = 1 上升沿跳变把 PC 锁存到总线 SIN，如图 3-79a 所示；同时，指针 SP 的状态 $\{S_0,S_1\} = \{1,0\}$，进入右移模式。

2) T_2 上升沿时刻，$Q_i \to Q_{i+1}$，指针循环右移，相当于 SP + 1。

3) 微指令末尾，INTR = 0，$\overline{INTR}$ 上升沿把右移后的指针 SP 输出端 $[Q_0,Q_3]$ 打入触发器 U_{51}，刷新入栈信号 BPx = 1，其上升沿把总线 SIN 的数据打入对应的寄存器 STACK_x。

【PC 出栈时序】

1) 中断返回指令 IRET 的第一条微指令的 T_1 时刻，微操作信号 IRET = 1 上升沿把指针 SP 的输出端 $[Q_0,Q_3]$ 打入触发器 U_{53}；刷新出栈信号 $\overline{OEx} = 0$，相应的寄存器 STACK_x 输出最近保存的 PC 断点到总线 SOUT；同时，$\overline{IRET} = 0$ 导通 244 缓冲器，令 PC 断点从总线 SOUT 输出到总线 BUS。此外，指针 SP 状态 $\{S_0,S_1\} = \{1,0\}$，进入左移模式。

2) 在 T_2 上升沿时刻，$Q_i \to Q_{i-1}$，指针循环左移，相当于 SP - 1；同时把 PC 断点打入 PC。

3.4.4　实验步骤

1) 多级嵌套中断程序 nested_ISR. asm 的主程序是寄存器 R0 递减过程，中断源 1 子程序是与主程序类似的寄存器 R_1 递减过程，中断源 0 子程序同时赋值 R_0 和 R_1 为 80H，使得 R_0 和 R_1 递减停止。具体代码如下所示。

```
ORG  0000H
     DB  00010000B;JMP 13H
     DB  00010011B;
     DB  00000100B;vector0 [02H]=04H
     DB  00001100B;vector1 [03H]=0CH


     DB  01010100B;OUT R1,PORT0        ;vector0 [04H]
     DB  00110100B;SET R1,80H
     DB  10000000B;
     DB  00000001B;HLT


     DB  01010000B;OUT R0,PORT0
     DB  00110000B;SET R0,80H
     DB  10000000B;
     DB  01110000B;IRET


     DB  00110100B;SET R1,90H          ;vector1 [0CH]
     DB  10010000B;
     DB  11000100B;SUBI R1,01H
     DB  00000001B


     DB  00011100B;JS 0EH              ;[10H]
```

```
        DB  00001110B;
        DB  01110000B;IRET
        DB  00110000B;SET R0,90H              ;main [13H]

        DB  10010000B;
        DB  11000000B;SUBI R0,01H
        DB  00000001B;
        DB  00011100B;JS 15H

        DB  00010101B;
        DB  00000001B;HLT
    END
```

2）编译、烧写、自动运行上述 nested_ISR. asm 源程序，随机触发中断源 0 或 1，观察 PC、IR、通用寄存器 Rx 及总线 BUS 的数据变化。（注：程序编译、烧写、初始化、自动运行以及跳出"断点"的方法，请参见"3.1.11 实验步骤"相关内容）。

3）在程序 nested_ISR. asm 自动运行过程中，设置 HLT 指令断点，手动单步嵌套触发同一中断源或不同中断源。观察和记录进入各级中断时，程序计数器 PC、标志位寄存器 PSW、总线 BUS，以及 BP_PC 堆栈和 BP_PSW 堆栈的状态。

4）中断源 1 子程序会对主程序的 R0 数值有影响吗？中断源 0 子程序会对主程序或中断源 1 子程序的 R0 或 R1 数值有影响吗？因为中断的出现是随机的，所以一般情况下，中断子程序禁止改变主程序的寄存器数值。请问采取什么软件方法能避免中断子程序影响主程序？

3.4.5 思考题

1. 请把本实验的微程序版嵌套中断 CPU 电路改成相应的硬布线版和流水线版，并执行上述实验步骤的程序。请问程序是否需要修改？如果需要，修改的地方及原因是什么？

2. 嵌套中断 CPU 的 2 个中断源 INT0 和 INT1 可以彼此嵌套，没有优先级概念。请修改硬件，增添中断优先级判别电路，令中断源 INT0 的优先级比 INT1 高，即 INT0 中断可以在 INT1 中断子程序中触发，但是 INT1 中断不能在 INT0 中断子程序中触发。

（提示：请参考"1.4 比较器和仲裁器电路实验"，采用"菊花链"结构设计中断优先级判别电路。注意，某一级中断即使当前不能执行，中断响应也不能撤销，必须挂起，等待优先级高的中断执行完后，继续执行优先级低的中断。）

3. 上述优先级电路的设计是固定不变的，但是我们可能需要调整中断源的优先级设计，假设要把上述中断电路改成可变优先级判别的中断电路，应该怎么设计？

（提示：在嵌套中断的 CPU 中，设置中断屏蔽寄存器 IMR（INT_MASK_REG），寄存器 IMR 的每个位（bit）对应固定的中断源，该位置 1 表示屏蔽相应的中断源，置 0 表示中断源允许中断。在每个中断源的中断子程序入口处，采用特定的指令 SETI 配置 IMR 寄存器，中断返回前则把 IMR 寄存器清零，取消所有中断屏蔽。SETI 指令不但可以配置中断的优先级，还可以在主程序中实现软件禁止和重启中断的功能。值得注意的是，微程序版 CPU 的微地址已经用完，要改造电路，精简寻址周期微指令，腾出微地址给 SETI 指令的微指令。）

第4章　微机接口实验

4.1　I/O 接口扩展实验

4.1.1　实验概述

本实验的主要内容是理解可编程并行接口芯片 8255A 的基本原理；掌握 8255A 芯片外扩 I/O 接口的工作方式及编程方法。本实验将构建一个"CPU + 8255A"微型计算机系统，通过 8255A 芯片扩展微程序 CPU 的 I/O 接口功能。编写机器语言程序，通过 8255A 芯片实现可定制的循环"流水灯"功能；进而编写机器语言程序，通过 8255A 芯片实现记录 4×4 键盘按键触发位置（行/列）的功能。

4.1.2　8255A 芯片的结构

Intel 8255A 是一个可编程的并行 I/O 接口芯片，内部结构由 PA、PB、PC 三个 8 位可编程双向 I/O 接口，A 组控制器和 B 组控制器，数据总线缓冲器及读/写控制逻辑电路组成，如图 4-1 所示。芯片端口可通过软件选择，并且可编程设置多种工作方式，使用灵活，通用性强。

从图 4-1 可见，8255A 具有与外设连接的 3 个通道：PA 口、PB 口、PC 口。由于 8255A 可编程，所以将 3 个通道分为两组，即 $PA_0 \sim PA_7$ 与 $PC_4 \sim PC_7$ 组成 A 组，$PB_0 \sim PB_7$ 与 $PC_0 \sim PC_3$ 组成 B 组。然后控制器也分为 A 组控制器（控制 A 口与 C 口的高 4 位）与 B 组控制器（控制 B 口与 C 口的低 4 位）。这两组控制器是根据 CPU 命令控制 8255A 工作方式的电路，内部设有控制寄存器，可以根据 CPU 送来的编程命令来控制 8255A 的工作方式，也可以根据编程命令来对指定的通道进行输入/输出操作，或者是对 C 口的指定位进行置位/复位操作。

8255A 的外围引脚根据连接的对象，可以分为以下两大类。

（1）面向 CPU 的引脚

8255A 作为 CPU 与 I/O 外设的连接芯片，必须提供与 CPU 相连的数据线、地址线、控制线。因为 8255A 能并行传送 8 位数据，所以有双向三态数据线 $D_0 \sim D_7$（内置 8 位双向三态缓冲器）。由于 8255A 具有 3 个通道 A 口、B 口、C 口，所以只要 2 根地址线 A_0/A_1 就能寻址 A 口、B 口、C 口及控制寄存器。此外，CPU 通过以下控制线信号对 8255A 芯片进行读、写与片选操作。

- RESET：复位（高电平有效），清除 8255A 内部寄存器，置 A 口、B 口、C 口为输入方式。
- $\overline{\text{CS}}$：片选信号，决定 8253A 是否选中。必须先选中芯片，然后才能进行读写操作。

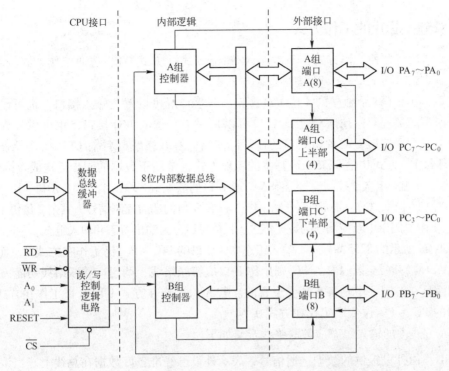

图 4-1 可编程并行 I/O 接口芯片 8255A 结构图

- $\overline{RD}$：读信号，8255A 将数据或状态信息送到 CPU。
- $\overline{WR}$：写信号，CPU 将数据或控制信息送到 8255A。

上述控制线信号及地址码的组合和操作功能如表 4-1 所示。

表 4-1 8255A 控制线信号及地址组合功能

$\overline{CS}$	$\overline{RD}$	$\overline{WR}$	A_1	A_0	操　作	数据传送方式
0	0	1	0	0	读 A 口	A 口数据→数据总线
0	0	1	0	1	读 B 口	B 口数据→数据总线
0	0	1	1	0	读 C 口	C 口数据→数据总线
0	1	0	0	0	写 A 口	数据总线数据→A 口
0	1	0	0	1	写 B 口	数据总线数据→B 口
0	1	0	1	0	写 C 口	数据总线数据→C 口
0	1	0	1	1	写控制口	数据总线数据→控制口
1	×	×	×	×	禁止访问	数据总线接口高阻态

（2）面向 I/O 外设接口的引脚

8255A 有 3 个 8 位通道 A、B、C 与外设连接，如下所示。

- A 口（$PA_0 \sim PA_7$）：独立的 8 位 I/O 口，对输入/输出数据的操作都具有锁存功能。
- B 口（$PB_0 \sim PB_7$）：独立的 8 位 I/O 口，仅对输出数据的操作具有锁存功能。
- C 口（$PC_0 \sim PC_7$）：可以看作独立的 8 位 I/O 口，或是两个相互独立的 4 位 I/O 口，或是独立的位用于应答信号的通信。仅对输出数据的操作具有锁存功能。

4.1.3 8255A 芯片的工作方式

8255A 芯片有 3 种工作方式：基本输入/输出方式（方式 0）、选通工作方式（方式 1）和双向传送方式（方式 2）。

方式 0：相当于 3 个独立的 8 位 I/O 接口，各端口既可设置为输入接口，也可设置为输出接口，但不能实现双向输入/输出。C 口可以是一个 8 位的 I/O 接口，也可以分为两个相互独立的 4 位 I/O 接口，或者用 C 口的任一位充当应答联络线（针对 CPU 或外设查询的应答信号传输线）。方式 0 是 8255A 最基本的工作方式，常用于数据的同步传送或查询传送。

方式 1：利用一组选通控制信号控制 A 口或 B 口的数据输入/输出，其中 A 口、B 口用作互相独立的 8 位 I/O 口，C 口的 6 个位分别用作 A 口和 B 口的选通控制信号，其余 2 位仍工作于方式 0。方式 1 主要用于中断控制下的数据传送，具体可以分为输出组态和输入组态。

在图 4-2a 所示的 8255A 方式 1 输入组态中，C 口的 $PC_6 \sim PC_7$ 仍工作在方式 0，而 $PC_3 \sim PC_5$ 用作 A 口应答联络线，$PC_0 \sim PC_2$ 则用作 B 口应答联络线，两组应答联络线功能一致，互不影响，而且在控制字中是各自独立设置的。若 A 口工作在方式 1 而 B 口工作在方式 0，则对应 B 口的 $PC_0 \sim PC_2$ 位依旧工作在方式 0。

8255A 方式 1 的输入组态应答联络线定义如下。

- $\overline{STBx}$：由外设提供的数据选通信号，表示外设已经准备好数据在总线上。当该信号有效，8255A 则将总线上外设送来的数据锁存到 8255A 某个端口的输入锁存器。

- IBFx：输入缓冲器满信号，由 8255A 输出作为 $\overline{STBx}$ 的回答信号，表示端口已接收数据。

- INTRx：中断请求信号，请求 CPU 接收数据。置位条件为 $\overline{STBx} = 1$，IBF = 1 且 INTE = 1。

- INTEx：中断允许触发信号，对 A 口是用 PC4 置位使能，而对 B 口则是用 PC2 置位使能。

在如图 4-2b 所示的 8255A 方式 1 输出组态中，C 口的 PC_4、PC_5 仍工作在方式 0，而 PC_3、PC_6、PC_7 用作 A 口应答联络线，$PC_0 \sim PC_2$ 则作用 B 口应答联络线，两组应答联络线功能一致，互不影响，而且在控制字中是各自独立设置的。若 A 口工作在方式 1 而 B 口工作在方式 0，则对应 B 口的 $PC_0 \sim PC_2$ 位还是工作在方式 0。

8255A 方式 1 的输出组态应答联络线定义如下。

- $\overline{OBFx}$：输出缓冲器满信号，由 8255A 芯片输出，表示数据已经在 A 口、B 口，外设可以取走。

- $\overline{ACKx}$：外设响应信号，表示外设已经接收到数据（把数据从 8255A 的输出端口上取走）。

- INTRx：中断请求信号，请求 CPU 再次输出数据。置位条件为 $\overline{OBFx} = \overline{ACKx} = 1$ 且 INTE = 1。

- INTEx：中断允许触发信号，对 A 口是用 PC_6 置位使能，而对 B 口则是用 PC_2 置位使能。

8255A 芯片工作方式 1 的输入和输出组态时序分别如图 4-3a 和图 4-3b 所示。以下通过 8255A 与微型打印机通信的例子说明工作方式 1 的应用。8255A 将要打印的数据送上数据线，然后发送选通信号 $\overline{OBFx} = 0$ 到打印机的数据选通接口 $\overline{STB}$；打印机将数据读入，同时使

BUSY 线拉高，通知主机停止送数据（BUSY 线连接到 8255A 的 $\overline{\text{ACKx}}$ 端口）。打印机内部对读入的数据进行处理，处理结束后拉低 BUSY 线，令 $\overline{\text{ACKx}} = 0$ 有效，通知 8255A 接收结束，8255A 立即触发 INTR = 1，请求 CPU 发送下一个数据。

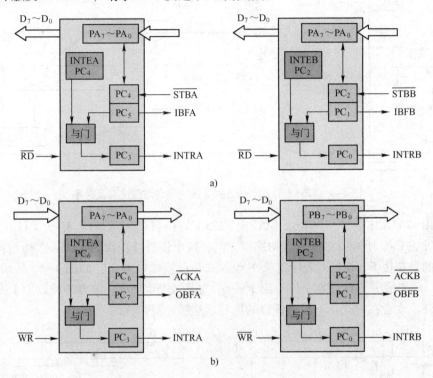

图 4-2 8255A 芯片工作方式 1 的输入和输出组态

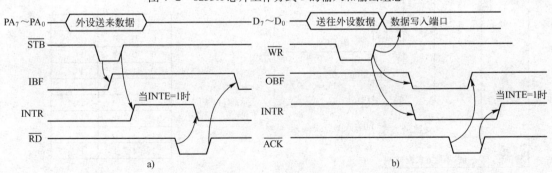

图 4-3 8255A 芯片工作方式 1 的输入和输出时序图

方式 2：双向输入/输出方式，就是方式 1 输入与输出组态的结合，双向的应答联络线功能也相同。只有 A 口可工作在方式 2 下，此时 C 口的 $PC_3 \sim PC_7$ 用作 A 口的选通控制信号。余下的 $PC_0 \sim PC_2$ 正好可以充当 B 口的应答联络线（B 口工作在方式 1），或者工作在方式 0 下（B 口不用或工作于方式 0）。输出中断允许触发 INTE1 由 PC_6 置位使能，而输入中断允许触发 INTE2 由 PC_4 置位使能，输入和输出中断通过或门共同输出中断应答信号 INTRA。8255A 工作方式 2 的联络应答线定义和时序图如图 4-4 所示（注意，时序图中的"输入数据"和"输出数据"是相对外设而言的）。

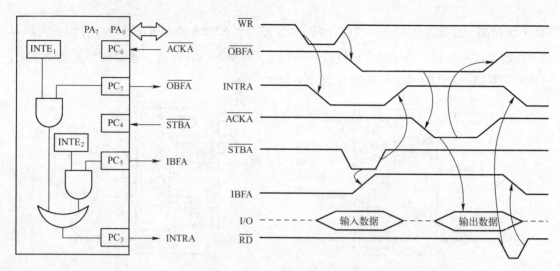

图 4-4　8255A 芯片工作方式 2 的应答联络线定义及时序

在使用 8255A 之前，首先要由 CPU 向 8255A 的控制口（地址线 $A_0 A_1 = 11$）写入控制字，才能设置 CPU 所需的工作方式和端口方向，这个设置过程称为 8255A "初始化"过程。若控制字的最高位 $D_7 = 1$，则表示定义工作方式和设置端口方向，如图 4-5a 所示；若控制字 $D_7 = 0$，则表示定义 C 口某个位输出 1 或 0，如图 4-5b 所示。该方法可以用于设置方式 1 的中断允许，或者在方式 0 下设置任意的应答联络线，灵活性高。

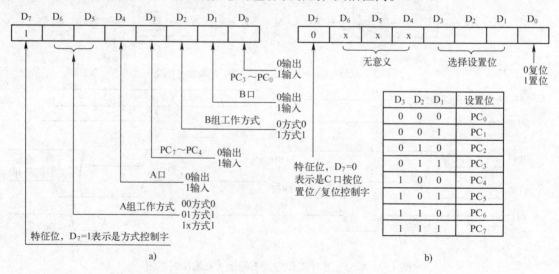

图 4-5　8255A 芯片控制字示意图

4.1.4　"CPU + 8255A" 微机系统

本实验的 "CPU + 8255A" 微机系统电路如图 4-6 所示。其与实验 3.1 的微程序 CPU 电路非常相似，唯一不同的是把 CPU 的 I/O 接口直接换成了 8255A 应用电路（紫色方框），其他电路依旧不变。由于工作方式 1 和工作方式 2 需要外设配合，本实验只验证了 8255A 芯片最基本的工作方式 0。

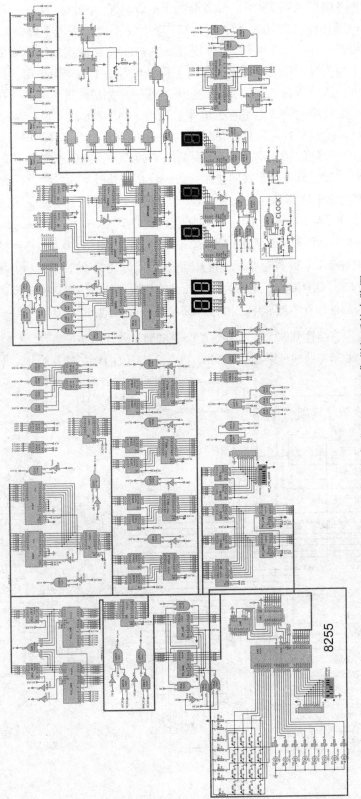

图4-6　微程序"CPU+8255A"微机系统电路图

8255A 应用电路如图 4-7 所示。8255A 的 PA 口是输入端口，接一个 8 位拨码开关 DIPSW；而 PB 口是输出端口，接一个 8 位 LED 灯（注：端口高电平灯灭，端口低电平灯亮）。PC 口比较特殊，外接一个 4×4 矩阵键盘，其高 4 位是输出，接键盘的行线，其低 4 位是输入，接键盘的列线。在无键压下时，由于接到电源的上拉电阻作用，列线被置成高电平。压下某一键后，该键所在的行线和列线接通。这时，如果向被压下键所在的行线上输出一个低电平信号，则对应的列线也呈现低电平。因此，PC 口的高 4 位负责输出指定行线的低电平信号，而低 4 位则负责读取列线信号，检测到列线上是否出现低电平。根据 PC 口高 4 位输出的行状态和低 4 位中读入的列状态中低电平的位置，便能确定哪个键被压下。

因为 CPU 的所有部件和外设都共同挂在一条 8 位系统总线（BUS）上，所以 CPU 访问外设的时候，必须首先选中所需访问的外设，才能与外设交互数据。因此，在访问某个外设之前，CPU 首先通过 OUTA 指令输出地址 $[D_7D_6D_5D_4D_3D_2D_1D_0]$。如图 4-7 所示，因为 OUTA 指令使能 ALE $=1$，通过 74LS373 锁存器 U_{41} 把地址 $[D_7D_6D_5D_4D_3D_2D_1D_0]$ 锁存。然后，地址的高 4 位 $[D_7D_6D_5D_4]$ 送往 74LS138 寄存器 U_{46} 进行译码，生成外设的片选信号（总共可以选择 16 个外设），地址的低 4 位 $[D_3D_2D_1D_0]$ 则作为指定外设的片内地址，用以选择外设内部的缓冲寄存器、控制寄存器等部件。在本实验中，因为 8255A 被分配的地址 $[D_7D_6D_5D_4] = [1000]$，所以 U46 生成的片选信号直接连到 8255A 的片选端 $\overline{CS}$；8255A 的片内地址 A_1A_0 则连接到 D_2 和 D_1 两个地址位。因此，8255A 的地址字是 $[10000D_2D_10]$，其中 D_2D_1 位表示 8255A 片内寄存器地址

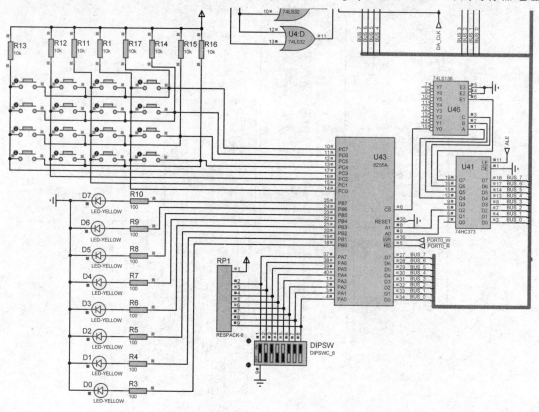

图 4-7　可编程并行 I/O 接口芯片 8255A 应用电路图

172

$[A_1A_0]$。此外，CPU 的 IO 输出使能信号$\overline{PORT0\_W}$和 IO 输入使能信号$\overline{PORT0\_R}$分别连接到 8255A 的$\overline{WR}$和$\overline{RD}$端口，负责对 8255A 芯片进行写入和读取操作。

　　值得注意的是，无论对外设采取任何操作，都必须先使用 OUTA 指令输出地址字选中指定外设的指定片内地址（寄存器）。如果后续操作都是针对同一个外设的同一个片内地址，则无须再使用 OUTA 指令重设地址；倘若中途改变了操作对象（外设或片内寄存器），则必须用 OUTA 指令重定位地址。此外，在 8255A 使用过程中，若是访问的地址不变，但是端口的选择或端口的工作方式、方向改变了，则需要用 OUT 指令重新设定 8255A 芯片的控制字（控制字的设置参见图 4-5）。

4.1.5　实验步骤

实验 1：可编程的循环流水灯

　　1）可编程的循环流水灯程序 8255_Cycle_LED. asm 存放在实验 4.1 项目的 test 子文件夹里，其功能实现了 CPU 从 8255A 芯片的 A 口读入拨码开关设置的 8 位数值，从 B 口输出该数值到 8 位 LED 灯。然后，该数值不断循环移位，在 8 位 LED 灯上形成"循环流水灯"效果。具体代码如下所示。

```
ORG  0000H
    DB  00110000B;SET R0,86H        ;选 8255A 地址[1000xxxx]
    DB  10000110B;                  ;控制端 A1A0 =11
    DB  01010010B;OUTA R0,PORT0
    DB  00110000B;SET R0,99H        ;控制字

    DB  10011001B;                  ;PA 输入、PB 输出、PC 输入
    DB  01010000B;OUT R0,PORT0
    DB  00110000B;SET R0,80H        ;选 PA 口
    DB  10000000B;                  ;A1 A0 =00

    DB  01010010B;OUTA PORT0
    DB  01000100B;IN R1,PORT0       ;PA 口输入
    DB  00000001B;HLT
    DB  00110000B;SET R0,82H        ;选 PB 口

    DB  10000010B;                  ;A1A0 =01
    DB  01010010B;OUTA R0,PORT0
    DB  01010100B;OUT R1,PORT0      ;PB 口输出
    DB  10100111B;LRC R1

    DB  00000001B;HLT
    DB  00010000B;JMP 0EH           ;循环移位
    DB  00001110B;
END
```

2）编译、烧写、自动运行上述 8255_Cycle_LED 程序，在程序自动运行过程中，观察 B 口连接的 8 位 LED 灯变化（注：程序编译、烧写、初始化、自动运行及跳出断点的方法，请参见"3.1.11 实验步骤"中实验 1 的相关内容）。

3）修改 8255_Cycle_LED 源程序，A 口连接的拨码开关设置不同的数值，观察自动执行过程中 B 口连接的 8 位 LED 灯变化。

实验 2：矩阵键盘测试

1）矩阵键盘测试程序 keyboard. asm 存放在实验 4.1 项目的 test 子文件夹里，其实现的功能如下：首先，在程序的第一次 HLT 断点跳出后，用户按下矩阵键盘的某个键，一直持续到第二次 HLT "断点" 暂停后才松开按键；然后，CPU 通过 8255A 芯片的 C 口高 4 位输出不同的电平组合，再从 C 口低 4 位读取相应的电平组合，可以判断出矩阵键盘中哪个键被压下；最后，在 8255A 芯片 B 口连接的 8 位 LED 灯上显示被按下键的行值（高 4 位代表从上到下的矩阵键盘行信息）和列值（低 4 位代表从左到右的矩阵键盘列信息）。具体代码如下所示。

```
        ORG  0000H
        DB  00110000B;SET R0,86H          ;选 8255A 地址[1000xxxx]
        DB  10000110B;                     ;控制端 A1A0 =11
        DB  01010010B;OUTA R0,PORT0
        DB  00110000B;SET R0,91H

        DB  10010001B;                     ;PA 输入/PB 输出/PC 高 4 位输出、低 4 位输入
        DB  01010000B;OUT R0,PORT0
        DB  00110000B;SET R0,82H          ;选 PB 口
        DB  10000010B;                     ;A1A0 =01

        DB  01010010B;OUTA R0,PORT0
        DB  00110000B;SET R0,FFH          ;初始化 PB 口,LED 全灭
        DB  11111111B;
        DB  01010000B;OUT R0,PORT0

        DB  00110000B;SET R0,84H          ;选 PC 口
        DB  10000100B;                     ;A1A0 =10
        DB  01010010B;OUTA R0,PORT0
        DB  00111000B;SET R2,0FH          ;R2 =00001111（列判断用）

        DB  00001111B;                     ;[10H]
        DB  01011000B;OUT R2,PORT0        ;PC 口置位 00001111（高 4 位输出 0000）
        DB  00110100B;SET R1,3FH          ;R1 =00111111（行判断用）
        DB  00111111B;

        DB  00000001B;HLT                 ;该断点后就可以按键,按键要保持到下一个断点才能松开!
        DB  01000000B;IN R0,PORT0   ;PC 口输入       ;L1:
        DB  10110010B;XOR R0,R2            ;无键按下,R0 是 00001111,R0 = R2
```

174

```
                                                 ;有键按下,R0 低 4 位是 1110 /1101 /1011 /0111
DB    00011000B;JZ 15H                           ;无键按下,跳转到 L1(循环监听键盘输入)


DB    00010101B;
DB    01101100B;MOV R3,R0                        ;R3 =0000yyyy(yyyy 是列编码)
DB    01010100B;OUT R1,PORT0                     ;PC 口置位 00111111(高 4 位输出 0011)
DB    01000000B;IN R0,PORT0                      ;PC 口输入


DB    10110001B;XOR R0,R1                        ;无键按下,R0 是 00111111,R0 = R1
;有键按下,R0 低 4 位是 1110 /1101 /1011 /0111
DB    00011000B;JZ 20H                           ;行输出 0011 无键按下,R2 仍是 00001111
DB    00100000B;
DB    01101001B;MOV R2,R1                        ;行输出 0011 有键按下,R2 赋值 00111111


DB    10100101B;SHT(RRC) R1                      ;R1 =10011111(行判断用)        ;[20H]
DB    01010100B;OUT R1,PORT0                     ;PC 口置位 10011111(高 4 位输出 1001)
DB    01000000B;IN R0,PORT0                      ;PC 口输入
DB    00000001B;HLT                              ;按键要保持到此断点后才能松开!


DB    10110001B;XOR R0,R1                        ;无键按下,R0 是 10011111,R0 = R1
;有键按下,R0 低 4 位是 1110 /1101 /1011 /0111
DB    00011000B;JZ 33H                           ;行输出 1001 无键按下,跳转 L2
DB    00110011B;
DB    11001000B;SUBI R2,3FH                      ;判断:R2 是否 00111111


DB    00111111B;
DB    00011000B;JZ 2FH                           ;R2 是 00111111,即行输出 0011 有键按下
DB    00101111B;
DB    00111000B;SET R2,20H                       ;否则,行输出 0011 无键按下且 1001 有键按下


DB    00100000B                                  ; R2 赋值 XXXX0000(XXXX 是行编码)
DB    00010000B;JMP 3DH                          ;判断结束,跳转 L3:
DB    00111101B;
DB    00111000B;SET R2,40H                       ;行输出 0011 有键按下且 1001 有键按下


DB    01000000B;R2 赋值 XXXX0000(XXXX 是行编码)[30H]
DB    00010000B;JMP 3DH                          ;判断结束,跳转 L3:
DB    00111101B;
DB    11001000B;SUBI R2,3FH                      ;L2: R2 是否 00111111


DB    00111111B;
DB    00011000B;JZ 3BH                           ;R2 是 0011111,即行输出 0011 有键按下
DB    00111011B;
```

```
          DB   00111000B;SET R2,10H          ;否则,行输出0011无键按下且1001无键按下
          DB   00010000B                     ;R2赋值XXXX0000(XXXX是行编码)
          DB   00010000B;JMP 3DH             ;判断结束,跳转L3:
          DB   00111101B;
          DB   00111000B;SET R2,80H          ;行输出0011有键按下且1001无键按下

          DB   10000000B;                     ;R2赋值XXXX0000(XXXX是行编码)
          DB   00000001B;HLT                 ;L3:
          DB   11111011B;OR R2,R3            ;R2=XXXXyyyy(高4位行编码,低4位列编码)
          DB   00111100B;SET R3,82H          ;选PB口

          DB   10000010B                     ;A1A0=01;[40H]
          DB   01011110B;OUTA R3,PORT0
          DB   01011000B;OUT R2,PORT0        ;PB口输出最终结果
          DB   00000001B;HLT

      END
```

2）编译、烧写、自动运行上述keyboard程序（注：程序编译、烧写、初始化、自动运行以及跳出断点的方法，请参见"3.1.11实验步骤"中实验1的相关内容）。

3）在程序第一次HLT断点跳出后，随机按下矩阵键盘中的某个按键（注意，按下的时间要足够长，直到程序在第二次HLT断点暂停后才能松开按键），观察和记录程序中3个HLT断点暂停时刻，通用寄存器$R_0 \sim R_3$和8255A芯片B口连接的8位LED灯变化。

4）为何CPU使用C口的高4位输出测试矩阵键盘的时候，不是逐行拉低电平（即输出0111、1011、1101、1110），而是输出0000、0011、1001？这样的设计安排有什么优点？

4.1.6　思考题

请把本实验的微程序"CPU + 8255A"微机系统改成相应的硬布线和流水线微机系统，并且运行本实验的8255_Cycle_LED. asm和keyboard. asm程序。请问上述程序在硬布线微机系统和流水线微机系统中需要修改吗？若需要，请修改并测试。

4.2　定时器/计数器实验

4.2.1　实验概述

本实验的主要内容是理解可编程定时器/计数器芯片8253A的基本原理；掌握8253A芯片实现定时/计数功能的工作方式及编程方法。本实验将构建一个"CPU + 8253A"的微型计算机系统，通过8253A芯片使CPU处于定时工作状态，或对外部过程进行计数。编写机器语言程序，实现8253A芯片的6种工作方式。

4.2.2　8253A芯片的结构

在计算机系统的工作过程中，经常需要使CPU处于定时工作状态，或者对外部过程进行计数。定时器或计数器的工作实质均体现为对脉冲信号的计数，如果计数的对象是标准的

CPU 内部时钟信号，由于其周期恒定，故计数值就恒定地对应于一定的时间，则为定时；如果计数的对象是 CPU 外部输入的脉冲信号（周期可以不相等），则为计数。

Intel 8253A 是一个可编程的定时器/计数器芯片，其结构如图 4-8 所示。8253A 内部有 3 个计数器通道 0~2 和 1 个控制字寄存器。CPU 利用 2 位地址线 A_1A_0 选择访问上述部件，通过 8 位数据总线 $D_7 \sim D_0$ 与其交互信息，并且使用以下控制线信号提示访问的操作。

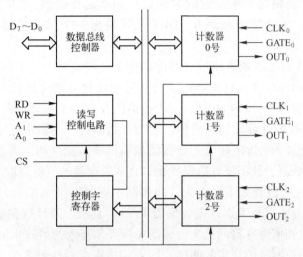

图 4-8　可编程定时器/计数器芯片 8253A 结构图

- $\overline{CS}$：片选信号，决定 8253A 是否选中。必须先选中芯片，然后才能进行读/写操作。
- $\overline{RD}$：读信号，CPU 读取由 A_1A_0 所选定的通道内计数器的内容。
- $\overline{WR}$：写信号，CPU 把计数初值写入各个通道计数器中，或者把控制字写入控制字寄存器中。

上述控制线信号及地址码 A_1A_0 的组合和操作功能如表 4-2 所示。

表 4-2　8253A 控制线信号及地址组合功能

$\overline{CS}$	$\overline{RD}$	$\overline{WR}$	A_1	A_0	寄存器选择和操作
0	0	1	0	0	读 0 通道锁存器
0	0	1	0	1	读 1 通道锁存器
0	0	1	1	0	读 2 通道锁存器
0	1	0	0	0	写 0 通道计数寄存器
0	1	0	0	1	写 1 通道计数寄存器
0	1	0	1	0	写 2 通道计数寄存器
0	1	0	1	1	写控制字寄存器
1	×	×	×	×	禁止访问，总线 $D_7 \sim D_0$ 接口呈现高阻态

8253A 芯片的 3 个计数器通道都有各自独立的输入端口 CLK（脉冲输入）、GATE（门控信号）和输出端口 OUT。当门控信号 GATE = 0，对应的通道暂停计数；当 GATE = 1 时，对应的通道允许计数。任一通道既可以完成计数器功能，也可以完成定时器功能，其内部操

作完全相同，CLK 端每输入 1 个计数脉冲，通道作 1 次减 1 操作。其区别如下。

1）若通道作为计数器，应将要求计数的次数（即计数初值）预置到通道的计数器中。CLK 端输入的是外部脉冲个数。每输入一个计数脉冲，计数器减 1。待计数器内容减到 0，OUT 端就输出一个脉冲信号，提示计数次数已到。

2）若通道作为定时器，则 CLK 端输入的是已知周期的时钟信号，计数器预置的计数初值（即定时系数）应根据要求定时的时间进行如下运算得到：定时系数＝需要定时的时间/时钟信号周期。当计数值减到 0，OUT 端就输出一个脉冲信号，提示定时的时间已到。

8253A 芯片的 3 个计数器通道结构和功能都完全相同，每个通道内含 16 位的初值寄存器、减 1 计数器和输出锁存器。计数器可进行二进制计数（最大计数值 FFFFH）或十进制 BCD 码计数（最大计数值 9999）。此外，每个通道内设有一个与计数器对应的 16 位计数值锁存器。若 CPU 需要读取计数器的当前值，因为计数器处于不断变化中，读出值可能不稳定。所以 CPU 通过控制字把指定通道的计数器当前值锁入锁存器，再读取计数器内容。锁存器一旦锁存当前计数值，就不随计数器变化，直到锁存器的值被读取后才解除锁存状态。

8253A 芯片初始化的过程如下：首先，向控制字寄存器（$A_0A_1 = 11$）写入唯一的一个控制字，确定要设置的通道及工作方式（见图 4-9）。其次，若计数初值是 8 位，则根据控制字的规定写入 16 位初值寄存器的低 8 位或高 8 位（未写入的另外 8 位自动置 0）；若计数初值是 16 位，则根据控制字的规定分两次先写入初值寄存器的低 8 位，后写入高 8 位。写入计数初值后的一个 CLK 时钟周期，计数器启动操作，在 CLK 下降沿减 1。

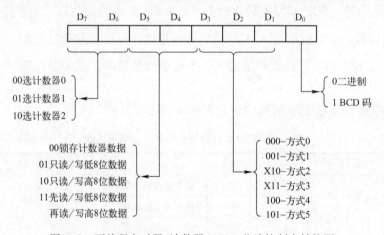

图 4-9　可编程定时器/计数器 8253A 芯片控制字结构图

4.2.3　8253A 芯片的工作方式

8253A 芯片的每个计数器通道都可以独立设置以下 6 种工作方式。

方式 0：计数结束中断

8253A 芯片工作方式 0 的时序图如图 4-10 所示。CPU 写入控制字 CW 将该通道设定为方式 0 后，其 OUT 端将输出低电平。然后，CPU 写入计数初值 N 后，过 1 个 CLK 周期后计数器开始减 1 计数，直到计数值为 0 时，OUT 端输出上升沿跳变（此时从预置初值计算已经经历了 N + 1 个 CLK 周期），可用此跳变向 CPU 发出中断请求。OUT 端恢复的高电平将一直维持到下次再写入计数值为止。

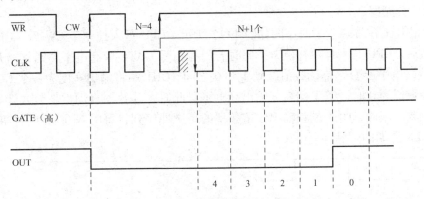

图 4-10　8253A 芯片工作方式 0 的时序图

在工作方式 0 下，门控信号 GATE 用来控制减 1 计数操作是否进行。当 GATE = 1 时，允许减 1 计数；GATE = 0 时，禁止减 1 计数。计数值将保持 GATE = 1 有效时的最后数值不变，待 GATE 重新有效后，减 1 计数继续进行。

值得注意的是，在方式 0 中，计数器只计数一次，不能重复计数。如果需要继续完成计数或定时功能，必须重新写入计数器初值。如果在一个周期未结束的过程中，已经写入新的计数初值，则计数器在写入新初值后的下一个 CLK 周期按照新初值重新开始计数。

方式 1：可编程单脉冲发生器

8253A 芯片工作方式 1 的时序图如图 4-11 所示。CPU 写入控制字 CW 后，OUT 端输出高电平。CPU 继而写入计数初值 N，必须等到门控信号 GATE 端出现上升沿跳变，然后在其跳变后的下一个 CLK 脉冲下降沿，减 1 计数过程才能开始，同时 OUT 端产生下降沿跳变，形成单脉冲的前沿。在计数过程中 OUT 端全程保持低电平，待计数值为 0 时，OUT 端才输出上升沿跳变，形成输出单脉冲的后沿。因此，OUT 端所输出的是一个宽度为 N 个 CLK 脉冲周期的负脉冲。

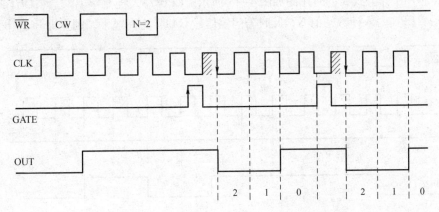

图 4-11　8253A 芯片工作方式 1 的时序图

方式 1 的计数也是一次有效。当计数结束后，可再次由 GATE 端上升沿触发，输出同样宽度的负脉冲。在减 1 计数过程中，CPU 可写入新的计数初值，当前计数过程不受影响。当再次 GATE 端上升沿触发后，才按照新的计数初值开始计数。而在计数过程中，若重新遇到 GATE 端的上升沿跳变，则在其跳变后的下一个 CLK 脉冲下降沿，从计数初值开始重新计数，其效果是会使输出的负脉冲加宽。

方式 2：分频器

8253A 芯片工作方式 2 的时序图如图 4-12 所示。CPU 写入控制字 CW 后，OUT 端输出高电平。然后，CPU 写入计数初值 N，此时若门控信号 GATE 为高电平，则立即开始计数，OUT 端保持高电平不变。待计数值减到 1 和 0 之间，OUT 端将输出宽度为一个 CLK 周期的负脉冲。计数值为 0 时，OUT 端恢复输出高电平。此时，计数器自动重新装入计数初值 N，实现循环计数。因此，OUT 端将输出固定频率的负脉冲序列，每隔 N 个 CLK 周期就输出宽度为 1 个 CLK 周期的负脉冲。

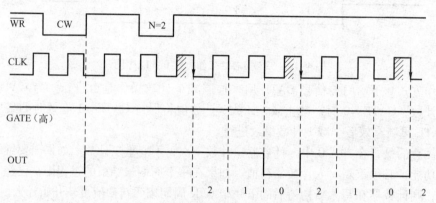

图 4-12　8253A 芯片工作方式 2 的时序图

在计数过程中，若门控信号 GATE 变为低电平，则暂停减 1 计数。待 GATE 恢复高电平后，从计数初值 N 开始重新计数。此外，在减 1 计数过程中，若 CPU 写入新的计数初值，当前计数过程不受影响，而是从下一个计数周期开始按新的计数初值计数。

方式 3：方波发生器

8253A 芯片工作方式 3 的时序图如图 4-13 所示。CPU 写入控制字 CW 后，OUT 端输出高电平。然后，CPU 写入计数初值 N，此时若门控信号 GATE 为高电平，则立即开始计数。若计

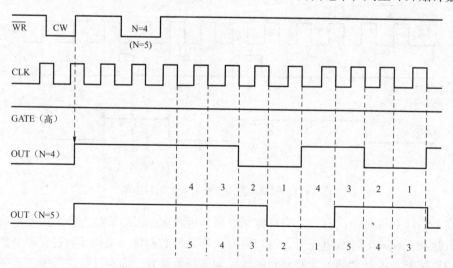

图 4-13　8253A 芯片工作方式 3 的时序图

数初值 N 为偶数，则当计数值减到 N/2 时，OUT 端改为输出低电平，并且一直保持到计数值为 0，才恢复输出高电平。此时，计数器重新装入计数初值 N，实现循环计数。方式 3 与方式 2 非常相似，区别在于方式 3 的 OUT 端输出宽度为 N 个 CLK 周期，占空比为 1:1 的方波。

若计数初值 N 为奇数，则 OUT 端输出的是宽度为 N 个 CLK 周期，$(N+1)/2$ 个 CLK 周期为高电平，$(N-1)/2$ 个 CLK 周期为低电平的矩形波。当 N 越大，矩形波越接近方波。

与方式 2 类似，在计数过程中，若门控信号 GATE 变为低电平，则暂停减 1 计数，GATE 恢复高电平后，从计数初值 N 开始重新计数。此外，在减 1 计数过程中，若 CPU 写入新的计数初值，当前计数过程不受影响，从下一个计数周期开始按新的计数初值计数。

方式 4：软件触发选通

8253A 芯片工作方式 4 与方式 0 很相似，其时序图如图 4-14 所示。两者的区别在于，计数值到 0 时，方式 4 是 OUT 端输出宽度为 1 个 CLK 周期的负脉冲，而工作方式 0 是上升沿跳变。

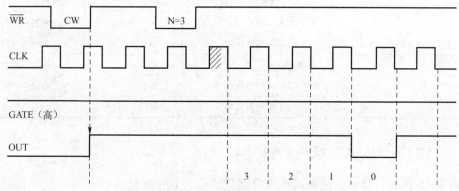

图 4-14　8253A 芯片工作方式 4 的时序图

方式 5：硬件触发选通

8253A 芯片工作方式 5 与方式 0 很相似，其时序图如图 4-15 所示。两者的区别在于，与方式 4 依靠 CPU 写入计数初值后立即启动计数的软件触发选通方式不同，方式 5 的 CPU 写入计数初值 N 后，计数过程并不工作，必须等到由门控信号 GATE 端发生一个上升沿跳变，才能触发减 1 计数过程开始，故称为硬件触发选通。

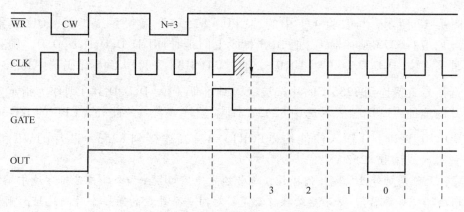

图 4-15　8253A 芯片工作方式 5 的时序图

方式 5 与方式 4 一样，计数过程也是一次有效。当计数结束后，需要由 GATE 端上升沿再次触发，才能驱动计数器循环计数。在减 1 计数过程中，CPU 可写入新的计数初值，当前计数过程同样不受影响。当再次 GATE 端上升沿触发后，才按照新的计数初值开始计数。而在计数过程中，若重新遇到 GATE 端上升沿跳变，则其后的下一个 CLK 脉冲下降沿，从最近设置的计数初值开始重新计数，但 OUT 端输出的高电平持续，不受 GATE 端跳变影响。

综上所述，方式 0 和 4、方式 1 和 5、方式 2 和 3 在计数方式、门控信号形式等方面一致，但是在输出波形上各有不同，详细情况如表 4-3 所示。此外，在写入控制字后只有方式 0 的 OUT 端输出低电平，其余方式下 OUT 端都是输出高电平。

表 4-3　8253A 的工作方式及输出波形

工作方式	门控信号	OUT 端输出波形	计数过程启动方式	写入新计数初值
方式 0	高	N+1 个 CLK 周期负脉冲	软件触发	立即有效
方式 1	上升沿	N 个 CLK 周期负脉冲	硬件门控触发	硬件触发有效
方式 2	高	1 个 CLK 周期负脉冲	自动重复	下一次计数有效
方式 3	高	方波/矩形波	自动重复	下一次计数有效
方式 4	高	1 个 CLK 周期负脉冲	软件触发	立即有效
方式 5	上升沿	1 个 CLK 周期负脉冲	硬件门控触发	硬件触发有效

4.2.4 "CPU + 8253A" 微机系统

如图 4-16 所示，本实验的微机系统电路与实验 3.1 的微程序 CPU 电路非常相似，唯一不同的是把 CPU 的 I/O 接口直接换成了 8253A 应用电路（紫色方框），其他电路依旧不变。8253A 应用电路如图 4-17 所示，8253A 通道 0 的 GATE 端接的是开关 GATE，模拟门控信号；而 CLK 端接的是 100Hz 方波信号源，同时还跟 OUT 端一起接到虚拟示波器的 B 端（对应 CLK 端）和 A 端（对应 OUT 端）。虚拟示波器的 "Trigger" 界面内的 "source" 选项一般选择信号输出端（图 4-17 中是 A 端）做触发，利于显示波形的稳定。而虚拟示波器可以在专用工具菜单的 Instruments 虚拟工具中选择。注意：Proteus 仿真运行的过程中，若关掉虚拟仪器界面，则下次启动仿真的时候界面就不会再出现，需要在 "Debug" 菜单中重新选择该虚拟仪器。

如图 4-17 所示，与实验 4.1 中的 "CPU + 8255A" 微机系统类似，OUTA 指令使能 ALE = 1，74LS373 锁存器 U_{41} 把 BUS 总线上的地址 $[D_7 D_6 D_5 D_4 D_3 D_2 D_1 D_0]$ 锁存。其中，地址高 4 位 $[D_7 D_6 D_5 D_4] = [1010]$，通过 74LS138 寄存器 U46 译码选中 8253A，生成的片选信号直接连到 8255A 的片选端 $\overline{CS}$。地址低 4 位 $[D_3 D_2 D_1 D_0]$ 则作为指定 8253A 芯片的片内地址，$D_2 D_1$ 位表示选中 8253A 片内地址 $[A_1 A_0]$。此外，CPU 的 I/O 输出使能信号 PORT0_W 和 I/O 输入使能信号 PORT0_R 分别连接到 8253A 芯片的 $\overline{WR}$ 和 $\overline{RD}$ 端口，负责写入或读取 8253A。

注意：无论是对外设采取任何操作，都必须先使用 OUTA 指令输出地址字选中指定外设及其片内地址（寄存器）。如果后续操作都是针对同一个外设的同一个片内地址，则无须再使用 OUTA 指令重设地址；若中途改变了操作对象（外设或其片内地址），则必须用 OUTA

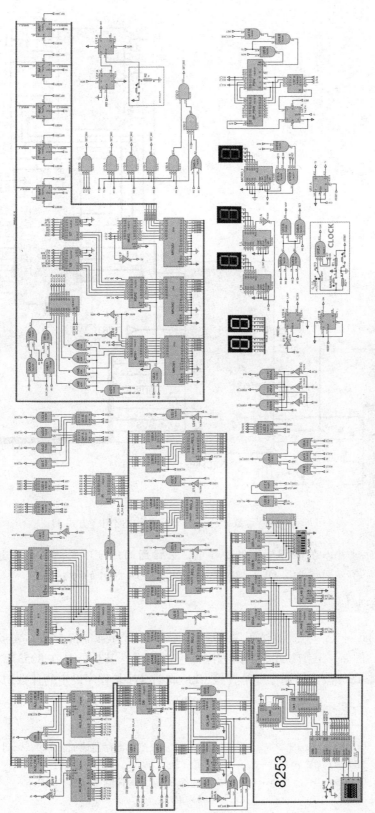

图4-16 微程序 "CPU+8253A" 微机系统电路图

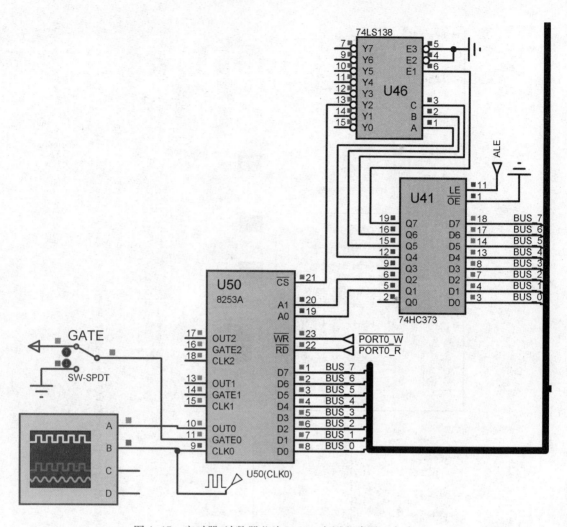

图 4-17　定时器/计数器芯片 8253A 应用电路图（方式 3）

指令重定位地址。此外，在 8253A 使用过程中，若访问的地址不变，但是通道的选择或通道的工作方式改变了，则需要用 OUT 指令重新设定 8253A 芯片的控制字。

4.2.5　实验步骤

1）8253A 的 6 种工作方式测试程序 00_test. asm 到 05_test. asm 存放在实验 4.2 项目的 test 子文件夹里。例如，工作方式 3 测试程序 03_test. asm，其功能是在 8253A 芯片的 OUT0 输出端产生周期性的方波，周期宽度是 N 个 CLK 周期（N 是程序设定的计数初始值）。具体代码如下所示。

```
ORG 0000H
    DB  00110100B ;SET R1,A6H    ;把 8253A 控制寄存器地址[1010xxxx]打入 R1
    DB  10100110B ;A1A0 = 11
    DB  01010110B ;OUTA R1,PORT0 ;选择 8253A 的控制寄存器
    DB  00110100B ;SET R1,16H    ;控制字
```

```
          DB   00010110B                      ;选计数器 0 /只读写低 8 位数据/工作方式 3 /二进制
          DB   01010100B ;OUT R1,PORT0         ;输入控制字
          DB   00110100B ;SET R1,A0H           ;把 0 通道计数寄存器地址打入 R1
          DB   10100000B ;A1A0 = 00

          DB   01010110B ;OUTA R1,PORT0        ;选择 8253A 的 0 通道计数寄存器
          DB   00110100B ;SET R1,04H           ;计数初始值 N
          DB   00000100B
          DB   01010100B ;OUT R1,PORT0         ;输入后,开始以 N 个 CLK 周期做循环方波

          DB   00000001B ;HLT
          DB   00110100B ;SET R1,05H           ;计数初始值 N(新)
          DB   00000101B
          DB   01010100B ;OUT R1,PORT0         ;输入 N 后,待当前方波结束,再开始新的方波周期

          DB   00000001B ;HLT
      END
```

2）编译、烧写、自动运行上述程序 03test. asm，观察虚拟示波器显示的 A 端和 B 端波形（注：程序编译、烧写、初始化、自动运行及跳出断点的方法，请参见"3.1.11 实验步骤"中实验 1 的相关内容）。

3）00test. asm 是 8253A 工作方式 0 测试程序，与工作方式 3 不同的是，工作方式 0 产生的是一次性的上升沿跳变。编译、烧写、自动运行 00test. asm 工作源程序，观察虚拟示波器显示的波形。

4）02test. asm 是 8253A 工作方式 2 测试程序，与工作方式 3 不同的是，工作方式 2 产生的是周期出现的负脉冲。编译、烧写、自动运行 02test. asm 源程序，观察虚拟示波器显示的波形。

5）编译、烧写和自动运行 01test. asm、04test. asm 和 05test. asm 程序，观察上述程序运行中的虚拟示波器显示波形，对比 8253A 的工作方式 1 和工作方式 0，以及工作方式 4 和工作方式 5 的运行结果。

4.2.6   思考题

请把本实验的微程序"CPU + 8253A"微机系统改成相应的硬布线微机系统和流水线微机系统，并且运行本实验步骤所述的 8253A 芯片的 6 种工作方式测试程序。请问上述程序在硬布线微机系统和流水线微机系统中需要修改吗？若需要，请修改并测试。

4.3   串口通信实验

4.3.1   实验概述

本实验的主要内容是了解串行通信的基本原理，比较串行通信与并行通信的异同；掌握

串行接口芯片 8251A 的编程方法，通过 8251A 芯片实现 CPU 与外设的串行通信。本实验将构建一个 "CPU + 8253A + 8251A" 的微型计算机系统，其中 8253A 定时器为 8251A 芯片提供工作时钟。编写机器语言程序，令 CPU 通过 8251A 芯片实现与外设（虚拟端口）的串行通信。

4.3.2　8251A 芯片的结构及功能

在前述各章实验中，CPU 的所有部件及外设 8255A、8253A 等都共同挂在一条 8 位系统总线（BUS）上。BUS 总线的通信方式是并行通信，如图 4-18a 所示。在两个设备间传输数据的时候，发送和接收设备都不需要对数据做任何转变，直接把 8 个位（bit）数据同时传输（有时还附加 1 位数据校验位）。并行通信的优点是传输速度快，处理简单，但是所需的通信线多，随着传输距离的增加，通信成本增加，可靠性下降。因此，并行通信方式主要用于短距离数据传输，如 CPU 系统内部总线。

与并行通信不同的是，串行通信只有一根信号线，必须把需要传输的数据按照一定的数据格式按位顺序传输：发送时，发送设备进行 "并→串" 转换，把数据中每个字节的各个二进制位一位一位地先后发送出去；接收时，接收设备则进行相反的 "串→并" 转换，从单根数据线上一位一位地接收，重新拼成一个字节，如图 4-18b 所示。串行通信的优点是只需要一根或一对数据线，在远距离传输时可以显著降低线缆的成本，并且降低外界对通信的干扰。因此，串行通信方式主要用于长距离或需要抗干扰能力较强的数据传输场合，如计算机之间通信，或者计算机接口与外部设备（鼠标、键盘等）之间交互数据。

串行通信按照数据流的传输方式可以分为单工、半双工和全双工的通信方式，分别如图 4-18c 所示的上、中、下 3 个例子。在单工通信方式中，信号只能在单一通信链路上向同一个方向传输，任何时候都不能改变信号的传输方向（如电视信号）；在半双工通信方式中，信号可以双向传输，但必须在同一通信链路上交替进行，同一时刻只能向一个方向传输数据（如对讲机通话）；在全双工通信方式中，信号可以同时双向传输，因此数据的接收与发送分别由两条不同的通信链路来完成（如手机通信）。

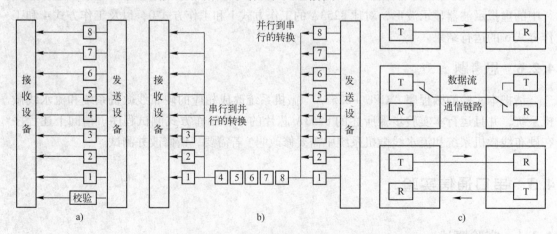

图 4-18　并行通信与串行通信的示意图

串行通信按照通信的时钟控制模式可以分为同步模式的通信和异步模式的通信。

同步通信模式下，要求发送设备与接收设备的时钟同步，即收发设备双方共用时钟CLK 信号。串行数据信息以连续的形式发送，每个时钟周期发送一位数据。数据信息间不留空隙。发送设备以一组字符组成一个数据块（信息帧），在每个数据块前用一串特定的二进制序列（称为同步字符）标识，接收设备检测到同步字符后开始接收数据块。同步通信速率可以达到同步时钟频率，传送效率高，但要求收发端共用时钟线，硬件比较复杂，适合近距离通信。

异步通信模式下，发送设备和接收设备有各自的时钟来确定发送和接收的速率，分别称为发送时钟 TxC 和接收时钟 RxC。由于双方的时钟可能会有偏差，所以异步模式的通信速率较低，传送一位数据需要 16、32 或 64 个 CLK 时钟周期，确保正确捕捉每一位数据的电平。此外，通信双方都以一个字符为单位发送或接收信息。由于每个字符出现的时间是随意的，所以字符前面必须加上同步位，后面加上分隔位，且双方必须约定字符格式、传输速率、时钟和校验方式等通信条件。异步通信速率低，传送的无效信息较多，但其硬件简单，只需要1 根或 1 对通信线，适合远距离通信。

Intel 8251A 是一个全双工通信方式的可编程串行接口芯片，可以工作在同步通信模式或异步通信模式下。8251A 芯片的内部结构如图 4-19 所示，主要由以下几个部件组成。

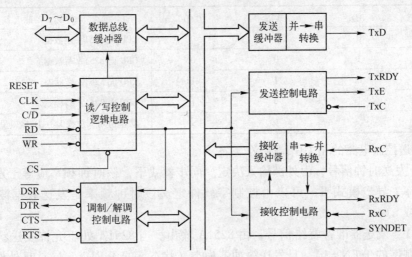

图 4-19　可编程串行接口芯片 8251A 结构图

- 数据总线缓冲器：8 位双向三态缓冲器，通过数据总线接口 $D_7 \sim D_0$ 与系统总线（BUS）连接。
- 发送器：包含发送缓冲器、发送移位寄存器（并→串转换）、发送控制电路。CPU 把待发送的并行数据存入发送缓冲器中，转变成串行数据后，由串行接口输出端 TxD 向外发送。
- 接收器：包括接收缓冲器、接收移位寄存器（串→并转换）及接收控制电路。串行接口输入端 RxD 收到的数据，转变成并行数据后，存放在接收缓冲器中供 CPU 读取。
- 读/写控制逻辑电路：用来接收 CPU 的控制信号，控制 8251A 数据/命令的传输方向。
- 调制/解调控制电路：用来提供 8251A 与电话调制解调器的应答联络信号。

（1）读/写控制逻辑电路的相关引脚定义

- RESET：复位信号，当该信号高电平时，8251A 内部寄存器处于复位状态，收发引脚均处于空闲状态，通常该信号与系统的复位线相连。
- CLK：时钟信号，用于产生 8251A 的内部时序。为了工作可靠，CLK 频率至少应是发送时钟（TxC）或接收时钟（RxC）的 30 倍（同步方式）或 4.5 倍（异步方式）。
- $\overline{\text{CS}}$：片选信号，决定 8251A 是否选中。必须先选中芯片，然后才能进行读/写操作。
- $\overline{\text{RD}}$：读信号，CPU 从 8251A 读取数据或状态字。
- $\overline{\text{WR}}$：写信号，CPU 向 8251A 写入数据或控制字。
- C/$\overline{\text{D}}$：控制/数据信号，判别数据总线上传输的是控制字还是与外设交换的数据。当该信号在高电平，传输的是命令、控制、状态等控制字；当该信号在低电平，传输的是数据。通常将此端与地址 A_0 位相连，即偶地址是 8251A 数据端口，奇地址是 8251A 控制端口。

上述片选及读/写信号的组合和功能如表 4-4 所示。

表 4-4　8251A 控制线功能

$\overline{\text{CS}}$	$\overline{\text{RD}}$	$\overline{\text{WR}}$	C/$\overline{\text{D}}$	功　能
0	0	1	0	CPU 从 8251A 读数据
0	1	0	0	CPU 向 8251A 写数据
0	0	1	1	CPU 向 8251A 读状态
0	1	0	1	CPU 向 8251A 写控制字
1	×	×	×	禁止访问，总线 $D_7 \sim D_0$ 接口呈现高阻态

（2）发送控制电路的相关引脚定义

- TxC：发送时钟信号，由外部输入决定。同步模式下，该时钟频率应等于发送数据的波特率。异步模式下，可以由控制字软件定义该时钟频率是发送数据波特率 ×1、×16 或 ×64。
- TxRDY：发送器准备就绪信号，由 8251A 输出。当 8251A 处于允许发送状态（即操作控制字的 TxEN = 1），且发送缓冲器为空（状态字的 TxRDY = 1），且外设可以接收数据（端口 $\overline{\text{CTS}}$ = 0）时，则 TxRDY 输出高电平，表明当前 8251A 已经作好了发送准备，CPU 可以往 8251A 传送一个数据。当传送结束后，TxRDY 输出线变为低电平，状态寄存器 D_0 位被复位。在中断方式下，TxRDY 可作为向 CPU 发出的中断请求信号；在查询方式下，从状态字的 D_0 位可以检测 TxRDY 状态。
- TxE：发送移位寄存器空信号。当 TxE = 0，表示发送移位寄存器已满；当 TxE = 1，发送移位寄存器空，表示传送完毕。CPU 可向 8251A 的发送缓冲器再写入数据。在查询方式下，从状态字的 D_2 位可以检测 TxE 状态。

（3）接收控制电路的相关引脚定义

- RxC：接收时钟信号，由外部输入。同步模式下，该时钟频率应等于波特率；异步模式下，该时钟频率可以是波特率的 1 倍、16 倍或 64 倍。

- RxRDY：接收器准备就绪信号，由 8251A 输出。RxRDY = 1 表示接收缓冲器已装入数据，通知 CPU 取走。当数据取走后，RxRDY = 0 表示接收缓冲器空。在中断方式下，RxRDY 可作为向 CPU 发出的中断请求信号，通知 CPU 取走数据；在查询方式下，从状态字的 D_1 位可以检测 RxRDY 状态。

- SYNDET：同步符号检测信号（仅用于同步模式），由 8251A 输出。该信号既可工作在输入状态也可工作在输出状态，SYNDET = 1 表示 8251A 检测到同步字符。

(4) 调制/解调控制电路的相关引脚定义（目前已较少用）

- $\overline{DTR}$：数据终端准备就绪信号，属于接收器，由 8251A 输出。$\overline{DTR}$ = 0 时，表示 8251A 已做好接收数据的准备，通知 modem 发送数据。该信号可用软件方法编程，设置操作控制字的 D_1 = 1，执行输出指令，使该信号输出低电平有效。

- DSR：数据装置准备就绪信号，属于接收器，由 modem 输入。信号 $\overline{DSR}$ 是对信号 $\overline{DTR}$ 的回应，表示 modem 已经准备好数据发送。可以通过读入状态字 D_7 位检测 $\overline{DSR}$ 状态。

- RTS：请求发送信号，属于发送器，8251A 输出。表示 8251A 已准备好发送字符。可用软件编程方法，设置操作控制字的 D_5 = 1，执行输出指令，使该信号输出低电平有效。

- CTS：允许发送信号，属于发送器，由 modem 输入。信号 $\overline{CTS}$ 是对信号 $\overline{RTS}$ 的回应，表示 modem 作好接收数据的准备。当 $\overline{CTS}$ = 0，且操作控制字的 TxEN = 1，且发送缓冲器已满（TxE = 0）时，8251A 才可发送数据。

8251A 芯片通信的数据格式标准遵循 RS-232C 标准，在同步通信模式（见图 4-20）中，发送设备输出的一帧数据以 1 或 2 个同步字符作为帧头，接收设备检测到帧头即开始接收后面的数据。异步通信模式（见图 4-21）则是以字符为传输单位，每个字符以起始位（0）开始，表示开始发送一个字节信息。每个字符都可以有 5~8 位待传输的数据位，低位 D0 在前，高位 D7 在后。收发双方事先约定每字符位数、有无校验位、奇校验还是偶校验，以及停止位（1）的位数（1、1.5、2 位）。停止位在字符的最后，用于向接收设备表示一个字节信息已经发送完。值得注意的是，异步通信中字符的出现是随机的，所以无字符传输或传输间隔时，通信线上必须保持 1 状态（即填充空闲位）。当下一个字符的起始位（0）出现的时候，从 1 到 0 的下降沿跳变会提示接收设备下一个字符起始位（0）的到来。

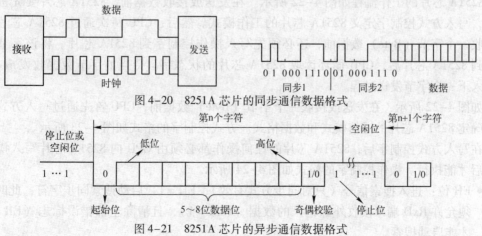

图 4-20　8251A 芯片的同步通信数据格式

图 4-21　8251A 芯片的异步通信数据格式

4.3.3 8251A 芯片的工作方式

8251A 芯片接收器的工作过程如下。

1）若操作控制字的 RxE = 1（允许接收）且 DTR = 1（接收数据准备就绪），接收控制电路开始监视接收器的 RxD 端口。

2）若在异步通信模式下，当 RxD 端口的电平由高电平变为低电平时，接收器认为一帧数据的起始位到来，开始接收数据，经过删除起始位和停止位，将数据逐位送入接收移位寄存器，转换成并行数据，放入接收数据缓冲器。

若在同步通信模式下，RxD 端口根据接收时钟同步采样数据，将其与程序设定的同步字符相比较，若不相等则丢弃数据，重复上述过程，直到与同步字符相等，则令 SYNDET = 1，表示已达到同步。然后，把 RxD 端口的数据逐位送入移位寄存器，组装成并行数据，放入接收数据缓冲器。

3）当接收数据缓冲器收到由外设传送来的数据后，8251A 置位端口 RxRDY = 1（接收准备就绪），通知 CPU 取走数据。

8251A 芯片发送器的工作过程如下。

1）若操作控制字的 TxEN = 1（允许发送）。发送控制电路接收 CPU 数据存入发送缓冲器。

2）发送缓冲器存入待发送的数据后，使引脚 TxRDY 变为低电平，表示发送缓冲器满。

3）当调制解调器做好接收数据的准备后，向 8251A 芯片输入一个低电平信号，使（低电平有效）引脚有效。

4）若在异步通信模式下，由发送器在待发生的每个字符首尾加上起始位及停止位，然后从起始位开始，经移位寄存器从 TxD 端口串行输出数据。

若在同步通信模式下，发送器将根据方式控制字（详见图 4-23）的设置自动送一个（单同步）或两个（双同步）同步字符，然后由移位寄存器从 TxD 端口串行输出数据。

5）待数据全部发送完毕，端口 TxE = 1 有效，通知 CPU 可向 8251A 芯片写入下一个数据。

8251A 芯片的工作流程如图 4-22 所示。在发送或接收数据前，8251A 芯片要先进行初始化，写入方式控制字定义 8251A 芯片的工作模式。然后，CPU 每次通过 8251A 芯片发送或接收一个字节（Byte）数据前，还必须先写入操作控制字到 8251A 芯片。将该字节数据输入到 8251A 芯片后，CPU 循环读取 8251A 芯片的状态字。待当前字节数据收发成功后，再转入下一个字节发送过程。

如图 4-22 所示，在发送或接收一个字节（Byte）数据前，CPU 首先通过写入方式控制字来确定 8251A 芯片的通信模式和数据格式。方式控制字的格式如图 4-23 所示。

在写入方式控制字后，8251A 芯片的任何操作都必须由 CPU 向 8251A 芯片写入操作控制字后才能执行。操作控制字的格式如图 4-24 所示。

- EH 位：进入搜索信号（只对同步方式有效），EH = 1，启动搜索同步字符；此时还必须允许 RxD 端口接收外部输入的数据（RxE = 1），且清除全部错误标志（ER = 1），才能启动搜索。

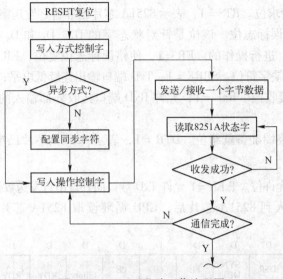

图 4-22　8251A 芯片工作流程图

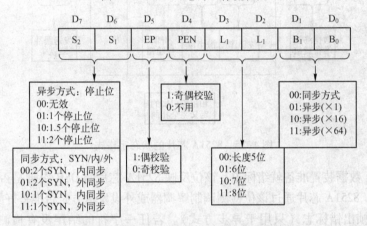

图 4-23　8251A 芯片的方式控制字格式

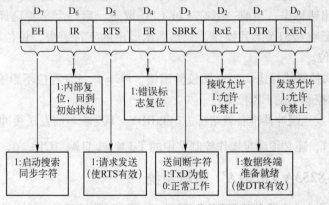

图 4-24　8251A 芯片的操作控制字格式

- IR 位：内部复位信号。IR =1，迫使 8251A 复位，使 8251A 回到接收工作方式控制字的状态。

- RTS 位：发送请求位。RTS = 1，表示 8251A 芯片已准备好发送字符；端口$\overline{\text{RTS}}$ = 0 有效。
- ER 位：清除错误标志位。该位是针对状态字的 D_3、D_4 和 D_5 位（分别表示奇偶错、帧错和溢出错）进行操作的。ER = 1，使错误标志位复位；ER = 0，不复位。
- SBRK 位：发断缺字符位。SBRK = 1，TxD 端口输出连续低电平；SBRK = 0，正常操作。
- RxE 位：允许接收位。RxE = 1，允许 RxD 端口接收外部输入的串行数据；RxE = 0 禁止接收。
- DTR 位：数据终端准备就绪位。DTR = 1，表示 8251A 芯片已准备好接收数据，令端口$\overline{\text{DTR}}$ = 0 有效。
- TxEN 位：发送允许位。TxEN = 1 允许 TxD 端口向外设串行发送数据；TxEN = 0 禁止发送。

将该字节数据输入到 8251A 芯片后，CPU 循环读取 8251A 芯片的状态字，其格式如图 4-25 所示。

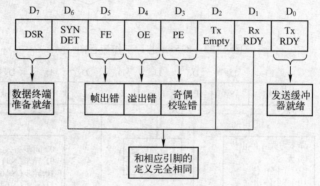

图 4-25 8251A 芯片的状态字格式

- DSR 位：数据装置准备就绪标志。该位反映 8251A 芯片的 DSR 引脚是否有效，若有效；DSR = 1。8251A 芯片通过该位检测调制解调器或外设发送方是否准备好要发送的数据。
- FE 位：帧出错标志（只用于异步方式）。若任一字符的结尾没有检测到规定的停止位，则 FE = 1，该位不影响 8251A 芯片操作，可以由操作控制字的 ER 位复位。
- OE 位：溢出错标志。当前一字符未被 CPU 取走，后一个字符已经到来，则 OE = 1，OE 置位不影响 8251A 芯片操作，只是提示溢出的字符丢失，该位可以由操作控制字的 ER 位复位。
- PE 位：奇偶校验错标志。当奇偶校验出错，PE = 1，PE 置位不影响 8251A 芯片工作，可以由操作控制字的 ER 位复位。
- TxRDY 位：发送缓冲器准备就绪标志。TxRDY = 1 反映当前发送缓冲器已空。除了标志位 TxRDY = 1，还必须满足操作控制字中的 TxEN = 1 且端口$\overline{\text{CTS}}$ = 0，才能使 TxRDY = 1。

4.3.4 "CPU + 8253A + 8251A" 微机系统

如图 4-26 所示，本实验的 "CPU + 8253A + 8251A" 微机系统电路与实验 4.1 的 "CPU + 8255A" 微机系统电路非常相似，都是把实验 3.1 的微程序 CPU 的 I/O 接口直接换成串行接口 8251A 应用电路和提供 8251A 收发所需时钟的定时器 8253A 应用电路（左下角），其他电路不变。

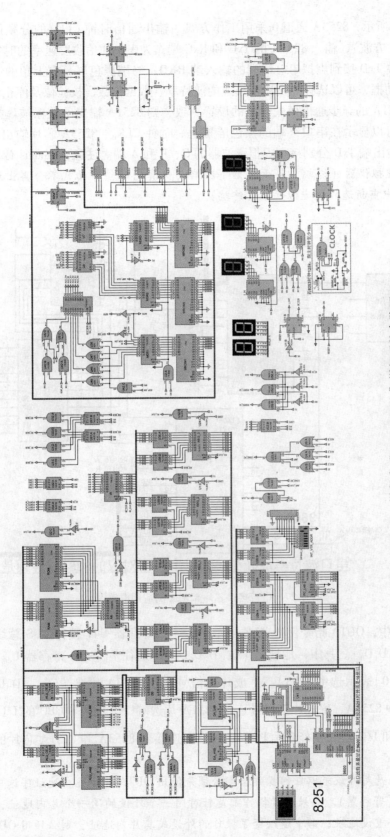

图4–26　微程序"CPU+8251A"微机系统电路图

如图 4-27 所示，8253A 通道 0 采用工作方式 3 输出通信时钟 CLK_0 的分频信号（本实验中是 9 600Hz 方波），输入 8251A 的 TxC 和 RxC 端作为串口通信收发速率的时钟基准。而 8251A 的输出端 TxD 接到虚拟串口终端的输入端 RXD，终端黑色屏幕右上角的绿色方块点击后将弹出浮动框，可以选择异步通信模式的波特率、数据位数、校验位及停止位。若虚拟串口终端与 8251A 的异步通信模式参数的设置一致，则 8251A 输出的数据被虚拟串口终端正确接收后，可以显示在串口终端的黑色屏幕上。时钟 CLK_0、8253A 芯片输出端 OUT_0 和 8251A 芯片的输出端 TxD 分别接在虚拟示波器的 C、B 和 A 端。**注意**，Proteus 仿真运行的过程中，若关掉虚拟仪器（终端）界面，则下次启动仿真的时候界面就不会再出现，需要在"Debug"菜单中重新选择该虚拟仪器（终端）。

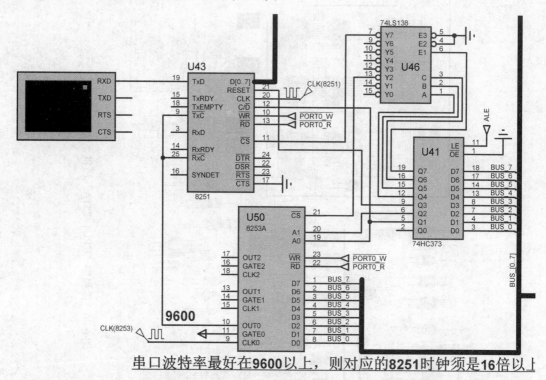

图 4-27　串行接口芯片 8251A 的应用电路图

在图 4-27 中，OUTA 指令使能 ALE = 1，74LS373 寄存器 U41 锁存 BUS 总线中的地址 $[D_7D_6D_5D_4D_3D_2D_1D_0]$。其中，地址高 4 位 $[D_7D_6D_5D_4]$ 送往 74LS138 寄存器 U_{46} 译码。$[D_7D_6D_5D_4]=[1010]$ 表示选中 8253A，生成片选信号连到 8253A 片选端 $\overline{CS}$；$[D_7D_6D_5D_4]=[1111]$ 表示选中 8251A，生成片选信号连到 8251A 片选端 $\overline{CS}$。此外，CPU 的 I/O 输出使能信号 $\overline{RORT0\_W}$ 和 I/O 输入使能信号 $\overline{PORT0\_R}$ 分别连接到 8253A 和 8251A 芯片的 $\overline{WR}$ 和 $\overline{RD}$ 端口。

注意： 无论是对外设采取任何操作，都必须先使用 OUTA 指令输出地址字选中指定外设及其片内地址（寄存器）。如果后续操作都是针对同一个外设的同一个片内地址，则无须再使用 OUTA 指令重设地址；若中途改变了操作的外设或其片内地址，则必须用 OUTA 指令重定位地址。此外，在8251A串口通信过程中，若改变了通信模式参数（如波特率、数据位数、校验位及停止位），则必须再次进行初始化，向8251A重新写入方式控制字。

4.3.5 实验步骤

1）8251A数据发送测试程序UART_TX. asm存放在实验4.3项目的test子文件夹里，其功能实现了CPU从8251A芯片的串行通信接口自动发送一段ASCII码字符序列"HELLO!"，并且在外接的虚拟串口终端屏幕上显示。具体代码如下所示。

```
ORG  0000H
     DB  00010000B;JMP 08H
     DB  00001000B;
     DB  01001000B;48H 'H'
     DB  01000101B;45H 'E'

     DB  01001100B;4CH 'L'
     DB  01001100B;4CH 'L'
     DB  01001111B;4FH 'O'
     DB  00100001B;21H '!'

     DB  00111100B;SET R3,01H        ;R3 用来检测 8253 状态字
     DB  00000001B;
     DB  00111000B;SET R2,02H        ;R2 用以记录发送字符地址
     DB  00000010B;   发送字符地址初始化 [02H]

     DB  00110000B;SET R0,06H        ;R0 用作待发送字符的计数器
     DB  00000110B;   总共 6 个数据
;    8253A 计数器设置
     DB  00110100B;SET R1,A6H        ;R1 用于外设端口读/写
     DB  10100110B;   8253A 地址[1010xxxxH]    控制口 A1A0 =11

     DB  01010110B;OUTA R1,PORT0     ;选择 8253A 的控制寄存器[10H]
     DB  00110100B;SET R1,16H        ;控制字
     DB  00010110B;   选计数器 0/只读写低 8 位数据/工作方式 3（方波）/二进制
     DB  01010100B;OUT R1,PORT0      ;输入 8253A 控制字后 OUT 端应该拉高

     DB  00110100B;SET R1,A0H        ;把 0 通道计数寄存器地址打入 R1
     DB  10100000B;   8253A 地址[1010xxxxH]    控制口 A1A0 =00
     DB  01010110B;OUTA R1,PORT0     ;选择 8253A 的 0 通道计数寄存器
     DB  00110100B;SET R1,0DH        ;计数初始值 N =13

     DB  00001101B;   CLK =125KHZ,计数时长 8us ×13 =104us,输出 9 600HZ 方波
     DB  01010100B;OUT R1,PORT0      ;输入初始值 N,做 N 个 CLK 周期循环方波
     DB  00000001B; HLT              ;8253A 芯片配置结束,观测示波器界面波形
```

```
;    8251A 串口设置
     DB   00110100B;SET R1,F8H          ;8251A 芯片复位

     DB   11111000B;     8251A 地址[1111xxxxH]   RESET=1
     DB   01010110B;OUTA R1,PORT0        ;选择 8251A 的端口
     DB   00110100B;SET R1,F2H           ;8251
     DB   11110010B;     8251A 地址[1111xxxxH]   控制字

     DB   01010110B;OUTA R1,PORT0        ;选择 8251A  控制字状态工作[20H]
     DB   00110100B;SET R1,4DH           ;方式控制字
     DB   01001101B;     1 个停止位/无校验/数据 8 位/异步 x1
     DB   01010100B;OUT R1,PORT0         ;输入 8251A 方式控制字

;若循环发送下一个字符,则跳转到此处
     DB   00110100B;SET R1,15H           ;操作控制字
     DB   00010101B;     清出错标志/接收允许/发送允许
     DB   01010100B;OUT R1,PORT0         ;输入 8251A 操作控制字
     DB   00110100B;SET R1,F0H           ;8251A

     DB   11110000B;        8251A 地址[1111xxxxH]    数据
     DB   01010110B;OUTA R1,PORT0        ;选择 8251A  数据状态工作
     DB   10000110B;POP R1,[R2]          ;把待发送数据从堆栈弹出,赋值 R1
     DB   00101000B;INC R2               ;堆栈指针 +1

     DB   01010100B;OUT R1,PORT0         ;输入 8251A 数据
     DB   00110100B;SET R1,F2H           ;8251
     DB   11110010B;        8251A 地址[1111xxxxH]    控制字
     DB   01010110B;OUTA R1,PORT0        ;选择 8251A  控制字状态工作

     DB   01000100B;IN R1,PORT0          ;读取 8251A 状态字[30H]
     DB   11100111B;AND R1,R3            ;检测状态字最后一位,为 1 发送成功,为 0 则失败
     DB   00011000B;JZ 30H               ;发射尚未成功,继续循环读取 8251A 状态字检测
     DB   00110000B;

     DB   00100001B;DEC R0               ;待发送字符计数器递减" -1"
     DB   00000000B;NOP                  ;断点:单个字符发送完成后观察串口输出
     DB   00011000B;JZ 3AH               ;待发送字符计数器为 0,结束发送
     DB   00111010B;

     DB   00010000B;JMP 24H              ;状态字检测发送成功,继续发送下一个字符
     DB   00100100B;
     DB   00000001B;HLT                  ;程序结束
     END
```

2）编译、烧写、自动运行上述 UART_TX. asm 源程序，在程序自动运行过程中观察虚拟串口终端屏幕的显示（注：程序编译、烧写、初始化、自动运行以及跳出断点的方法，请参见"3.1.11 实验步骤中实验 1 的相关内容"）。

3）自行设计所要发送的字符序列，修改并自动执行 UART_TX. asm 源程序。在运行过程中观察虚拟串口终端屏幕的显示。

4）若需要把本实验改成 8251A 接收数据测试实验，请问硬件电路和程序应该怎么修改？

4.3.6 思考题

请把本实验的微程序"CPU + 8253A + 8251A"微机系统改成相应的硬布线微机系统和流水线微机系统，并且运行本实验的 8251A 发送数据测试程序。请问上述程序在硬布线微机系统流水线微机系统中需要修改吗？若需要，请修改并测试。

4.4 模 – 数转换实验

4.4.1 实验概述

本实验的主要内容是理解 A – D 转换器 ADC0809 的特征和工作原理，掌握使用 ADC0809 芯片进行模拟数据采集和模 – 数转换的方法。本实验将构建一个"CPU + ADC0809"微型计算机系统及编程相应的机器语言程序，实现通过 ADC0809 芯片对输入的模拟电压进行采集，并转换成相应的 8 位字节数据的功能。该模 – 数转换结果以 LED 形式显示。

4.4.2 ADC0809 芯片的结构及工作方式

A – D 转换器（Analog Digital Converter，模 – 数转换器）是外部模拟世界与数字计算机系统之间的桥梁，其任务是将连续变化的模拟信号转换为离散的数字信号，方便计算机进行处理、存储和显示。ADC0809 是应用比较广泛的 A – D 转换芯片之一，其结构图如图 4-28 所示。其内部结构包括了 8 个模拟量输入通道，选择通道的地址锁存器与译码逻辑，逐次逼近原理的 8 位 A – D 转换 COMS 部件（CLK 端口提供时序，REF 端提供参考电压），以及 8 位数字量输出锁存缓冲器。

ADC0809 没有控制字，直接控制引脚电平高低来实现 A – D 转换功能，其引脚定义如下。

- $IN_7 \sim IN_0$：8 个模拟量通道的输入端口，电压范围 0 ~ 5 V，线性误差 1LSB（数字输出最低位）。
- ADD[A,B,C]：模拟量通道的地址选择端口，经过 3 – 8 译码器选择通道 $IN_0 \sim FN_7$ 中的任意一个。
- ALE：地址锁存允许端口，作用是把外部输入的通道地址码 ADD[A,B,C]锁存。
- CLK：A – D 部件转换时钟端口。
- START：启动 A – D 转换端口，置高电平是启动模数转换过程。

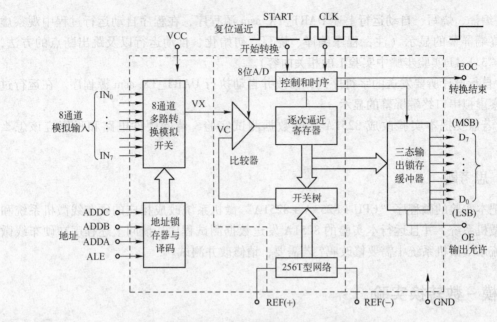

图 4-28　A-D 转换芯片 ADC0809 结构图

- EOC：转换结束端口，模数转换过程结束后置高电平，该信号可用作转换结束后的中断请求。
- OE：输出允许端口，置高电平时，从 8 位锁存缓冲器中输出转换后的数字量到 $D_0 \sim D_7$ 端口。
- $D_7 \sim D_0$：8 位数字量三态输出端口，当输出允许信号 OE = 0 时，$D_0 \sim D_7$ 端口呈现高阻抗。
- VREF +/−：参考电压输入端口，需满足 VREF +> VREF −；VREF + 接 +5 V，VREF − 接地或 −5 V。

ADC0809 从输入模拟电压 U 转成数字量 N 的公式如下。

N = [U − (VREF −)]/[(VREF +) − (VREF −)] × 2^8；若 VREF − 接地，则 N = U/(VREF +) × 2^8。

此外，数字量 N 的精度是 1LSB，LSB 是 8 位数字输出端的最小分辨率（即最低位），LSB = [(VREF +) − (VREF −)]/2^8；若 VREF − 接地（0 V），VREF + 接 +5 V，则 1LSB = 0.019 V。

ADC0809 的工作时序如图 4-29 所示。模拟输入通道的选择可以相对于模-数转换过程独立地进行（但不能在模-数转换过程中间进行）。当通道选择地址 ADD[A,B,C] 有效时，地址锁存允许信号 ALE = 1 立即锁存通道地址。转换启动信号 START 紧随 ALE 之后（或与 ALE 同时）出现，其上升沿逐次逼近寄存器 SAR 复位，在上升沿之后的 2 μs 和 8 个时钟周期内，EOC 信号置低电平，以指示转换正在进行中。直到转换完成后，转换结束信号 EOC 再变高电平。CPU 收到信号 EOC = 1 后，应立即送出输出允许信号 OE = 1，读取转换后的数字结果。

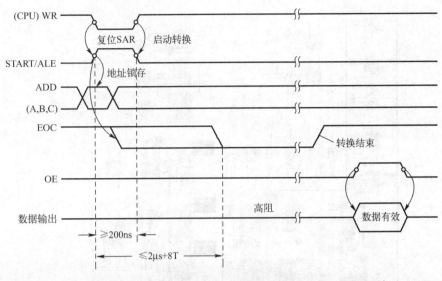

图 4-29　A-D 转换芯片 ADC0809 工作时序图

4.4.3 "CPU + ADC0809" 微机系统

如图 4-30 所示，本实验的 "CPU + ADC0809" 微机系统电路与实验 4.1 的 "CPU + 8255A" 微机系统电路非常相似，唯一不同的是本实验把实验 3.1 的微程序 CPU 的 I/O 接口换成了 ADC0809 应用电路（左下角），其余电路不变。如图 4-31 所示，ADC0809 芯片 U51 和 74LS273 寄存器 U50 作为两个外设，都挂在总线 BUS 上。ADC0809 的通道 1 从外接的分压电阻上输入一个 [0,5 V] 范围内的模拟电压，分压电阻上并接一个虚拟电压表显示输入的电压值。74LS273 寄存器 U51 外接 8 位 LED 灯，可以锁存显示总线 BUS 上的 8 位数据。

如图 4-31 所示，OUTA 指令使能 ALE = 1，74LS373 锁存器 U_{41} 把 BUS 总线上的地址 $[D_7 D_6 D_5 D_4 D_3 D_2 D_1 D_0]$ 锁存。其中，地址高 4 位 $[D_7 D_6 D_5 D_4]$ 送往 74LS138 寄存器 U_{46} 译码。$[D_7 D_6 D_5 D_4] = [1000]$ 表示选中 74LS273 寄存器 U_{50}，当 CPU 的 I/O 输出使能信号 $\overline{RORT0\_W} = 0$ 有效时，74LS273 锁存总线 BUS 上的数据，并且通过 8 位 LED 灯显示。同样的，$[D_7 D_6 D_5 D_4] = [1110]$ 表示选中 ADC0809 芯片 U51。地址低 4 位中的 $[D_3, D_2, D_1]$ 表示选择 ADC0809 模/数转换通道 $[C, B, A]$。当 CPU 的 I/O 输出使能信号 $\overline{RORT0\_W} = 0$ 有效时，启动 ADC0809 进行模/数转换（START = 1 且 ALE = 1），而 I/O 输入使能信号 $\overline{PORT0\_R} = 0$ 有效的时候，则是从 ADC0809 芯片的数据输出端 $OUT_1 \sim OUT_8$ 读取转换后的 8 位数据（OE = 1）。

值得注意的是，ADC0809 的数据输出端 $OUT_8 - OUT_1$ 的大小端定义与总线 BUS 正好相反：OUT_8 是最小端，OUT_1 是最大端。所以，$OUT_8 - OUT_1$ 连接到总线 BUS 的数字顺序是相反的，如图 4-31 所示。此外，因为 ADC0809 芯片是逐次逼近型原理的 A-D 转换芯片，不断地与变化的电阻矩阵比较需要一定的时间。所以，如果要求 ADC0809 启动模-数转换后（OUT 指令）相邻下一条指令马上读出转换结果（IN 指令），则 ADC0809 的时钟信号 AD-CLK 至少应是 CPU 时钟 CLK 的 20 倍以上。

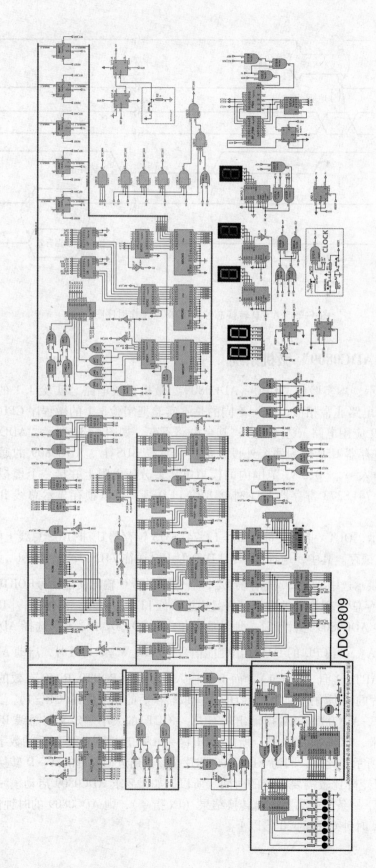

图4-30 微程序 "CPU+ADC0809" 微机系统电路图

ADC0809

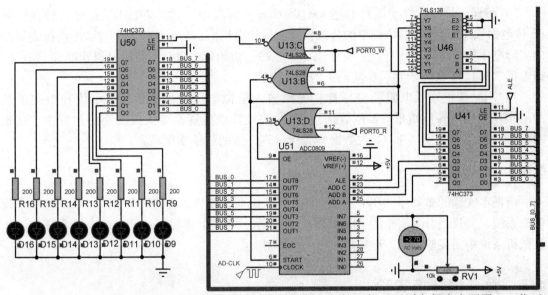

ADC0809的时钟必须是主频的20倍，否则在程序中要用NOP作延

图 4-31　A – D 转换器 ADC0809 应用电路图

4.4.4　实验步骤

1）ADC0809 测试程序 test_0809. asm 存放在实验 4.4 项目的 test 子文件夹里，其功能是 CPU 设置并启动 ADC0809 芯片，把 ADC0809 通道 A 输入的模拟电压转换成一个 8 位字节数据（该数据与输入模拟电压线性相关），并且锁存到 8 位 LED 灯显示。具体代码如下所示。

```
ORG  0000H
     DB   00110000B;SET R0,E2H      ;设置 ADC0809(地址[1110xxxx])的通道 A
     DB   11100010B
     DB   00110100B;SET R1,80H      ;设置 373 锁存器,地址[1000xxxx]
     DB   10000000B

     DB   00000001B;HLT
     DB   01010010B;OUTA R0,PORT0   ;选择 0809 通道 A
     DB   01010000B;OUT R0,PORT0    ;输出 R0 只是为了触发 0809 写信号
     DB   01001000B;IN R2,PORT0     ;保存 ADC 转换的结果
     ;注意:ADC0809 时钟 ADCLK 至少是 CPU 时钟 CLK 的 20 倍,才能保证此处 OUT 和
     IN 指令间 ADC 转换完成,否则要填充 NOP

     DB   01010110B;OUTA R1,PORT0   ;选择 373 锁存器
     DB   01011000B;OUT R2,PORT0    ;ADC 转换结果锁存 373 显示
     DB   00010000B;JMP 04H
     DB   00000100B;
     END
```

2）编译、烧写、自动运行上述 test_0809. asm 源程序，观察 74LS373 锁存的转换结果（8 位数据），通过本实验中列举的公式换算成理论电压值，与分压电阻上并联的电压表显示的实际电压数值进行对比（注：程序编译、烧写、初始化、自动运行以及跳出断点的方法，请参见"3.1.11 实验步骤"中实验 1 的相关内容）。

3）不断调整分压电阻的分压比，观测输入模拟电压的最大值、最小值和中间值的 ADC0809 输出的转换结果（8 位数据）；在输入模拟电压逐渐变大或变小的过程中，观察 ADC0809 输出的转换结果（8 位数据）是否呈现一致的线性变化趋势。

4.4.5　思考题

请把本实验的微程序"CPU + ADC0809"微机系统改成相应的硬布线微机系统和流水线微机系统，并且运行本实验的 ADC0809 测试程序。请问上述程序在硬布线微机系统和流水线微机系统中需要修改吗？若需要，请修改并测试。

4.5　数 – 模转换实验

4.5.1　实验概述

本实验的主要内容是理解 D – A 转换器 DAC0832 的基本原理，掌握 CPU 使用 DAC0832 芯片进行数 – 模转换的程序设计。本实验将构建一个"CPU + DAC0832"微型计算机系统，实现通过 DAC0832 芯片把输入的 8 位字节数据转换成对应的模拟电压输出的功能。

4.5.2　DAC0832 芯片的结构及工作方式

与 A – D 转换器类似，D – A 转换器（Digital Analog Converter，数 – 模转换器）也是数字计算机系统与外部模拟世界之间的桥梁，其主要功能是将离散的数字量转换为连续的模拟信号输出。DAC0832 是应用比较广泛的 D – A 转换芯片之一，其结构图如图 4-32 所示。其内部结构包括两级 8 位寄存器（前级的输入寄存器和后级的 DAC 寄存器）和 8 位 D – A 转换器。两级寄存器结构使 DAC0832 芯片具备单缓冲和双缓冲的不同工作方式。此外，DAC0832 是电流输出型转换器，使用时必须在差分电流输出端口 $IOUT_1$ 和 $IOUT_2$ 接运算放大器才能输出模拟电压。

DAC0832 没有控制字，直接控制引脚电平高低来实现 D – A 转换功能，其引脚定义如下。

- $DI_7 \sim DI_0$：数字量输入信号，输入范围是 0 ~ 255。
- ILE：输入锁存允许信号，高电平有效。
- $\overline{CS}$：片选信号，低电平有效。
- $\overline{WR_1}$：DAC 寄存器写信号，低电平有效。
- $\overline{XFER}$：转换控制信号，低电平有效。
- $\overline{WR_2}$：DAC 寄存器写信号，低电平有效。
- VCC：芯片电源电压，范围是 +5 V ~ +15 V。

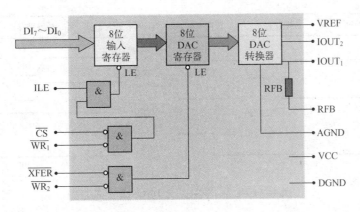

图 4-32 D - A 转换芯片 DAC0832 结构图

- VREF：基准电压，外接高精度电压源，芯片内电阻网络连接，范围是 – 10 V ~ + 10 V。
- RFB：反馈电阻引出端，内部有固化的反馈电阻 RFB（15 kΩ），该端口可接运算放大器输出端。
- GND：分为模拟信号地（AGND，引脚 3）和数字信号地（DGND，引脚 10），在 Proteus 虚拟仿真环境中没有区分模拟地和数字地，但是实际系统中两个地必须分开，仅有一个共地点，从避免串扰。
- $IOUT_1/IOUT_2$：模拟电流差分输出端，当数字量输入端 $[DI_7, DI_0]$ 全 0 的时候，输出电流为 0；$[DI_7, DI_0]$ 全 1 的时候，输出电流最大，约为 255VREF/256RFB。

DAC0832 利用上述控制信号可以构成两种不同的工作方式：单缓冲方式和双缓冲方式。单缓冲方式的特征是两级寄存器之一始终处于直通，而另一个寄存器处于锁存状态。如图 4-33 所示的电路图中，因为信号 ILE 恒定为 1，所以片选信号 $\overline{CS}$ = 0 选中 DAC0832 后，写信号 $\overline{WR_1}$ = 0 令输入寄存器 LE = 1，寄存器的输出随输入变化，即直通状态。当 $\overline{WR_1}$ 变为高电平时，其上升沿跳变，同时 LE = 0，端口 $DI_7 \sim DI_0$ 的输入数据被锁存在输入寄存器（工作原理与 74LS373 类似）。然后，因为信号 $\overline{WR_2}$ = 0 且 $\overline{XFER}$ = 0，所以 DAC 寄存器的 LE = 1，输出随输入变化，即直通状态。$DI_7 \sim DI_0$ 的输入数据稳定送往 D - A 转换器变成模拟电流，再经运放转化为模拟电压输出。图 4-33 所对应的 DAC0832 单缓冲方式时序图如图 4-34a 所示。

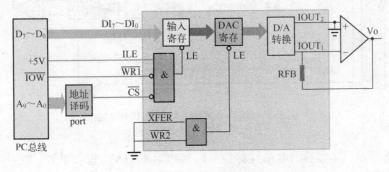

图 4-33 单缓冲方式的 DAC0832 电路图

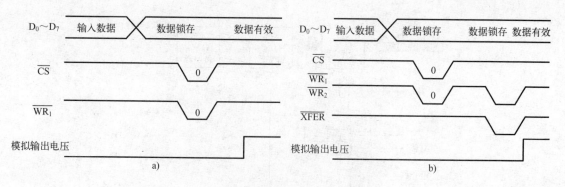

图 4-34　D - A 转换芯片 DAC0832 的时序图

　　DAC0832 的双缓冲方式的特点是两级寄存器均处于锁存状态，其时序图如图 4-34（b）所示。两级寄存器的写信号$\overline{WR_1}$和$\overline{WR_2}$连接在一起，当片选信号$\overline{CS}$ = 0 选中 DAC0832 之后，两级寄存器同时写入。因为转换控制信号$\overline{XFER}$ = 1 无效，所以只有输入寄存器锁存了端口 $DI_7 \sim DI_0$ 的输入数据。待到$\overline{XFER}$ = 0 有效时刻，两级寄存器再次写入，此时，因为片选信号$\overline{CS}$ = 1 无效，所以输入寄存器的输出不变，并且把输出的数据再次锁存到 DAC 寄存器，稳定送往 D/A 转换器变成模拟电流，经运放转化为模拟电压输出。DAC0832 的双缓冲方式主要用于需要多路 DAC0832 芯片同时输出模拟信号的场合，如图 4-35 所示。CPU 分别锁存特定的数据到各个 DAC0832 芯片的输入寄存器中，然后令所有 DAC0832 的$\overline{XFER}$端和$\overline{WR_1}$（$\overline{WR_2}$）端同时加载一个负脉冲，在该脉冲后沿（上升沿），各个 DAC0832 芯片把各自输入寄存器锁的数据送往 D - A 转换，实现多路 DAC0832 芯片同时转换输出模拟电压的功能。

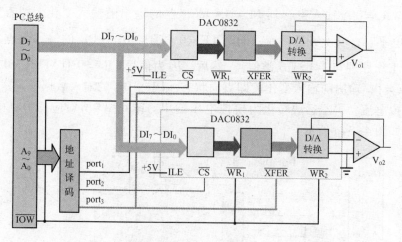

图 4-35　双缓冲方式的 DAC0832 应用电路图

　　如图 4-36 所示，本实验的电路与实验 4.1 "CPU + 8255A" 非常相似，唯一不同的是把实验 3.1 的微程序 CPU 的 I/O 接口换成了 DAC0832 应用电路（左下角），其余电路不变。

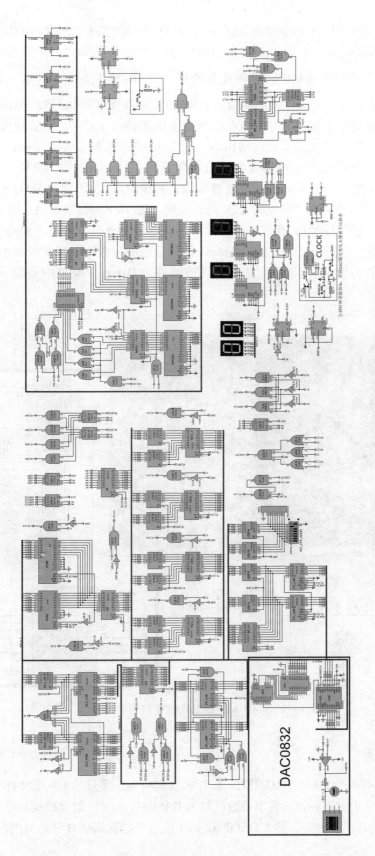

图4-36 微程序 "CPU+DAC0832" 微机系统电路图

如图 4-37 所示，OUTA 指令使能 ALE = 1，74LS373 锁存器 U_{41} 锁存 BUS 总线上的地址 $[D_7 D_6 D_5 D_4 D_3 D_2 D_1 D_0]$。$[D_7 D_6 D_5 D_4]$ = $[1011]$ 表示选中 DAC0832，生成的片选信号直接连到 DAC0832 芯片的片选端 $\overline{CS}$。值得注意的是，DAC0832 只能写入待数-模转换的数据，没有读出功能，CPU 的 I/O 输出使能信号 $\overline{RORT0\_W}$ 连接到 DAC0832 芯片的 WR 端口。DAC0832 的差分电流输出端口 IOUT$_1$/IOUT$_2$ 外接双电压轨（±12 V）运算放大器 LM324，而且反馈电阻引出端 RFB 接该运放的输出端。因为 DAC0832 的参考电压端口 VREF 接模拟电压 +5 V，所以该运放电路输出端的模拟电压范围是 $[0, -5\text{ V}]$。LM324 的输出端外接虚拟示波器的 A 端和一个虚拟电压表（显示输出的模拟电压）。因为 DAC0832 的数/模转换频率由 CPU 的主频决定，所以若 CLK 时钟较慢（如 10 Hz），则虚拟示波器 A 端需要选择 DC（直流）电压显示模式和选择最大（200 ms）时间分辨率才能看到输出的模拟电压幅值变化，如图 4-37 所示。（注意，Proteus 仿真运行的过程中，若关掉虚拟仪器界面，则下次启动仿真的时候界面就不会再出现，需要在"Debug"菜单中重新选择该虚拟仪器。）

图 4-37　D-A 转换器 DAC0832 应用电路图

4.5.3　实验步骤

1）DAC0832 测试程序 test_DAC0832. asm 存放在实验 4.5 项目的 test 子文件夹里，其功能是 CPU 通过总线 BUS 不断把 8 位字节数据输入 DAC0832 芯片，转换成模拟电压从外接的运放电路输出。值得注意的是，输入 DAC0832 的 8 位字节数据从 00H 开始递增，直到溢出。

而 DAC0832 输出的模拟电压则是从 0 V 递减到 −5 V，其绝对值与输入数据线性相关，极性则相反（电压极性由 DAC0832 参考电压端 VREF 和外接运放决定）。具体代码如下所示。

```
ORG   0000H
      DB    00110000B;SET R0,B0H        ;把 DCA0832 地址[1011xxxx]写入 R0
      DB    10110000B
      DB    01010010B;  OUTA R0,PORT0   ;选择 DCA0832
      DB    00110100B;  SET R1,0        ;R1 初始值是 0

      DB    00000000B
      DB    01010100B;OUT R1,PORT0      ;输出 R1
      DB    00100100B;INC R1            ;R1 递增"+1"
      DB    00010100B;JC 0BH            ;若 R1 溢出,则跳到程序结束处

      DB    00001011B
      DB    00010000B;JMP 05H           ;跳到[05H],循环输出 R1
      DB    00000101B
      DB    00000001B;HLT
END
```

2）编译、烧写、自动运行上述 test_DAC0832. asm 源程序，观察分压电阻上并接的虚拟电压表显示的数值和虚拟示波器显示的 A 端波形。（注：程序编译、烧写、初始化、自动运行以及跳出断点的方法，请参见"3.1.11 实验步骤"中实验 1 的相关内容）。

3）可否修改程序 test_DAC0832. asm，通过运放输出周期性的锯齿波电压信号？（提示：DAC0832 输入的数据先递增，再递减，重复循环。）

4.5.4 思考题

请把本实验的微程序"CPU + DAC0832"微机系统改成相应的硬布线微机系统和流水线微机系统，并且运行本实验的 DAC0832 测试程序。请问上述程序在硬布线微机系统和流水线微机系统中需要修改吗？若需要，请修改并测试。

4.6 液晶屏显示实验

4.6.1 实验概述

本实验的主要内容是了解字符型液晶显示屏 LCD1602 的基本工作原理，掌握 CPU 控制 LCD1602 输出显示文本内容的方法。本实验将构建"CPU + LCD"微型计算机系统，实现通过字符型液晶屏 LCD1602 显示英文字符、标点符号和数字的功能。

4.6.2 LCD1602 液晶芯片的结构

液晶显示（Liquid Crystal Display, LCD）的原理是利用液晶的物理特性，通过显示屏上

的电极电压控制液晶分子状态来达到显示目的，在显示区域展现数字、专用符号或图形。液晶显示器具有厚度薄、功耗低、显示质量高、适用于数字电路直接驱动的特点，目前已经被广泛应用在 PC、手机、家电等众多领域。

液晶显示的分类方法有很多，通常可以按照显示的色彩分为黑白显示、灰度显示和彩色显示；也可以按照显示方式分为段式显示、字符式显示和点阵式显示。本实验所用的是字符型液晶屏 LCD1602，其显示区域分为两行，每行 16 个点阵式字符位，总共由 16×2 个字符位组成（1602 的命名含义），如图 4-38（a）所示。两行之间及每行的相邻字符位之间都有一个点距的间隔，起到字符间距和行间距的作用。因此，字符型 LCD1602 只能显示单个字符，不能显示图形。如图 4-38（b）所示，每个字符位由 5×7 个液晶点组成，液晶点"■"表示被点亮，代表二进制"1"；液晶点"○"表示没亮，代表二进制"0"。因此，字符位显示的"A"——对应左边所示的 5×7 二进制位数列，该数列称为字符"A"的字模。反之，在 LCD1602 的某个字符位输入"A"的字模，就可以在字符位上显示"A"的图形。

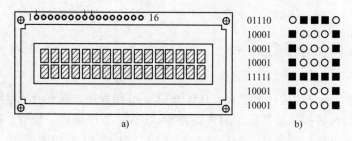

图 4-38　LCD1602 显示屏示意图

LCD1602 内部使用的是 HD44780 控制器，其中总共有三个存储器：CGROM（Character Generator ROM）、CGRAM（Character Generator RAM）和 DDRAM（Display Data RAM）。其中 CGROM 和 CGRAM 是字模存储器，存放了所有 LCD1602 可以显示的字符相对应的字模，如图 4-39 所示。不同的是，CGROM 是只读存储器，在芯片出厂就固化了 192 个常用字符（包括大小写英文、数字、标点符号及片假名）的字模；而 CGRAM 是可读写存储器，允许用户自定义 8 个字符的字模（注意，由于命令字的关系，字模寄存器地址［xxxx0000］和［xxxx1000］是同一个自定义字符）。

DDRAM 寄存器是显示数据 RAM，用来寄存待显示字符的字模地址，相当于计算机的显存。若要在 LCD1602 屏幕上显示上述字符，则只需要把该字符在字模寄存器中的 8 位地址（如图 4-39 所示）送入 DDRAM，即可调用该字符的字模在屏幕上显示（注意，CGROM 内固化的常用字符的字模地址与基本/扩展 ASCII 码保持一致）。DDRAM 寄存器地址与 LCD1602 显示屏的对应关系，则如图 4-40 所示。

值得注意的是，图 4-40 中列举的 DDRAM 地址是逻辑地址。因为在向 LCD1602 写入数据的时候，数据格式的最高位恒为 1，所以 DDRAM 的实际地址 = 逻辑地址 + 80H。例如，LCD1602 屏幕第二行第一个字符的逻辑地址是 40H，而 DDRAM 实际地址为：

01000000B(40H) + 10000000B(80H) = 11000000B(C0H)

Lower 4PMS \ Upper 4 Bts		0000	0001	0010	0011	0100	0101	0110	0111	1000	1001	1010	1011	1100	1101	1110	1111
xxxx0000	CG RAM (1)				0	@	P	`	p				―	タ	ミ	α	p
xxxx0001	(2)			!	1	A	Q	a	q			。	ア	チ	ム	ä	q
xxxx0010	(3)			"	2	B	R	b	r			「	イ	ツ	メ	β	θ
xxxx0011	(4)			#	3	C	S	c	s			」	ウ	テ	モ	ε	∞
xxxx0100	(5)			$	4	D	T	d	t			、	エ	ト	ヤ	μ	Ω
xxxx0101	(6)			%	5	E	U	e	u			・	オ	ナ	ユ	σ	ü
xxxx0110	(7)			&	6	F	V	f	v			ヲ	カ	ニ	ヨ	ρ	Σ
xxxx0111	(8)			'	7	G	W	g	w			ア	キ	ヌ	ラ	g	π
xxxx1000	(1)			(	8	H	X	h	x			ィ	ク	ネ	リ	√	x̄
xxxx1001	(2)			)	9	I	Y	i	y			ゥ	ケ	ノ	ル	˙	y
xxxx1010	(3)			*	:	J	Z	j	z			エ	コ	ハ	レ	j	千
xxxx1011	(4)			+	;	K	[	k	{			オ	サ	ヒ	ロ	×	万
xxxx1100	(5)			,	<	L	¥	l	|			ャ	シ	フ	ワ	¢	円
xxxx1101	(6)			―	=	M	]	m	}			ュ	ス	ヘ	ン	ŧ	÷
xxxx1110	(7)			.	>	N	^	n	→			ョ	セ	ホ	゛	ñ	
xxxx1111	(8)			/	?	O	_	o	←			ッ	ソ	マ	゜	ö	█

图 4-39 LCD1602 的字模寄存器内容

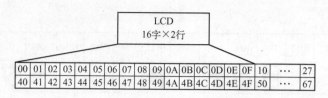

<table>
<tr><td>00</td><td>01</td><td>02</td><td>03</td><td>04</td><td>05</td><td>06</td><td>07</td><td>08</td><td>09</td><td>0A</td><td>0B</td><td>0C</td><td>0D</td><td>0E</td><td>0F</td><td>10</td><td>···</td><td>27</td></tr>
<tr><td>40</td><td>41</td><td>42</td><td>43</td><td>44</td><td>45</td><td>46</td><td>47</td><td>48</td><td>49</td><td>4A</td><td>4B</td><td>4C</td><td>4D</td><td>4E</td><td>4F</td><td>50</td><td>···</td><td>67</td></tr>
</table>

图 4-40   DDRAM 寄存器地址与 LCD1602 显示屏的对应图

因此，LCD1602 显示屏上第一行的内容默认对应 DDRAM 地址[80~8FH]，第二行的内容默认对应 DDRAM 地址 [C0~CFH]。而图中 DDRAM 地址段[90~A7H]和[D0~E7H]的内容是不会默认显示在显示屏上的，需要在程序中利用光标或显示移动命令滚动显示屏，才能使上述隐藏内容被滚动显示出来。

如前述图 4-38a 所示，LCD1602 显示屏上方有一排 16 个引脚，其功能如表 4-5 所示。

上述 LCD1602 引脚中最重要的控制线端口定义如下。

- E：片选信号，高电平有效。即若 E = 1，则 LCD1602 选中，执行操作。
- RW：读写模式选择信号。即若 RW = 1，则 LCD1602 执行读操作，CPU 从端口 DB_7 ~ DB_0 读取数据或状态；若 RW = 0，则 LCD1602 执行写操作，CPU 向端口 DB_7 ~ DB_0 写入数据或命令。
- RS：命令/数据选择信号。若 RS = 1，则选择数据模式；若 RS = 0，则选择命令模式。即若 RS = 0，RW = 1，E = 1，则为读状态；若 RS = 1，RW = 1，E = 1，则为读数据；若 RS = 0，RW = 0，E = 高脉冲，则为写命令；若 RS = 1，RW = 0，E = 高脉冲，则为写数据。

表 4-5   LCD1602 引脚的功能说明

引脚号	符号	引脚说明	引脚号	符号	引脚说明
1	VSS	电源地	9	DB_2	数据总线端口
2	VDD	电源正极	10	DB_3	数据总线端口
3	V0	偏压信号	11	DB_4	数据总线端口
4	RS	命令/数据	12	DB_5	数据总线端口
5	RW	读/写	13	DB_6	数据总线端口
6	E	片选使能	14	DB_7	数据总线端口
7	DB_0	数据总线端口	15	A	背光正极
8	DB_1	数据总线端口	16	K	背光负极

4.6.3 8255 芯片的工作方式

一般情况下，CPU 不需要从 LCD1602 读取数据或状态（对于忙标志，一般采用估计时间延时来处理）。所以，本实验只给出 CPU 向 LCD1602 写入命令或数据的操作时序，如图 4-41 所示（注意，片选信号 E 必须是高脉冲，即写入数据/命令后必须令 E = 0，以示结束）。

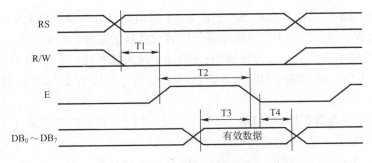

图 4-41　LCD1602 的写操作时序图

LCD1602 内部控制器 HD44780 共有 11 个命令字，其格式及对应控制线如表 4-6 所示。

表 4-6　LCD1602 命令字列表

序号	命令	RS	R/W	DB$_7$	DB$_6$	DB$_5$	DB$_4$	DB$_3$	DB$_2$	DB$_1$	DB$_0$
1	清屏	0	0	0	0	0	0	0	0	0	1
2	光标返回	0	0	0	0	0	0	0	0	1	X
3	输入模式设置	0	0	0	0	0	0	0	1	I/D	S
4	显示开/关控制	0	0	0	0	0	0	1	D	C	B
5	光标或字符移动	0	0	0	0	0	1	S/C	R/L	X	X
6	工作方式设置	0	0	0	0	1	DL	N	F	X	X
7	置 CGRAM 地址	0	0	0	1	字模寄存器 CGRAM 地址					
8	置 DDRAM 地址	0	0	1	显示数据寄存器 DDRAM 地址						
9	读状态字	0	1	BF	地址计数器 AC 值						
10	写数据到 CGRAM 或 DDRAM	1	0	写入的数据内容							
11	从 CGRAM 或 DDRAM 读数据	1	1	读出的数据内容							

- 命令 1：清除显示屏上的显示内容，光标返回显示屏左上角位置（即复位到地址 00H）。
- 命令 2：光标返回显示屏左上角（即复位到地址 00H），但是不改变显示屏上已有的显示内容。
- 命令 3：输入模式设置，S 设置输入新数据后，显示屏整体内容是否移动，I/D 设置移动方向。S = 1 显示屏整体移动，光标不动；S = 0，显示屏整体不移动，光标移动。I/D = 1 输入新数据后光标在新数据右边，I/D = 0 输入新数据后光标在新数据左边。
- 命令 4：显示开/关控制。D 设置整体显示的开关，D = 1 则显示开，D = 0 则显示关；C 设置光标显示，C = 1 表示有光标，C = 0 表示无光标；B 设置光标是否闪烁，B = 1 光标闪烁，B = 0 光标不闪烁。
- 命令 5：光标或字符移动，R/L 设置光标移动方向，S/C 设置显示屏是否滚动。

S/C = 1 时显示屏滚动，光标不动；R/L = 1 时向高地址滚动，R/L = 0 时向低地址滚动。该参数设置可以把 DDRAM 隐藏的内容滚动显示在显示屏上。

S/C = 0 时显示屏不滚动，光标移动；R/L = 1 时光标右移，R/L = 0 时光标左移。

- 命令 6：工作方式设置，DL 设置数据接口位数，N 设置显示的行数，F 设置点阵字符。

DL = 0 时设置 4 位数据接口（$DB_7 \sim DB_4$），DL = 1 时设置 8 位数据接口（$DB_7 \sim DB_0$）；N = 0 时单行显示，N = 1 时双行显示。

F = 0 时显示 5 × 7 点阵字符，F = 1 时显示 5 × 10 点阵字符。

- 命令 7：置 CGRAM 地址。注意，该地址只有 6 位，只能设置 64 个字节（地址 $DB_5 \sim DB_0$）。若用户自定义字符是 5 × 7 点阵字符，则每个字符需要 8 个字节（地址 $DB_2 \sim DB_0$），每个字节的低 5 位有效，总共可以顺序定义 8 个自定义字符（地址 $DB_5 \sim DB_3$）；若用户自定义字符是 5 × 10 点阵字符，则每个字符需要 16 个字节（地址 $DB_3 \sim DB_0$），每个字节的低 5 位有效，总共可以顺序定义 4 个自定义字符（地址 $DB_5 \sim DB_4$）。

- 命令 8：置 DDRAM 地址（注意，DB_7 = 1，即 DDRAM 地址从 80H 开始），使用命令 10 和 11 读写 DDRAM 前必须先用该命令设置所操作的地址。

- 命令 9：读状态字，即忙标志位 BF 和地址计数器 AC。忙标志位 BF = 1 表示忙，不能接收命令或数据；BF = 0 表示不忙，可以正常接收。地址计数器 AC 用来记录下一次读写 CGRAM 或 DDRAM 的位置。

- 命令 10：写数据到 CGRAM 或 DDRAM。命令执行时，$DB_7 \sim DB_0$ 端口上应准备好数据。

- 命令 11：从 CGRAM 或 DDRAM 读数据。用来查看在显存里放的内容或用户自定义字符。

4.6.4 "CPU + LCD1602" 微机系统

如图 4-42 所示，本实验的微机系统电路与实验 4.1 的 "CPU + 8255A" 微机系统电路基本相同，唯一不同之处是本实验把实验 3.1 的微程序 CPU 的 I/O 接口换成了 LCD1602 应用电路（左下角）。

如图 4-43 所示，OUTA 指令使能 ALE = 1，74LS373 锁存器 U41 锁存 BUS 总线上的地址 $[D_7 D_6 D_5 D_4 D_3 D_2 D_1 D_0]$。CPU 的 I/O 输入使能信号 $\overline{PORT0\_R}$ = 0 或输出使能信号 $\overline{RORT0\_W}$ = 0 有效的时候，若 4LS373 锁存的地址高 4 位 $[D_7 D_6 D_5 D_4]$ = [1001] 表示选中 DAC0832，则片选信号 LCD_EN = 1，启动 LCD1602 工作。与其他芯片不同的是，地址低 4 位 $[D_3 D_2 D_1 D_0]$ 中的 D_2 位生成读/写选择信号 RW，D_1 位生成命令/数据选择信号 RS。综上所述，LCD1602 显示屏的读或写操作是直接由地址选定的，不是由 CPU 的 I/O 输入/输出使能信号决定的。此外，LCD1602 必须先按照顺序依次输入多个命令字（如本实验先后输入的命令字 6、4、1、3、8），定义 LCD1602 的工作模式，然后才能向 LCD1602 输入数据，并且遵照工作模式显示在 LCD1602 屏幕上。

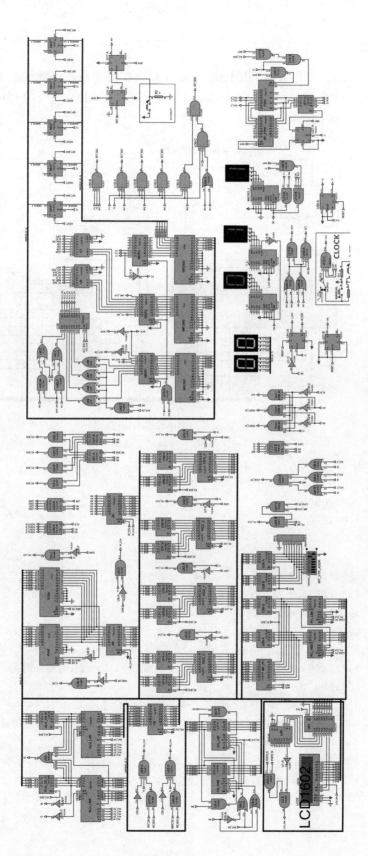

图4-42 微程序 "CPU+LCD1602" 微机系统电路图

213

4.6.5　实验步骤

1）LCD1602 显示测试程序 test_LCD1602.asm 存放在实验 4.6 项目的 test 子文件夹里，其功能实现了 CPU 向 LCD1602 发送一段 ASCII 码字符序列"HELLO!"，在 LCD1602 显示屏的第一行正确显示。具体代码如下所示。

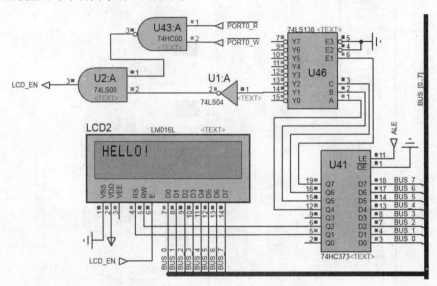

图 4-43　液晶显示屏 LCD1602 应用电路图

```
ORG   0000H
      DB   00010000B;JMP 08H
      DB   00001000B;
      DB   01001000B;48H  'H'
      DB   01000101B;45H  'E'

      DB   01001100B;4CH  'L'
      DB   01001100B;4CH  'L'
      DB   01001111B;4FH  'O'
      DB   00100001B;21H  '!'
;配置 LCD1602
      DB   00111100B;SET R3,90H        ;LCD 地址[1001xxxx],写命令模式
      DB   10010000B;
      DB   01011110B;OUTA R3,PORT0     ;选择 LCD,写命令模式
      DB   00111000B;SET R2,38H        ;R2 存放命令 6,8 位数据格式,双行显示

      DB   00111000B;
      DB   01011000B;OUT R2,PORT0      ;使能 E 写入命令
      DB   00111000B;SET R2,0CH        ;R2 存放命令 4,开显示开关,无光标,不闪烁
      DB   00001100B;
```

214

```
        DB    01011000B;OUT R2,PORT0       ;使能 E 写入命令[10H]
        DB    00111000B;SET R2,01H         ;R2 存放命令 1,清屏
        DB    00000001B;
        DB    01011000B;OUT R2,PORT0       ;使能 E 写入命令

        DB    00111000B;SET R2,06H         ;R2 存放命令 3,I/D=1,光标在新数据右边
        DB    00000110B;
        DB    01011000B;OUT R2,PORT0       ;使能 E 写入命令
        DB    00111000B;SET R2,80H         ;R2 存放命令 8,置 DDRAM 地址(第一行首地址)

        DB    10000000B;
        DB    01011000B;OUT R2,PORT0       ;使能 E 写入命令
        DB    00111100B;SET R3,92H         ;LCD 地址[1001xxxx],写数据模式
        DB    10010010B;

        DB    01011110B;OUTA R3,PORT0      ;选择 LCD,写数据模式
        DB    00111000B;SET R2,02H         ;R2 用以记录发送字符的地址
        DB    00000010B;发送的字符串首地址 [02H]
        DB    00110000B;SET R0,06H         ;R0 用作待发送字符的计数器

        DB    00000110B;总共 6 个数据[20H]
        DB    10000110B;POP R1,[R2]        ;循环发送数据,跳转到此处
        DB    01010100B;OUT R1,PORT0       ;输入 LCD1602 数据
        DB    00101000B;INC R2

        DB    00100001B;DEC R0             ;待发送字符的计数器递减"-1"
        DB    00000000B;NOP                ;此处可以做断点 HLT,观察 LCD 显示
        DB    00011000B;JZ 2AH             ;待发送字符的计数器为 0,结束发送
        DB    00101010B;

        DB    00010000B;JMP 21H            ;LCD 显示成功,跳转继续发送下一个字符
        DB    00100001B;
        DB    00000001B;HLT                ;程序结束
    END
```

2）编译、烧写、自动运行上述 test_LCD1602. asm 源程序,在程序自动运行过程中观察 LCD1602 显示屏显示的内容(注:程序编译、烧写、初始化、自动运行以及跳出断点的方法,请参见"3.1.11 实验步骤"中实验 1 的相关内容)。

3）自行设计所要显示的字符序列及显示位置(如改为在第二行显示),若字符序列需要 2 行以上的显示空间,则可以增加 LCD 显示屏的滚动显示功能。修改并自动执行程序 test_LCD1602. asm。在运行过程中观察 LCD1602 显示屏显示的内容。

4.6.6 思考题

请把本实验的微程序"CPU + LCD1602"微机系统改成相应的硬布线微机系统和流水线微机系统，并且运行本实验的 LCD1602 测试程序。请问上述程序在硬布线微机系统和流水线微机系统中需要修改吗？若需要，请修改并测试。

4.7 中断控制器实验

4.7.1 实验概述

本实验的主要内容是理解可编程中断控制器 8259A 的内部结构和工作原理，掌握嵌套中断结构的 CPU 通过 8259A 管理多个中断事件的方法。本实验将构建一个"嵌套中断 CPU + 8259A"微型计算机系统，使嵌套中断结构的 CPU 可以通过 8259A 芯片根据中断优先级列表响应和管理多个外部中断事件。

4.7.2 8259 芯片的结构

在前述"3.4 嵌套中断 CPU 实验"中，CPU 的两个中断源 INT0 和 INT1 是可以彼此嵌套的，即没有优先级概念。但是在实际应用中，CPU 可能需要根据中断源的重要性给予不同的优先级：重要或紧急的中断不仅不允许其他中断嵌入，而且可以在其他中断的进行过程中嵌入优先处理。此外，根据 CPU 处理任务的变化，中断源优先级还必须可以调整。上述复杂的中断事务可以由专用中断控制器芯片来处理，减轻 CPU 的负担。

8259A 芯片是一种常用的可编程中断控制器，具有多达 8 级中断的强大管理能力。例如，判断中断请求信号 IR 是否有效或屏蔽；进行中断的优先级判断，选中当前优先级最高者送往 CPU，进入中断子程序或中断嵌套。8259A 芯片具有中断判优逻辑功能，对每一级中断都可以屏蔽或允许，还可以通过"1 + 8"片 8259A 芯片级联成 64 级的主从式中断系统。

1. 8259A 芯片的内部引脚

8259A 芯片的内部结构图如图 4–44 所示，其引脚按照功能分为如下几种。

（1）面向 CPU/主片方向的引脚

- $\overline{\text{CS}}$：片选输入端，一般外接地址译码器。
- $\overline{\text{WR}}$：写信号输入端，CPU 用来对 8259A 蕊片进行编程。
- $\overline{\text{RD}}$：读信号输入端，CPU 用来从 8259A 蕊片读出内部寄存器内容。
- $DB_7 \sim DB_0$：双向 8 位数据总线，一般与 CPU 的系统总线 BUS 相连。
- A_0：地址线，CPU 用来选择 8259A 芯片内部端口，$A_0 = 0$ 对应偶端口，$A_0 = 1$ 对应奇端口。
- INT：中断请求，输出信号。8259A 芯片用来向 CPU/主片提出中断请求。
- $\overline{\text{INTA}}$：中断响应，输入信号。中断响应过程中 8259A 芯片需要 2 次中断响应脉冲。

（2）面向外设/从片方向的引脚

$IR_7 \sim IR_0$：中断请求线，输入信号。从外设/从片来的中断请求通过这 8 个引脚进入 8259A

芯片，每个引脚对应1个中断类型码。中断请求线的优先级从高到低的顺序是 $IR_0 \rightarrow IR_7$。

（3）多片级联引脚

- $CAS_2 \sim CAS_0$：主/从8259A芯片级联总线，主片 $CAS_2 \sim CAS_0$ 为输出，从片 $CAS_2 \sim CAS_0$ 为输入。

- $\overline{SP}/\overline{EN}$：在非缓冲方式下，是主从定义线，输入信号；置"1"表示该8259A芯片是主片，置"0"表示该8259A芯片是从片（注：在单片8259A芯片的情形下，该引脚必须置"1"）。

在缓冲方式下，是总线缓冲器方向线，输出信号；置"1"表示数据由 CPU 送往8259A 芯片，置"0"表示数据由8259A芯片送往 CPU。

2. 8259A芯片的主要部件

如图4-44所示，8259A芯片内部主要包括以下部件。

（1）中断请求寄存器（IRR）

这是8位锁存器，0~7位分别对应中断请求引脚 $IR_0 \sim IR_7$，当某个引脚有中断请求信号时，IRR 上的对应位设置为"1"。其内容可以被 CPU 读出（用 OCW3命令）。

（2）中断服务寄存器（ISR）

这是8位寄存器，存放正在被"服

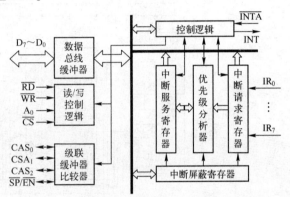

图4-44　可编程中断控制芯片8259A结构图

务"（被 CPU 执行）的所有中断，包括尚未服务完而中途被优先级更高的中断打断的中断。当某个中断级正在被服务时，其 ISR 对应位置"1"。

（3）优先级分析器（PR）

逻辑部件从寄存器 IRR 里置"1"的优先级中，选出优先级最高的中断。倘若其优先级比当前正在中断服务的中断优先级高，则将此中断信号送往 CPU，并在 $\overline{INTA}$ 脉冲到来时将寄存器 ISR 对应的位置"1"。

（4）中断屏蔽寄存器（IMR）：

这是8位寄存器，对寄存器 IRR 起屏蔽作用。若希望 IRR 寄存器中哪个引脚的中断被屏蔽，则将寄存器 IMR 中对应的位置"1"；反之，置"0"表示允许该引脚提出中断请求。

（5）控制逻辑

控制逻辑内置初始化命令字寄存器（$ICW_1 \sim ICW_4$）、操作命令字寄存器（$OCW_1 \sim OCW_3$）及相关控制逻辑，用来向 CPU 发送中断请求信息，并通过 $\overline{INTA}$ 引脚接收 CPU 的中断应答信号。

（6）数据总线缓冲器

数据总线缓冲器连接系统总线 BUS，传送 CPU 发出的控制字和8259A芯片返回的状态信息、中断类型码。

（7）读/写控制逻辑

读/写控制逻辑通过引脚控制8259A芯片，通过数据总线 $DB_7 \sim DB_0$ 接收 CPU 的命令和发送状态字给 CPU。

（8）级联缓冲器/比较器

如图 4-45 所示，若 CPU 采用"1+8"主从式级联中断系统结构，则从片 x 的中断请求引脚 INTx（输出信号）接到主片对应的中断请求引脚 IRx（输入信号），主片和从片的中断响应引脚$\overline{\text{INTA}}$互连在一起。当$\overline{\text{INTA}}$引脚的第一个负脉冲结束时，主片的级联缓冲器把被响应的从片编码送入级联总线 $CAS_2 \sim CAS_0$，从片的级联缓冲器接收到级联总线上的编码后，级联比较器将其与自身编码相比较。若相同，表明本从片被选中，则在$\overline{\text{INTA}}$引脚的第二个负脉冲期间，被选中从片把中断类型码放上数据总线，传送给 CPU。

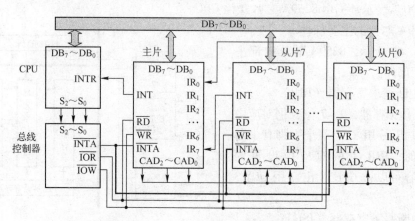

图 4-45　8259A 主从式级联中断系统结构图

4.7.3　8259A 芯片的工作方式

8259A 芯片通过编程可以选择不同的工作方式，如图 4-46 所示。

中断触发的方式 { 边沿触发方式 / 电平触发方式 / 中断查询方式：CPU 用软件查询确定中断源

连接系统总线的方式 { 缓冲方式：一般用于多片级联的大系统中 / 非缓冲方式：一般用于单片或级联的大系统中

屏蔽中断的方式 { 普通屏蔽方式 / 特殊屏蔽方式：可嵌套响应低级别的中断请求

设置优先级的方式 { 全嵌套方式：默认方式，嵌套响应更高级别的中断 / 特殊全嵌套方式：可嵌套响应同级别的中断 / 优先级自动循环方式：用于多个中断源优先级相等 / 优先级特殊循环方式：开始的最低优先级由程序指定

结束中断的方式 { 自动中断结束方式：自动清队 ISRi 位，用于不嵌套的场合 / 一般中断结束方式：发送指令清除 ISRi 位，用于全嵌套的场合 / 特殊中断结束方式：发指令清除 ISRi 位，只用于特殊全嵌套的场合

图 4-46　8259A 芯片可编程工作方式一览

1. 中断触发（引入中断请求）方式

（1）边沿触发方式

中断请求引脚 IRx 出现的上升沿作为中断请求信号，上升沿后 IRx 端可以保持高电平。

（2）电平触发方式

- 由初始化命令字 ICW1 设置，中断请求引脚 IRx 出现高电平作为中断请求信号。
- 当中断请求（高电平）出现并得到响应后，IRx 端必须及时撤除高电平。
- 若 CPU 进入中断处理过程并且开放中断前仍未撤除高电平，则可能引起不应该出现的第二次中断。

（3）中断查询方式

- 该方式一般多用于"1 + 8"主从式级联中断系统。
- 8259A 芯片不使用 INT 信号向 CPU 发中断请求信号，CPU 要使用软件查询来确认中断源。
- CPU 通过向 8259A 芯片发送操作命令字 OCW3 来实现软件查询。
- 当 8259A 芯片得到查询命令字后，立即组成查询字，等待 CPU 读取。CPU 执行下一条输入指令时，就可读取到以下格式的查询字。其中，I = 1 表示有设备请求中断服务；$W_2 \sim W_0$ 组成的代码表示当前中断请求的最高优先级。

D_7	D_6	D_5	D_4	D_3	D_2	D_1	D_0
I	—	—	—	—	W_2	W_1	W_0

2. 连接系统总线的方式（通过初始化命令字 ICW4 设置）

（1）非缓冲方式

- 该方式主要用于单片 8259A 芯片或规模不大的级联系统，8259A 芯片可以直接与数据总线相连。
- $\overline{SP}/\overline{EN}$引脚：在非缓冲方式下该引脚是$\overline{SP}$输入，在单片 8259A 芯片情形下，该引脚必须接高电平。
- 主/从片的确定由硬件引脚定义，$\overline{SP} = 1$ 是主片，$\overline{SP} = 0$ 是从片。

（2）缓冲方式（较少用）

- 该方式主要用于大规模的 8259A 芯片级联系统，8259A 芯片必须通过总线驱动器和数据总线相连。
- $\overline{SP}/\overline{EN}$引脚：在缓冲方式下该引脚是$\overline{EN}$输出，连接总线驱动器的使能端，启动总线驱动器。
- 主/从片的确定由初始化命令字 ICW3 决定。

3. 屏蔽中断源的方式

（1）普通屏蔽方式

设置操作命令字 OCW1 将中断屏蔽寄存器 IMR 任一位或多位置 1，从而使 8259A 对应的中断请求引脚 IRx 被屏蔽，不能送往 CPU。反之，置 0 表示允许该引脚触发中断。

（2）特殊屏蔽方式

- 该方式主要用于特殊场合，在执行高级中断服务程序中，需要嵌套响应低级中断请求。
- 操作命令字 OCW1 对中断屏蔽寄存器 IMR 中某一位置 1 的同时，将中断服务寄存器 ISR 中的对应位自动清 0。这样，在屏蔽了当前本级中断的同时，开放了其他低级中断的请求。

4. 设置优先级的方式

（1）全嵌套方式（固定优先级）

- 该方式是8259A芯片的默认方式，允许嵌套响应更高优先级中断请求，屏蔽同级和低级中断请求。
- 固定优先级，即中断请求引脚优先级按照 $IR_0 \rightarrow IR_7$ 的顺序依次降低。
- 当一个中断被响应时，中断服务寄存器 ISR 的对应位置1，中断类型码放到数据总线上。然后，CPU 进入该中断服务程序。
- 在 CPU 发出中断结束命令（EOI）前，中断服务寄存器 ISR 的对应位一直保持1，优先级分析器 PR 根据此标志位判断新的中断请求优先级是否高于当前中断请求的优先级。

（2）特殊全嵌套方式（固定优先级）

- 特殊全嵌套方式与全嵌套方式的不同之处是，只屏蔽低级中断请求，可以嵌套响应同级请求。
- 特殊全嵌套方式一般用在主从式级联中断系统的场合（主片采用特殊全嵌套方式，从片可以采用其他方式）。对主片而言，同一从片的 8 个中断源是同一优先级别，而对从片来说，8 个中断源可能有不同的优先级别。因此，主片采用特殊全嵌套方式，就可以在从片的一个中断请求的服务过程中，嵌套响应同一个从片中更高优先级的其他中断。

（3）优先级自动循环方式（循环优先级）

- 该方式主要用在多个中断源优先级相等的场合，其优先级队列是变化的，当前被服务的中断请求的优先级自动降为最低。
- 循环优先级，即优先级不固定，如图 4-47 所示，优先级按照 $IR_0 \rightarrow IR_7$ 的顺次序依次降低。但是优先级 $IR_0 \rightarrow IR_7$ 顺时针形成一个闭环，当某个引脚（如 IR_2）的中断请求被服务后，其优先级自动降为最低，与其相邻的顺时针下一个引脚（IR_3）优先级自动升为最高。

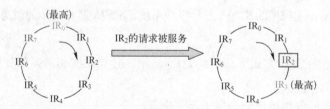

图 4-47　循环优先级

（4）优先级特殊循环方式（循环优先级）

优先级特殊循环方式与优先级自动循环方式的不同之处是，在该方式中，初始的最低优先级不是 IR_0，而是由编程确定的。从而，最高优先级也由此确定。

5. 结束中断的方式

当一个中断请求得到响应时，8259A芯片在中断服务寄存器 ISR 中的相应位置1，表明对应的中断尚未处理完，同时禁止低级或同级的中断请求。当中断子程序结束时，必须使寄存器 ISR 的相应位清 0，该清 0 的动作就是中断结束处理，有以下三种方式。

（1）自动中断结束方式

● 该方式只出现在单片 8259A 芯片且中断不会嵌套的场合。

● 当$\overline{INTA}$引脚第二个中断响应脉冲到 8259A 芯片后，将自动清除中断服务寄存器 ISR 的对应位。

● 寄存器 ISR 的对应位自动清除后，尽管系统正在为当前中断进行服务，但是当前中断在中断服务寄存器 ISR 里没有对应位做指示，好像已经结束了中断服务一样。

（2）一般中断结束方式（非自动）

● 该方式必须由 CPU 发出中断结束命令（EOI）才能清除中断服务程序所对应的 ISR 位。

● 8259A 芯片接收到 CPU 发送来的 EOI 命令时，将中断服务寄存器 ISR 中具有最高优先级的位清 0（EOI 命令中不指定 ISR 的哪一位被清除）。在全嵌套方式中，ISR 中最高优先级的位对应当前正在处理的中断，故 ISR 中最高优先级的位清 0 相当于结束当前的中断。

（3）特殊中断结束方式（非自动）

● 该方式只用在特殊全嵌套方式的场合。因为此场合中无法确定当前正在处理的是哪一级中断，所以必须采用 CPU 指定中断结束的特殊中断结束方式。

● 在该方式下，中断结束时 CPU 发出特殊中断结束命令，在命令中指定要清除中断服务寄存器 ISR 的哪个位。

值得注意的是，在主从式级联中断系统的场合，通常采用非自动中断结束方式。而不论采用一般中断结束方式还是特殊中断结束方式，在一个中断子程序结束的时候，CPU 都必须发两次中断结束命令，一次是主片的中断结束命令，另一次是从片的中断结束命令。

4.7.4　8259A 芯片的命令字

8259A 芯片内部有两组寄存器，一组是初始化命令字（ICW1 ~ ICW4），用于确定 8259A 芯片的工作方式；另一组是操作命令字，用于在 8259A 芯片工作过程中，对 8259A 芯片动态控制（如改变优先级方式等）。在 8259A 芯片初始化编程的时候，初始化命令字必须按顺序写入 8259A 芯片；而在 8259A 芯片运行过程中，操作命令字可以被多次设置，无顺序要求。但是端口地址有规定，8259A 芯片有两个端口：$A_0 = 0$（偶地址）和 $A_0 = 1$（奇地址）。

1. 初始化命令字

（1）ICW1

设置触发方式、是否级联、是否要 ICW4 定义等初始化，写入偶地址，如图 4-48 所示。

（2）ICW2

设置 IR_0 ~ IR_7 对应的中断类型号，写入奇地址，如图 4-49 所示。

（3）ICW3

设置主/从片级联的引脚对应方式，写入奇地址，如图 4-50 所示。

（4）ICW4

设置中断结束方式、连接总线方式、主/从片、优先级方式等初始化，写入奇数地址，如图 4-51 所示。

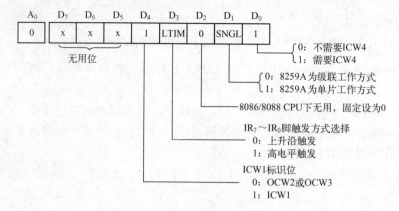

图 4-48　8259A 芯片的初始化命令字 ICW1 格式

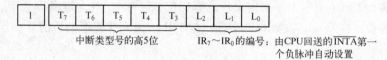

图 4-49　8259A 芯片的初始化命令字 ICW2 格式

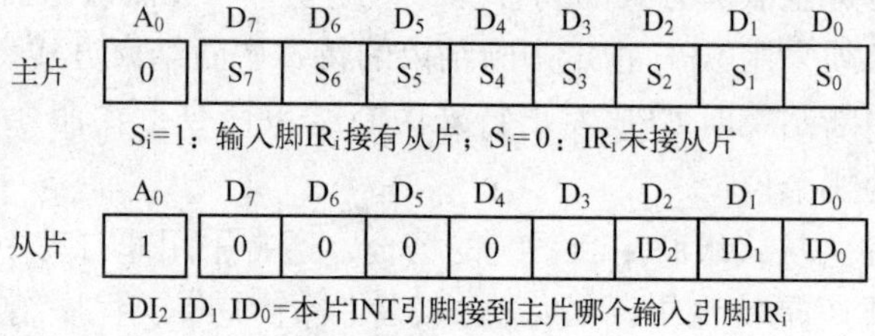

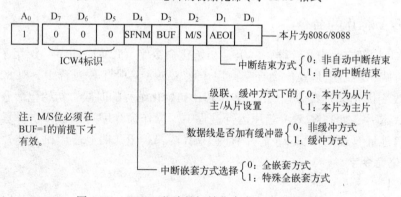

图 4-50　8259A 芯片的初始化命令字 ICW3 格式

注：M/S位必须在
BUF=1的前提下才
有效。

图 4-51　8259A 芯片的初始化命令字 ICW4 格式

2. 操作命令字

（1）OCW1

屏蔽/开放中断请求 IR_i，写入奇地址，如图 4-52 所示。

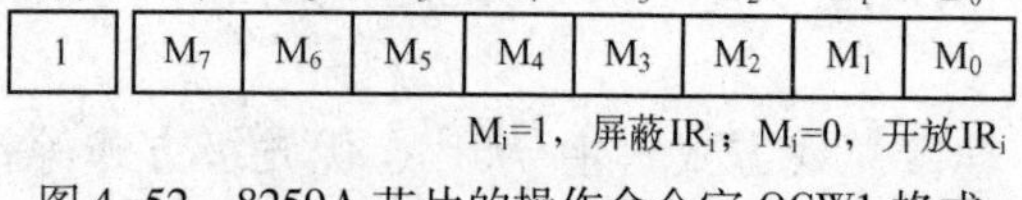

A_0	D_7	D_6	D_5	D_4	D_3	D_2	D_1	D_0
1	M_7	M_6	M_5	M_4	M_3	M_2	M_1	M_0

$M_i=1$，屏蔽IR_i；$M_i=0$，开放IR_i

图 4-52　8259A 芯片的操作命令字 OCW1 格式

222

（2）OCW2

设置优先级方式和中断结束方式，写入偶地址，如图 4-53 和表 4-7 所示。

若 OCW2 是优先级轮换方式的命令字（中断结束命令位 EOI = 0），则 R = 1 且 SL = 1（设置优先级特殊循环方式），由 $[L_2, L_1, L_0]$ 的值确定级别最低的优先级。若 $[L_2, L_1, L_0]$ = 011，则优先级由高至低顺序为 IR_4、IR_5、IR_6、IR_7、IR_0、IR_1、IR_2、IR_3。

若 OCW2 是中断结束命令字（中断结束命令位 EOI = 1），则：

- R = 0 且 SL = 0，正在执行的最高优先级中断被 OCW2 清除，固定优先级（全嵌套方式）；
- R = 0 且 SL = 1，$[L_2, L_1, L_0]$ 指定的优先级中断被 OCW2 清除，固定优先级（特殊全嵌套方式）；
- R = 1 且 SL = 0，正在执行的最高优先级中断被 OCW2 清除的同时，被置为顺序最低优先级；
- R = 1 且 SL = 1，$[L_2, L_1, L_0]$ 指定的优先级中断被 OCW2 清除的同时，被置为顺序最低优先级。

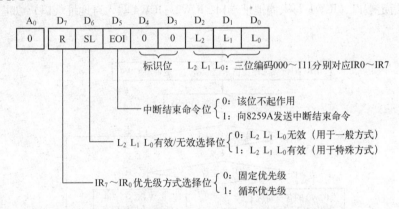

图 4-53 8259A 芯片的操作命令字 OCW2 格式

表 4-7 8259A 芯片操作命令字 OCW2 功能列表

R	SL	EOI	D_4D_3	L_2	L_1	L_0	功　能	备　注
0	0	1	00	0	0	0	全嵌套方式，具有最高优先级的 $ISR_n = 0$	结束中断
0	1	1	00	L_2	L_1	L_0	特殊全嵌套方式，$L_2L_1L_0$ 对应的 $ISR_n = 0$	
1	0	1	00	0	0	0	自动循环方式，具有最高优先级的 $ISR_n = 0$	
1	1	1	00	L_2	L_1	L_0	特殊循环方式，$L_2L_1L_0$ 对应的 $ISR_n = 0$	
1	0	0	00	0	0	0	自动（EOI）方式，设置优先级自动循环方式	设置优先级命令
0	0	0	00	0	0	0	自动（EOI）方式，结束优先级自动循环方式	
1	1	0	00	L_2	L_1	L_0	自动（EOI）方式，设置优先级特殊循环方式	

（3）OCW3

设置/屏蔽特殊屏蔽方式、设置中断查询方式、读寄存器 ISR 和 IRR，写入偶地址，如图 4-54 所示。

注意，对特殊屏蔽方式，要先用 OCW3 进行设置，再用 OCW1 进行屏蔽/开放中断请求。

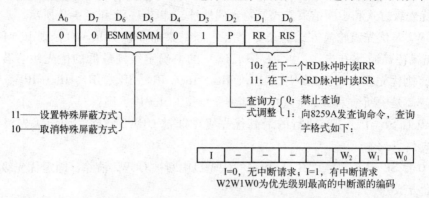

图 4-54　8259A 芯片的操作命令字 OCW3 格式

4.7.5　8259A 芯片的初始化编程

8259A 芯片正常工作前必须先进行初始化编程，即把命令字按 ICW1→ICW4 的顺序写入 8259A 芯片的指定端口（ICW1 写入偶地址端口，ICW2～ICW4 写入奇地址端口），如图 4-55 所示。

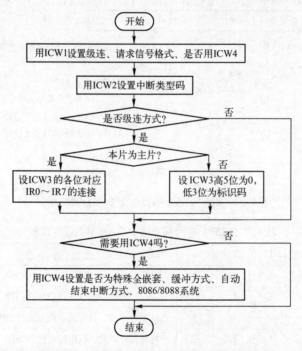

图 4-55　8259A 芯片的初始化编程流程图

上述初始化编程中，ICW1→ICW4 的写入顺序不可颠倒。其中，ICW1 和 ICW2 必须设置，ICW1 是设置 8359A 基本工作方式，而 ICW2 实际就是 CPU 中断向量列表的入口地址（在程序存储区中必须预留 ××××× 000 ～ ××××× 111 的完整 8 个字节空间给 8259A 芯片作为 8 个中断源的中断向量地址）。只有在级联方式下，才需要设置 ICW3。且主片和从片的设置不同：主片 ICW3 的各个位与主片的中断请求引脚 IR_7 ～ IR_0 的连接情况对应；从片 ICW3 的高 5 位为 0，低 3 位为本片的标识码，该码对应从片接在主片的引脚 IR_x。

同样的，只有在 8086/8088 系统下或是需要设置特殊全嵌套方式、缓冲模式、中断自动结束方式的情况下，8259A 芯片才需要设置 ICW4 。

初始化编程结束后，8259A 芯片随即开始工作，启动监听 $IR_0 \sim IR_7$ 端口上的中断请求输入。在工作过程中，操作控制字 OCW1 用来屏蔽或开放特定的中期请求 IRx；而 OCW2 的常见用途是在中断返回前，用来作为 EOI 命令通知 8259A 当前中断准备结束；OCW3 较为少见，用来对特殊屏蔽方式、中断查询方式等特定工作模式进行设置。

4.7.6　8259A 芯片的中断响应过程

8259A 芯片对外部中断请求的响应过程如图 4-56a 所示，图 4-56b 则用中断请求引脚 IR2 触发的一个中断具体示例说明整个过程中各个寄存器的值。具体过程如下所述。

1）8259A 芯片接收到外部的中断请求 IR_x。

2）中断请求寄存器 IRR 的对应位置 1，锁存该中断请求。

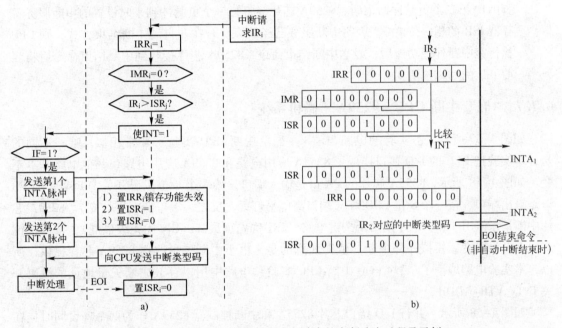

图 4-56　8259A 芯片面向外部中断请求的中断响应过程及示例

3）根据中断屏蔽寄存器 IMR（由操作命令字 OCW1 设置）中的对应位决定是否让此中断请求通过。IMR 中的对应位为 0，则表示对此中断未加屏蔽，允许进入优先级分析器 PR 作裁决；反之，则对它进行封锁，不让其进入优先级分析器 PR。

4）优先级分析器 PR 把新进入的中断请求和当前正在处理的中断（在中断服务寄存器 ISR 中存放）进行比较，从而决定哪一个优先级更高。

5）如果新进入的中断请求具有足够高的优先级，优先级分析器 PR 会通过相应逻辑电路使 8259A 芯片的输出端 INT 置 1，向 CPU 发出中断请求。

6）CPU 中断允许标志 IF 为 1 时，当 CPU 执行完当前指令后，则响应中断，CPU 从 $\overline{INTA}$ 引脚上往 8259A 芯片送回两个负脉冲。

7）当INTA引脚上第一个负脉冲到达时，8259A 芯片完成以下三项工作。

- 使中断请求寄存器 IRR 锁存功能失效。此期间再有中断请求，将不予锁存（不接收），直到第二个负脉冲到达时，才使中断请求寄存器 IRR 的锁存功能恢复有效。
- 将当前中断服务寄存器 ISR 中的相应位置 1，为优先级分析器 PR 的工作提供判断依据。
- 将中断请求寄存器 IRR 寄存器中的相应位（上述中断响应过程第 2）步设置的位）清0，以接受新的请求。

8）当INTA引脚上第二个负脉冲到达时，8259A 芯片完成下列动作。

- 将初始化命令字 ICW2 的内容送到数据总线的 $DB_7 \sim DB_0$，CPU 将此作为中断类型码。
- 如果初始化命令字 ICW4 的中断自动结束位为 1（即自动中断结束方式）时，则在引脚INTA第二个负脉冲结束时，8259A 芯片会将第一个负脉冲到来时设置的中断服务寄存器 ISR 的相应位清 0，表明中断服务已经结束。若在非自动中断结束方式，则 CPU 执行完中断处理功能后，发送中断结束命令，8259A 芯片接收到中断结束命令后将当前 ISR 的对应位清 0。

4.7.7 "嵌套中断 CPU + 8259A" 微机系统

如图 4-57 所示，本实验的电路与 "3.4 嵌套中断 CPU 实验" 非常相似，唯一不同的是，本实验把 CPU 的 I/O 接口换成了 8255A 应用电路和 8259A 应用电路，其他电路基本不变。如图 4-58 所示，8255A 芯片的 PA 口是输入端口，接一个 8 位拨码开关 DIPSW；而 PB 口是输出端口，接一个 8 位 LED 灯（端口高电平灯灭，反之，端口低电平灯亮）。8259A 芯片中断请求线 IR_0 和 IR_7 外接两个按键电路（IR_0 优先级最高，IR_7 优先级最低），按下按键产生上升沿跳变，模拟外部中断。值得注意的是，由于中断矢量改由 8259A 芯片提供，所以，本实验电路取消了 "3.4 嵌套中断 CPU 实验" 电路中用以存放中断矢量地址的拨码开关 INTx_VTR_ADDR。

如图 4-58 所示，并行 I/O 接口芯片 8255A 和中断控制器 8259A 作为两个外设同时挂在总线 BUS 上。OUTA 指令使能 ALE = 1，74LS373 锁存器 U62 把 BUS 总线上的地址 $[D_7 D_6 D_5 D_4 D_3 D_2 D_1 D_0]$ 锁存。其中，地址高 4 位 $[D_7 D_6 D_5 D_4]$ 送往 74LS138 寄存器 U64 译码。地址高 4 位 $[D_7 D_6 D_5 D_4] = [1000]$ 表示选中 8255A 芯片，则地址低 4 位 $[D_3 D_2 D_1 D_0]$ 中的 D_2 和 D_1 两个位对应连接到 8255A 芯片的片内地址位 $A_1 A_0$，故 8255A 芯片的地址字是 $[00000 D_2 D_1 0]$。同样的，地址高 4 位 $[D_7 D_6 D_5 D_4] = [1100]$ 表示选中 8259A 芯片（信号 8259_CS = 0 有效），地址低 4 位 $[D_3 D_2 D_1 D_0]$ 中的 D_1 地址位则连接到 8259A 芯片的片内奇偶地址位 A_0，故 8259A 芯片的地址字是 $[110000 D_1 0]$。此外，CPU 的 I/O 输出使能信号 PORT0_W 和 I/O 输入使能信号 PORT0_R 分别连接到 8255A 芯片和 8259A 芯片的 $\overline{WR}$ 和 $\overline{RD}$ 端口。

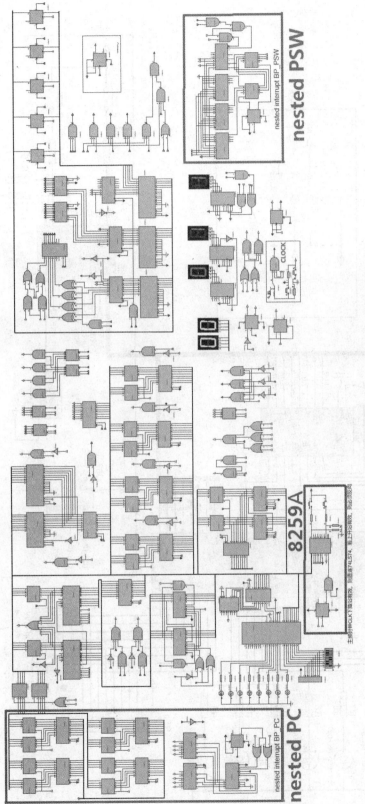

图4-57 微程序"嵌套中断CPU+8259A"微机系统电路图

227

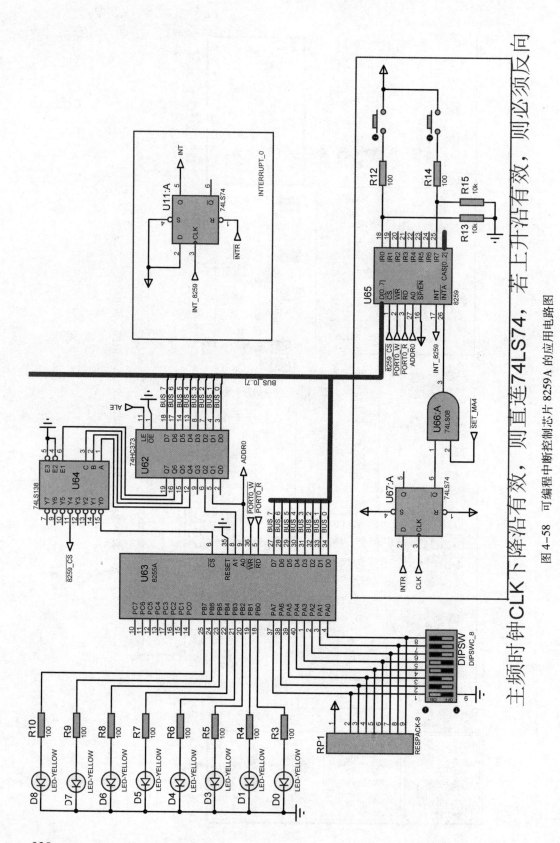

图 4-58 可编程中断控制芯片 8259A 的应用电路图

主频时钟CLK下降沿有效，则直连74LS74，若上升沿有效，则必须反向

228

如果手动按 8259A 芯片某一个外接的按键（模拟触发外部中断），8259A 芯片将从 INT 引脚向 CPU 发出中断请求信号 INT_8259 信号。如图 4-58 右上角图所示，INT_8259 信号的上升沿跳变将触发置位 INT = 1；当 CPU 进入当前中断的中断处理周期后，信号 $\overline{INTR}$ = 0 有效令 INT = 0 复位，从而允许下一级中断嵌套触发在当前中断的中断子程序中。8259A 芯片发出信号 INT_8259 后，在 $\overline{INTA}$ 引脚等待 CPU 发出的中断响应信号 $\overline{INTA}$ 到来。当信号 $\overline{INTA}$ 的第二个下降沿到来后，8259A 的端口 [D7,D0] 则通过总线 BUS 向 CPU 发送当前中断的中断类型码（即中断向量地址），使 CPU 跳转到该中断的中断子程序入口处执行。

在 8259A 应用电路设计中最关键的是中断响应过程的电路设计。因为考虑到级联的需要，8259A 芯片在收到中断响应信号 $\overline{INTA}$ 的第二个下降沿时刻，才会把中断类型码（即中断向量地址）放在总线 BUS 上。因此，嵌套中断 CPU 必须构造一个中断响应电路来实现上述时序要求。本实验通过图 4-58 中的触发器 U_{67}:A 电路实现的中断响应时序如图 4-59 所示。

1）INT = 1，P2 = 1 且 T2 = 1，产生 $\overline{SET\_MA4}$ = 0 有效，从而令 $\overline{INTA}$ = 0（第一次下降沿）。

2）进入中断处理周期，第一个 CLK 上升沿，INTR = 1 且 $\overline{INTR}$ = 0，令 INT = 0 复位；$\overline{SET\_MA4}$ = 1 复位，从而 $\overline{INTA}$ = 1 复位。

3）中断处理周期第一个 CLK 下降沿，INTR = 1 通过 U_{67}:A 令 $\overline{INTA}$ = 0（第二次下降沿）；8259A 芯片把当前中断的中断类型码（中断向量）放上总线 BUS。

4）中断处理周期第二个 CLK 上升沿，中断向量打入 AR，ROM 输出中断子程序入口地址。

5）中断处理周期的第三个 CLK 下降沿，INTR = 0 通过 U_{67}:A 令 $\overline{INTA}$ = 1 复位。

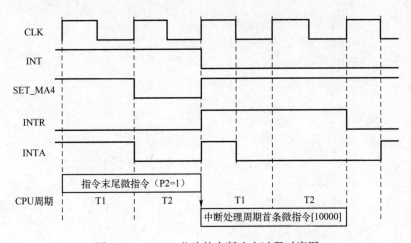

图 4-59　8259A 芯片的中断响应过程时序图

4.7.8　实验步骤

1）8259A 测试程序 test_8259. asm 存放在实验 4.7 项目的 test 子文件夹里，其功能与 "3.4 嵌套中断 CPU 实验" 的示例程序 nested_ISR. asm 相似。主程序功能是寄存器 R_0 递减，最低优先级中断 IR_7 的子程序功能是寄存器 R_1 递减，最高优先级中断请求 IR_0 的子程序功能则是 R_0 和 R_1 皆赋值为 80H，令 R_0 和 R_1 递减一次即停止。与 nested_ISR. asm 不同的是，test_8259. asm 程序中 R_0 和 R_1 的初值都是由 8255A 的 PA 口外接的拨码开关赋值（注意，拨码开关的取值一定要大于 80H，否则程序跑不起来）。具体代码如下所示。

```
ORG  0000H
;配置 8255A
    DB  00111000B;SET R2,86H      ;选择 8255A,控制端
    DB  10000110B;                ;A1A0 =11
    DB  01011010B;OUTA R2,PORT0
    DB  00111000B;SET R2,99H      ;控制字

    DB  10011001B;                ;PA 输入、PB 输出、PC 输入
    DB  01011000B;OUT R2, PORT0
    DB  00010000B;JMP 30H          ;跳转到主程序
    DB  00110000B;

;8259A 的中断矢量表[00001xxx]
    DB  00010000B;vector0 [08H] =10H
    DB  00000000B;vector1 [09H] =00H
    DB  00000000B;vector2 [0AH] =00H
    DB  00000000B;vector3 [0BH] =00H

    DB  00000000B;vector4 [0CH] =00H
    DB  00000000B;vector5 [0DH] =00H
    DB  00000000B;vector6 [0EH] =00H
    DB  00100000B;vector7 [0FH] =20H

ORG  0010H
;中断源 0
    DB  00110100B;SET R1,80H      ;R1 赋值 80H(减 1 则最高位变 0)
    DB  10000000B;
    DB  00000001B;HLT
    DB  00111000B;SET R2,82H      ;选 PB 口

    DB  10000010B;                ;A1A0 =01
    DB  01011010B;OUTA R2,PORT0
```

230

```
        DB   01010000B;OUT R0,PORT0      ;PB 口输出
        DB   01100001B;MOV R0,R1         ;R0 赋值 80H(减 1 则最高位变 0)

        DB   00111000B;SET R2,C0H        ;选择 8259／偶地址
        DB   11000000B;
        DB   01011010B;OUTA R2,PORT0
        DB   00111000B;SET R2,60H        ;EOI 命令(OCW2 命令字)

        DB   01100000B;                  ;固定优先级／中断结束／L2L1L0 = 000
        DB   01011000B;OUT R2,PORT0
        DB   01011010B;OUTA R2,PORT0     ;去掉 8259A 片选,避免误修改配置
        DB   01110000B;IRET


ORG  0020H
;中断源 7
        DB   00111000B;SET R2,80H        ;选 PA 口
        DB   10000000B;                  ;A1A0 = 00
        DB   01011010B;OUTA R2,PORT0
        DB   01000100B;IN R1,PORT0       ;PA 口输入,赋值 R1

        DB   11000100B;SUBI R1,01        ;R1 递减"-1"
        DB   00000001B
        DB   00011100B;JS 24H            ;R1 最高位为 1,则循环递减
        DB   00100100B;

        DB   00111000B;SET R2,C0H        ;选择 8259／偶地址
        DB   11000000B;
        DB   01011010B;OUTA R2,PORT0
        DB   00111000B;SET R2,60H        ;EOI 命令(OCW2 命令字)

        DB   01100000B;                  ;固定优先级／中断结束／L2L1L0 = 000
        DB   01011000B;OUT R2,PORT0
        DB   01011010B;OUTA R2,PORT0     ;去掉 8259A 片选,避免误修改配置
        DB   01110000B;IRET


ORG  0030H
;配置 8259A
        DB   00111000B;SET R2,C0H        ;配置 8259A／偶地址
        DB   11000000B;
        DB   01011010B;OUTA R2,PORT0
        DB   00111000B;SET R2,13H        ;设置初始化命令字 ICW1
```

```
        DB    00010011B;上升沿触发/单片工作/需要设置 ICW4
        DB    01011000B;OUT R2,PORT0
        DB    00111000B;SET R2, C2H        ;配置8259A/奇地址
        DB    11000010B;

        DB    01011010B;OUTA R2,PORT0
        DB    00111000B;SET R2,08H          ;设置初始化命令字 ICW2
        DB    00001000B;中断类型号(中断向量表入口地址 00001xxx)
        DB    01011000B;OUT R2,PORT0

        DB    00111000B;SET R2,05H          ;设置初始化命令字 ICW4
        DB    00000101B;全嵌套/非缓冲/主片/非自动中断结束
        DB    01011000B;OUT R2,PORT0
        DB    00111000B;SET R2,7EH          ;写入操作命令字 OCW1

        DB    01111110B;屏蔽所有未用到的中断 IR    ;[40H]
        DB    01011000B;OUT R2,PORT0
;main
        DB    00111000B;SET R2,80H          ;选 PA 口
        DB    10000000B;                    ;A1A0 = 00

        DB    01011010B;OUTA R2,PORT0
        DB    01000000B;IN R0,PORT0         ;PA 口输入,R0 赋值
        DB    11000000B;SUBI R0,01          ;R0 递减"-1"
        DB    00000001B;

        DB    00011100B;JS 46H              ;R0 最高位为1,则循环递减
        DB    01000110B;
        DB    00000001B;HLT

    END
```

2）编译、烧写、自动运行上述 test_8259. asm 源程序，随机触发中断请求 IR_0 或 IR_7，观察 PC、IR、通用寄存器 R_x 及总线 BUS 的数据变化。（注：程序编译、烧写、初始化、自动运行以及跳出断点的方法，请参见"3.1.11 实验步骤"中实验 1 的相关内容）。

3）在 test_8259. asm 程序的自动运行过程中，设置 HLT 指令断点，改为手动单步在 IR7 的中断子程序中嵌套触发中断请求 IR_0。观察和记录进入各级中断时，程序计数器 PC、标志位寄存器 PSW、总线 BUS、通用寄存器 R_x，以及 BP_PC 堆栈和 BP_PSW 堆栈的状态，然后再跳出断点返回上级程序。

4）把中断请求 IR_0 和 IR_7 的子程序对调（在软件上怎么实现?），改为 IR_0 触发寄存器 R_1 递减，而中断 IR_7 触发 R_0 和 R_1 递减停止。在 IR_0 的中断子程序中随机嵌套触发中断请求 IR_7，请问中断请求 IR_7 可以嵌套 IR_0 中断子程序吗? IR_7 中断子程序什么时候运行?

4.7.9 思考题

请把本实验的微程序"嵌套中断 CPU +8259A"微机系统改成相应的硬布线微机系统和流水线微机系统,并且运行本实验的 8259A 芯片测试程序。请问流水线的"嵌套中断 CPU +8259A"微机系统的设计有哪些需要注意的地方?上述程序在硬布线微机系统或流水线微机系统中需要修改吗?若需要,请修改并测试。

(提示:参考"3.4 嵌套中断 CPU 实验",设计具有四级 PC/PSW 断点堆栈的流水线版嵌套中断 CPU。注意 8259A 芯片的端口 [D7,D0] 连接 I/O 总线与 CPU 交互的同时,还要连接 PC 总线以便于把中断类型码打入程序计数器 PC。此外,如何设计使中断响应信号INTA出现两个下降沿,满足 8259A 芯片中断处理流程,是流水线"嵌套中断 CPU +8259A"微机系统设计的关键。)

4.8 DMA 实验

4.8.1 实验概述

本实验的主要内容是了解可编程 DMA(Direct Memory Access,直接存储器存取)控制器芯片 8237A 的基本原理和使用方法;掌握利用 8237A 芯片实现"存储器到存储器"和"I/O 接口到存储器"的数据直接传送。本实验将构建一个"CPU + 外部存储器 +8237"的微型计算机系统,通过 8237A 芯片实现不依赖 CPU 操作,把一段数据从一个外部存储器批量传送到另一个外部存储器,或把 I/O 接口的数据直接输入一个外部存储器。

4.8.2 DMA 原理

直接存储器存取是一种外设与存储器或者存储器与存储器之间直接传送数据的方法,适用于需要大量数据高速传送的场合。用来控制 DMA 传送的可编程控制电路称为 DMA 控制器(简称 DMAC),与 CPU、存储器及 I/O 外设共同挂在系统总线上,如图 4-60 所示。DMAC 可以看作是一种初级的协处理器,只能完成一种功能,即直接控制两个设备(I/O 外设或存储器)之间进行数据批量传送。在 DMA 传送的过程中,不需要 CPU 程序参与控制,不仅数据传送时间大大缩短(硬件逻辑实现控制),而且 CPU 可以并行执行其他任务,提高了整个计算机系统的工作效率。通常在计算机系统中,图像显示、磁盘存取、磁盘间的数据传送和高速的数据采集系统均可采用 DMA 技术。

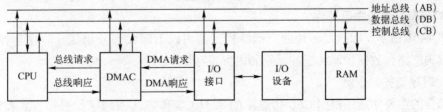

图 4-60 具有 DMA 控制器的计算机系统示意图

DMAC 一般有若干个逻辑"通道"，每个通道可以对应一个 I/O 外设或存储器。DMAC一般没有指令系统，不能通过程序编程，而是由 CPU 通过配置 DMAC 内部寄存器的方式，实现对 DMAC 的初始化编程，确定以下信息：通道选择（通过设置通道地址选择指定的外设）、通道（外设）间数据传送的方式和类型，待传送数据的字节数、源地址和目标地址（即源通道和目标通道地址）。CPU 也可以读取相关的寄存器了解 DMAC 通道的状态。

DMAC 初始化编程后，进入空闲等待阶段。只要 I/O 设备硬件信号触发 DMA 请求或 CPU 软件命令发起 DMA 请求，则启动两个通道间的 DMA 传送过程，如下所述。

1）I/O 外设向 DMAC 发出 DMA 请求。

2）如果 DMAC 未被屏蔽，则在接到 DMA 请求后，DMAC 向 CPU 发出总线请求，要求 CPU 让出系统数据总线、地址总线和控制总线的控制权，由 DMAC 控制。

3）CPU 执行完现行的总线周期，若同意让出总线控制权，则向 DMAC 发出响应请求的回答信号，并且脱离地址、数据及控制总线，处于挂起状态。

4）DMAC 在收到总线响应信号后，向 I/O 接口发送 DMA 响应信号，并接管系统总线控制权。

5）DMAC 发出源和目标通道地址，以及 $\overline{RD}/\overline{WR}$ 信号，开始 DMA 传送。每传送一个字节，DMAC 地址寄存器加 1，同时 DMAC 字节计数器减 1。如此循环，直至字节计数器为 0。

6）DMA 传送过程结束，DMAC 撤除总线请求信号，CPU 重新恢复控制总线。

4.8.3 8237A 芯片的结构

本实验所用的 8237A 芯片是一种高性能的可编程 DMA 控制器，其主要性能指标如下。

- 在一个 8237A 芯片中有 4 个独立的 DMA 通道，可对应控制 4 个设备参与 DMA 传送。传送的类型可以是存储器与 I/O 外设间交换数据，也可以是存储器的两个区域间数据传送。
- 每个通道的 DMA 请求都可以分别允许和禁止。每个通道的 DMA 请求有不同的优先权，优先权可以是固定的，也可以是循环的（由初始化编程决定）。
- 每个通道均有 64 KB 的寻址和计数能力，即一次 DMA 传送的数据最大长度可达 64 KB。
- 8237A 芯片可以通过软件编程设置 4 种 DMA 传送方式：单字节、数据块、请求和级联。
- 8237A 芯片有结束处理的输入端，允许外界通过该端结束 DMA 传送或重新初始化。
- 8237A 芯片可以用级联的方法扩展更多的通道。

1. 8237A 芯片的主要部件

如图 4-61 所示，8237A 芯片的内部结构主要由以下四大部分组成：时序与控制逻辑、优先级编码电路、数据和地址缓冲器组和内部寄存器。

（1）时序与控制逻辑

该部分的主要功能是根据 CPU 传送来的 8237A 工作方式控制字和操作方式控制字，在定时控制下，产生 DMA 请求信号、DMA 传送以及发出 DMA 结束的信号。

（2）优先级编码电路

该部分的主要功能是裁决各通道的优先级顺序，解决多个通道同时请求 DMA 服务时可能出现的优先级竞争问题。优先级顺序默认是通道 0 优先级最高，其次是通道 1，通道 3 的优先级最低。4 个通道的优先级不断循环变化，即本次执行 DMA 操作的通道，到下一次 DMA 操作时变成优先级最低。若某个通道正在进行 DMA 操作，其他通道无论级别高低均不能打断当前的操作。当前 DMA 操作结束后，再根据级别高低响应下一个通道的 DMA 操作申请。

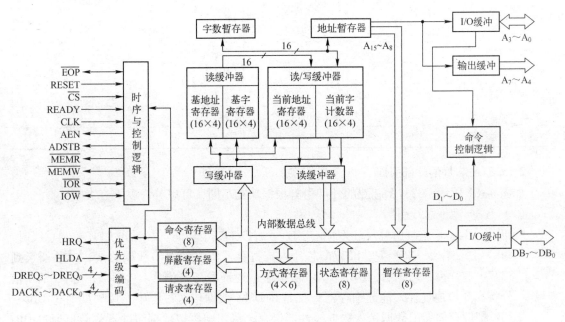

图 4-61　DMA 控制器芯片 8237A 的结构图

（3）缓冲器组

该部分包括一个 8 位双向 I/O 缓冲器、一个 4 位双向 I/O 缓冲器和一个 4 位输出地址缓冲器。通过这三个缓冲器把 8237A 芯片的 8 位数据总线、16 位地址总线与系统总线相连。

- 8 位 I/O 缓冲器：数据线 $DB_7 \sim DB_0$ 输入/输出缓冲，或者高 8 位地址 $A_{15} \sim A_8$ 输出缓冲。
- 4 位 I/O 缓冲器：地址线 $A_3 \sim A_0$ 输入/输出缓冲（CPU 输入或 8237A 输出）。
- 4 位输出地址缓冲器：地址线 $A_7 \sim A_4$ 输出缓冲。

（4）内部寄存器

如表 4-8 所示，8237A 芯片共有 12 种内部寄存器，分为以下三大类。第一类是地址寄存器、方式寄存器和字节计数器。8237A 芯片有 4 个独立通道，每个通道都有独立的 16 位地址寄存器、16 位字节数计数器和 6 位方式寄存器。第二类是 8237A 芯片 4 个通道共用的 8 位寄存器：控制寄存器、状态寄存器、屏蔽寄存器、请求标志寄存器和（数据）暂存寄存器。第三类是 8237A 芯片 4 个通道共用的 16 位地址暂存器和 16 位字节计数暂存器，不能访问。

235

表 4–8   8237A 芯片的内部寄存器

寄存器名称	位数	数量	CPU 访问方式	CPU 访问内容
基地址寄存器	16	4	只写	通道首地址
基字节计数寄存器	16	4	只写	传送数据总字节数
当前地址寄存器	16	4	可读可写	通道当前地址
当前字节计数寄存器	16	4	可读可写	传送数据当前剩余字节数
方式寄存器	6	4	只写	方式命令字
命令寄存器	8	1	只写	控制命令字
屏蔽寄存器	4	1	只写	屏蔽命令字
请求寄存器	4	1	只写	请求命令字
状态寄存器	8	1	只读	状态字
暂存寄存器	8	1	只读	数据总线 DB7 ~ DB0 当前值
地址暂存器	16	1	不能访问	无
字节计数暂存器	16	1	不能访问	无

2. 8237A 芯片的外部引脚

如图 4–61 所示，8237A 芯片的外部引脚根据功能不同，可以分为以下三大类。

（1）数据/地址总线引脚

- DB$_7$ ~ DB$_0$：8 位数据总线（双向/三态）。有以下三个功能：一是当 CPU 控制总线时，DB$_7$ ~ DB$_0$ 作为 CPU 读写 8237A 芯片内部寄存器所需的双向数据总线；二是切换到 8237A 芯片控制总线后，DB$_7$ ~ DB$_0$ 输出通道地址的高 8 位 A$_{15}$ ~ A$_8$，并由 ADSTB 信号将高 8 位地址存入地址锁存器；三是在 DMA 数据传送过程中，读周期通过 DB$_7$ ~ DB$_0$ 把源存储器的数据送入数据缓冲器保存，写周期再把数据缓冲器的数据通过 DB$_7$ ~ DB$_0$ 送去目的存储器。
- A$_3$ ~ A$_0$：低 8 位地址线的低 4 位（双向/三态）。当 CPU 控制总线时，8237A 芯片相当于 I/O 设备，A$_3$ ~ A$_0$ 作为 CPU 选择 8237A 芯片内部寄存器的地址线（输入）；当 8237A 芯片控制总线时，A$_3$ ~ A$_0$ 作为 8237A 芯片通道的低 4 位地址线（输出）。
- A$_7$ ~ A$_4$：低 8 位地址线的高 4 位（输出/三态）。当 8237A 芯片控制总线时，A$_7$ ~ A$_4$ 作为 8237A 芯片通道的高 4 位地址线（输出）。

（2）时序与控制引脚

- CLK：时钟信号（输入），用于控制芯片内部定时和数据传送速率。8237A 芯片的默认时钟频率为 3 MHz，采用主频 5 MHz 的 8237A 芯片的传送速率可达到 1.6 MB/s。
- RESET：复位信号（输入/高电平有效）。当芯片被复位时，屏蔽寄存器被置 1，其余寄存器置 0，此时，8237A 芯片处于空闲状态，即 4 个通道 DMA 请求被禁止。
- $\overline{\text{CS}}$：8237A 芯片片选信号（输入/低电平有效）。当该信号有效时，8237A 芯片处于工作状态。
- READY：准备就绪信号（输入/高电平有效），使 8237A 芯片与慢速设备保持同步。在 DMA 传送过程中，当存储器或 I/O 设备的速度较慢而来不及收发数据时，设备可驱动 READY 信号为低电平，使得 8237A 芯片在总线传送周期自动插入等待周期，直到 READY 信号变成高电平。

- ADSTB：地址选通信号（输出/高电平有效）。当 8237A 芯片控制总线时，ADSTB = 1 将 8237A 芯片引脚 $DB_7 \sim DB_0$ 输出的高 8 位地址信号锁存到片外地址锁存器。
- AEN：地址允许信号（输出/高电平有效），与 ADSTB 配套使用。当 8237A 芯片控制总线时，AEN = 1 可以把片外地址锁存器中保存的高 8 位地址送入地址总线，与 8237A 芯片输出的低 8 位地址组成 16 位地址。在 CPU 控制总线时，AEN = 0。
- $\overline{IOR}$：I/O 读信号（双向/三态/低电平有效）。当 CPU 控制总线时，为输入信号，表示 CPU 读 8237A 芯片内部寄存器的状态信息；当 8237A 芯片控制总线时，为输出信号，表示 8237A 芯片对 I/O 设备的 DMA 读操作。
- $\overline{IOW}$：I/O 写信号（双向/三态/低电平有效）。当 CPU 控制总线时，为输入信号，表示 CPU 把数据写入 8237A 芯片内部寄存器；当 8237A 芯片控制总线时，为输出信号，表示 8237A 芯片对 I/O 设备的 DMA 写操作。
- $\overline{MEMR}$：存储器读信号（输出/三态/低电平有效）。在 8237A 芯片进行 DMA 传送时，该信号作为 8237A 芯片从（被 8237A 芯片选定的）存储器单元读出数据的控制信号。
- $\overline{MEMW}$：存储器写信号（输出/三态/低电平有效）。在 8237A 芯片进行 DMA 操作时，该信号作为 8237A 芯片向通道对应的当前存储器单元写入数据的控制信号。
- $\overline{EOP}$：DMA 传送结束信号（双向/低电平有效）。在任一通道 DMA 传送结束时，输出有效信号；此外，当 CPU 从 $\overline{EOP}$ 端输入有效信号时，可以强迫 8237A 芯片终止 DMA 传送过程。

（3）优先级编码引脚

- $DREQ_3 \sim DREQ_0$：DMA 请求信号（输入），有效电平由工作方式控制字确定。该组信号是 4 个通道的 I/O 外设向 8237A 芯片请求 DMA 传送的请求信号。当发起请求时，信号必须保持有效电平直到 8237A 芯片发出应答信号 DACK。当 DMA 复位时，该组信号初始化为高电平有效。
- $DACK_3 \sim DACK_0$：DMA 响应信号（输出），有效电平由工作方式控制字确定。该信号是 8237A 芯片发给申请 DMA 传送的通道（即发出 DREQx 信号的通道）的应答信号。
- HRQ：总线请求信号（输出/高电平有效）。该信号是 8237A 芯片接到某个通道的 DMA 请求信号，且该通道请求未被屏蔽后，8237A 芯片向 CPU 发出的请求占用总线信号。
- HLDA：同意占用总线信号（输入/高电平有效）。该信号是 CPU 收到 HRQ 信号后发给 8237A 芯片，同意其占用总线请求的应答信号。8237A 芯片收到 HLDA 信号后，即可进行 DMA 操作。

4.8.4 8237A 芯片的内部寄存器

在 8237A 芯片初始化编程时，CPU 通过地址 $A_3 \sim A_0$ 对 8237A 芯片内部寄存器进行访问，选择 DMA 传送相关的寄存器进行配置。地址 A_3 位用于确定访问的是哪一类寄存器：$A_3 = 0$ 时选择通道的地址寄存器和字节计数器，$A_3 = 1$ 时选择通道的方式寄存器和 8237A 芯片状态/控制寄存器。如表4-9所示，当 $A_3=0$ 时，A_2 和 A_1 位用于确定选择的通道，A_0 位则用于确定选择地址寄存器还是字节计数器。基地址和当前地址寄存器共用一个地址，CPU 利用 $\overline{IOR}$ 和 $\overline{IOW}$ 信号来区分（写入操作是同时写入基地址和当前地址寄存器，读出操作则是读出当前地址寄存器的数据）。同样的，基字节和当前字节计数器共用一个地址，CPU 亦用 $\overline{IOR}$ 和 $\overline{IOW}$ 信号来区分（写入操作是同时写入基字节和当前字节计数器，读出操作则是读出当前字节计数器的数据）。

表 4-9　8237A 芯片通道地址寄存器和字节计数器

通道	寄　存　器	操作	$\overline{CS}$ $\overline{IOR}$ $\overline{IOW}$	A_3 A_2 A_1 A_0	内 F/F	$DB_0 \sim DB_7$
0	基/当前地址	写	0　1　0 0　1　0	0　0　0　0 0　0　0　0	0 1	$A_0 \sim A_7$ $A_8 \sim A_{15}$
0	当前地址	读	0　0　1 0　0　1	0　0　0　0 0　0　0　0	0 1	$A_0 \sim A_7$ $A_8 \sim A_{15}$
0	基/当前字节计数	写	0　1　0 0　1　0	0　0　0　1 0　0　0　1	0 1	$W_0 \sim W_7$ $W_8 \sim W_{15}$
0	当前字计数	读	0　0　1 0　0　1	0　0　0　1 0　0　0　1	0 1	$W_0 \sim W_7$ $W_8 \sim W_{15}$
1	基/当前地址	写	0　1　0 0　1　0	0　0　1　0 0　0　1　0	0 1	$A_0 \sim A_7$ $A_8 \sim A_{15}$
1	当前地址	读	0　0　1 0　0　1	0　0　1　0 0　0　1　0	0 1	$A_0 \sim A_7$ $A_8 \sim A_{15}$
1	基/当前字节计数	写	0　1　0 0　1　0	0　0　1　1 0　0　1　1	0 1	$W_0 \sim W7$ $W_8 \sim W_{15}$
1	当前字计数	读	0　0　1 0　0　1	0　0　1　1 0　0　1　1	0 1	$W_0 \sim W_7$ $W_8 \sim W_{15}$
2	基/当前地址	写	0　1　0 0　1　0	0　1　0　0 0　1　0　0	0 1	$A_0 \sim A_7$ $A_8 \sim A_{15}$
2	当前地址	读	0　0　1 0　0　1	0　1　0　0 0　1　0　0	0 1	$A_0 \sim A_7$ $A_8 \sim A_{15}$
2	基/当前字节计数	写	0　1　0 0　1　0	0　1　0　1 0　1　0　1	0 1	$W_0 \sim W_7$ $W_8 \sim W_{15}$
2	当前字节计数	读	0　0　1 0　0　1	0　1　0　1 0　1　0　1	0 1	$W_0 \sim W_7$ $W_8 \sim W_{15}$
3	基/当前地址	写	0　1　0 0　1　0	0　1　1　0 0　1　1　0	0 1	$A_0 \sim A_7$ $A_8 \sim A_{15}$
3	当前地址	读	0　0　1 0　0　1	0　1　1　0 0　1　1　0	0 1	$A_0 \sim A_7$ $A_8 \sim A_{15}$
3	基/当前字节计数	写	0　1　0 0　1　0	0　1　1　1 0　1　1　1	0 1	$W_0 \sim W_7$ $W_8 \sim W_{15}$
3	当前字节计数	读	0　1　1 0　1　1	0　1　1　1 0　1　1　1	0 1	$W_0 \sim W_7$ $W_8 \sim W_{15}$

此外，表4-9中的"内 F/F"是字节指针，因为地址寄存器和字节计数器都是 16 位存器，而 CPU 与 8237A 芯片通信的数据总线 DB0~DB7 是 8 位的，所以，对表4-8中的地址寄存器和字节计数器，CPU 必须先读/写寄存器的低 8 位（指针 F/F＝0），再读/写寄存器

的高 8 位（指针 F/F = 1）。

注意：对同一个（即地址相同）地址寄存器或字节计数器的读写操作，必须连续进行两次！否则，因为"F/F 字节指针"是不可访问的，后续再对同一个寄存器访问将无法确定究竟是对寄存器低 8 位还是高 8 位操作。在 8237A 初始化编程的时候，最好通过软件复位或清除字节指针 F/F 的操作，令所有地址寄存器和字节计数器的字节指针 F/F 都清零。

关于表 4-8 中的 8237A 芯片通道地址寄存器和字节计数器的配置如下所述。

1. 基地址/当前地址寄存器（16 位）

每个通道的地址寄存器都存放 DMA 传送操作时该通道访问的存储器地址。

基地址寄存器的数据是 DMA 传送操作的存储器首地址，在初始化编程时由 CPU 写入，在整个 DMA 传送操作期间不再变化。该寄存器的数据只能写入，不能读出。

当前地址寄存器则是存储器的"地址指针"，指向当前正在访问的存储器地址。在初始化编程时，CPU 写入基地址寄存器的数据的同时也写入当前地址寄存器。在 DMA 传送操作期间，每传送一个字节，就修改当前地址寄存器的数据（加 1 或减 1）。若方式命令字中的 D4 位置 1，则在 DMA 操作结束时，自动将基地址寄存器的数据预置当前地址寄存器，相当于循环重复 DMA 操作。当前地址寄存器的数据可以随时被 CPU 读出。

2. 基字节/当前字节计数器（16 位）

每个通道的字节计数器都存放该通道 DMA 传送的"字节数 – 1"（因为计数到 FFFFH 停止）。

基字节计数器的数据是需要传送操作的总字节数，在初始化编程时由 CPU 写入，在整个 DMA 传送操作期间不变。该计数器的数据只能写入，不能读出。

当前字节计数器的数据是 DMA 传送操作的当前剩余字节数。在初始化编程时，CPU 写入基字节计数器的数据的同时也写入当前字节计数器。在 DMA 传送操作期间，每传送一个字节，当前字节计数器的数据减 1。当递减到 FFFFH 时，将产生 DMA 操作结束信号。若方式命令字中的 D_4 位置 1，采用自动预置方式，则在 DMA 操作结束时，自动将基字节计数器的数据预置当前字节计数器，相当于循环重复 DMA 操作。当前字节计数器的数据可以随时被 CPU 读出。

如表 4-10 所示，当地址 $A_3 = 1$ 时，CPU 访问的是通道的方式寄存器和所有通道共用的控制/状态寄存器，大部分地址对应唯一的寄存器，只能执行写入命令字操作；仅有部分地址是两个寄存器共用，CPU 利用 $\overline{IOR}$ 和 $\overline{IOW}$ 信号来区分（例如控制寄存器只能写入命令字，而同一地址读出的则是状态寄存器保存的状态字）。值得注意的是，在表 4-10 中，低 4 位地址是"C""D""E"的寄存器没有对应的命令字；只要对其执行了写入操作，无论写入的数据是什么，执行的功能都是一样的，分别是清除字节指针 F/F、软件复位和清除屏蔽标志。

表 4-10   8237A 芯片方式/控制/状态寄存器

A_3 A_2 A_1 A_0	$\overline{IOR}$	$\overline{IOW}$	读 写 操 作	低 4 位地址
1 0 0 0	0	1	读状态寄存器	8
1 0 0 0	1	0	写命令/控制寄存器	
1 0 0 1	0	1	非法	9
1 0 0 1	1	0	写 DMA 请求标志寄存器	

$A_3\ A_2\ A_1\ A_0$	$\overline{IOR}$	$\overline{IOW}$	读 写 操 作	低 4 位地址
1 0 1 0	0	1	非法	A
1 0 1 0	1	0	写屏蔽寄存器（仅 1 位）	
1 0 1 1	0	1	非法	B
1 0 1 1	1	0	写方式寄存器	
1 1 0 0	0	1	非法	C
1 1 0 0	1	0	清除字节指针 F/F	
1 1 0 1	0	1	读暂存器	D
1 1 0 1	1	0	复位（总清）	
1 1 1 0	0	1	非法	E
1 1 1 0	1	0	清除/屏蔽标志寄存器	
1 1 1 1	0	1	非法	F
1 1 1 1	1	0	写屏蔽寄存器（所有位）	

4.8.5 8237A 芯片的命令字和状态字

在 8237A 芯片初始化编程时，CPU 除了配置 8237A 芯片通道的地址寄存器和字节计数器，还需要向通道的方式寄存器和 8237A 芯片状态/控制寄存器（如表 4-10 所示）写入对应的命令字。此外，CPU 可以通过读取状态字了解 8237A 芯片通道的当前情况。8237A 芯片的命令字和状态字如下所述。

1. 方式命令字

8237A 芯片每个通道各有一个 6 位方式寄存器，负责通道的工作方式。4 个通道的方式寄存器共用一个 8 位的方式命令字，初始化编程时由 CPU 写入地址 $A_3 - A_0$ 是"B"的方式寄存器（如表 4-10 所示）。8237A 芯片方式命令字的格式如图 4-62 所示，具体如下所述。

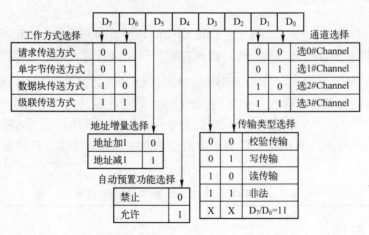

图 4-62 8237A 芯片方式命令字格式

（1）D_1/D_0 位

D_1/D_0 位是通道选择位，D_1 和 D_0 位的值决定该方式命令字写入到哪一个通道的方式寄存器中。由于 8237A 芯片每个通道的方式寄存器为 6 位，所以 8 位的方式命令字写入 6 位的方式寄存器时，只将 8 位方式命令字的 $D_7 \sim D_2$ 位写入 6 位的方式寄存器，D_1 和 D_0 位不写入。

（2）D_3/D_2 位

D_3/D_2 位是传送类型选择位，决定 8237A 芯片的传送类型。8237A 芯片共有以下三种传送类型。

- DMA 读传送：把存储器的数据传送至外设输出。DMA 传送时，若 $\overline{MEMR}$ 有效，则从存储器读出数据；若 $\overline{IOW}$ 有效，则把数据写入外设。
- DMA 写传送：把外设输入的数据传送至存储器。DMA 传送时，若 $\overline{IOR}$ 有效，则从外设读出数据；若 $\overline{MEMW}$ 有效，则把数据写入存储器。
- DMA 校验传送：用来对 DMA 读/写传送功能进行校验，实际不传送数据。在 DMA 校验传送时，8237A 芯片保留对系统总线的控制权，但不产生对 I/O 接口和存储器的读写信号，只产生地址信号，驱动计数器进行减 1 计数，以及响应 $\overline{EOP}$ 信号。

（3）D_4 位

D_4 位是自动预置功能位。当 $D_4 = 1$ 时，允许自动预置：每当 DMA 传送结束，基地址寄存器自动将保存的存储器数据区首地址传送给当前地址寄存器，基字节计数器自动将保存的传送数据字节数传送给当前字节计数器，进入下一轮 DMA 传送过程。当 $D_4 = 0$ 时，禁止自动预置。需要注意的是，如果一个通道被设置为自动预置方式，那么该通道对应的屏蔽位应置 0。

（4）D_5 位

D_5 位是地址增减选择位。当 $D_5 = 1$ 时，每传送一个字节，当前地址寄存器的内容减 1（即地址递减）；当 $D_5 = 0$ 时，每传送一个字节，当前地址寄存器的内容加 1（即地址递增）。

（5）D_7/D_6 位

D_7/D_6 位是通道工作方式选择位。8237A 芯片的通道共有 4 种工作方式，即单字节传送方式、数据块传送方式、请求传送方式和级联传送方式，如下所述。

- 单字节传送方式：8237A 控制器的每一次 DMA 传送只传输一个字节的数据，就释放系统总线，把总线控制权交还给 CPU。每次完成一个字节的传送，8237A 芯片的当前字节计数器的值自动减 1，而当前地址寄存器的值则递增（加 1）或递减（减 1）。8237A 芯片在释放总线后，立即对 DREQ 端进行测试，一旦 DREQ 有效，则 8237A 芯片再次发出总线请求信号，进入下一个字节的 DMA 传送。如此循环，直至当前字节计数器的值为 0，结束 DMA 传送。

  特点：一次 DMA 请求只传送 1 个字节的数据，效率较低。但是保证了在两次 DMA 传送之间，CPU 有机会获得总线控制权。

- 数据块传送方式：8237A 控制器的每一次 DMA 传送都会连续传送字节，直到整个数据块全部传送完毕（当前字节计数器由 0 减到 FFFFH），才结束 DMA 传送，交出总线控制权。

特点：数据传输效率高，DREQ 端有效电平只要保持到 DACK 端电平有效，就能传送完整个数据块。但在传送期间，CPU 长时间失去系统总线控制权，无法正常工作。

- 请求传送方式：该方式与数据块传送方式类似，也是连续传送数据的方式。不同之处在于在请求传送方式下，每次传送一个字节后，8237A 芯片都要检测一次 DREQ 端的信号是否有效。若检测到 DREQ 端变为无效电平，则立刻"挂起"，停止 DMA 传送。但 8237A 芯片并不释放系统总线，且当前地址寄存器和当前字节计数器的值全部保持。当检测到 DREQ 端变为有效电平时，就在原来的基础上继续进行传送，直到当前字节计数器减到 0 或由外设产生 $\overline{EOP}$ 信号时，8237A 芯片才能终止 DMA 传送，释放系统总线控制权。

  特点：适合慢速的外部设备，DMA 操作可由外设利用 DREQ 端信号控制 DMA 传送的过程。

- 级联传送方式：当 8237A 芯片通道不够用时，可通过多片 8237A 芯片级联的方式构成主从式 DMA 系统，扩充 DMA 通道。级联的方式是把从片 8237A 的 HRQ 和 HLDA 引脚分别连到主片 8237A 某个通道的 DREQ 和 DACK 引脚上；从片的优先权等级与所连主片通道的优先权相对应；主片只起优先权网络的作用，实际的操作由从片完成。值得注意的是，连接从片的主频通道应设为级联传送方式，但是对应的从片则要设置成其他三种工作方式之一。

  特点：可扩展多个 DMA 通道。

2. 控制命令字

8237A 芯片 4 个通道共用一个 8 位的控制命令字，初始化编程时由 CPU 写入地址 $A_3 - A_0$ 是 "8" 的寄存器（如表 4-10 所示）。如图 4-63 所示，控制命令字的格式如下。

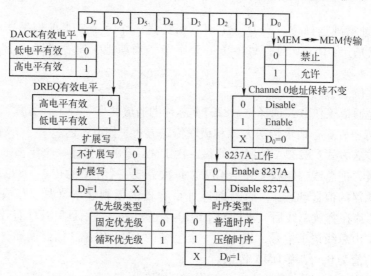

图 4-63　8237A 芯片的控制命令字格式

- D_0 位：允许或禁止存储器到存储器的传送操作。当 $D_0 = 0$ 时，禁止存储器到存储器的传送；当 $D_0 = 1$ 时，允许存储器到存储器的传送。

注意：若选择 $D_0 = 1$，则相关通道无法再与 I/O 设备进行 DMA 传送。若这些通道需要与 I/O 设备传送，则必须重置 $D_0 = 0$，释放通道。

- D_1 位：在存储器到存储器的传送过程中，源地址保持不变或改变。当 $D_1 = 0$ 时，传送过程中源地址允许变化；当 $D = 1$ 时，传送过程中源地址保持不变。值得注意的是，当 $D_0 = 0$ 时，由于不允许存储器到存储器传送，此时 D_1 位无意义。

- D_2 位：8237A 使能位。当 $D_2 = 0$ 时，允许 8237A 芯片工作；当 $D_2 = 1$ 时，禁止 8237A 芯片工作。

- D_3 位：时序类型选择位。当 $D_3 = 0$ 时，8237A 芯片处于正常时序，一次 DMA 传送一般需要用 3 个时钟周期；当 $D_3 = 1$ 时，8237A 芯片为压缩时序，在大多数情况下仅用 2 个时钟周期完成一次 DMA 传送，仅当 $A_{15} \sim A_8$ 发生变化时需要用 3 个时钟周期。

- D_4 位：优先权方式选择位。当 $D_4 = 0$，采用固定优先级；$D_4 = 1$，采用循环优先级。固定优先级是指 8237A 芯片通道的优先级次序是按照通道 0→通道 1→通道 2→通道 3 的顺序依次降低。循环优先级是指 8237A 芯片通道优先级循环，避免独占总线。例如，最初优先级次序是 0→1→2→3，当通道 2 执行 DMA 操作后，其优先级降为最低，即优先级次序变为 3→0→1→2。

值得注意的是，在中断方式优先级中，高级中断源可以随时打断低级中断源的中断服务。而在 DMA 方式优先级中，当低级通道进行 DMA 操作时，不允许高级通道中止当前操作。

- D_5 位：表示 $\overline{IOW}$ 或 $\overline{MEMW}$ 信号的长度。$D_5 = 1$ 表示 $\overline{IOW}$ 或 $\overline{MEMW}$ 信号要扩展两个时钟周期以上。值得注意的是，当 $D_3 = 0$ 时，即采用普通时序工作，D_5 位才有意义。

- D_6 位：选择 DMA 请求信号 DREQ 的有效电平。

- D_7 位：选择 DMA 响应信号 DACK 的有效电平。

3. 请求命令字

DMA 请求既可以由外设发出（由 DREQ 端引入），也可以由 8237A 芯片的软件产生。通过 CPU 把请求命令字写入地址 $A_3 - A_0$ 是 "9" 的寄存器（如表 4-10 所示），可以设置或撤销某个通道的 DMA 请求。请求命令字的格式如图 4-64 所示。其中，D_1 和 D_0 位决定当前工作的通道，D_2 位则用来表示是否对该通道设置 DMA 请求。当 $D_2 = 1$ 时，使相应通道的 DMA 请求触发器置 1，产生 DMA 请求，当 $D_2 = 0$ 时，清除该通道的 DMA 请求。

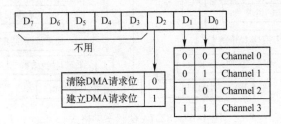

图 4-64　8237A 芯片的请求命令字格式

4. 屏蔽命令字

屏蔽命令字是用来设置各个通道的 DMA 请求是否允许的命令字，其内容保存在屏蔽寄存器内。8237A 芯片的屏蔽命令字有以下两种。

一种是单通道的屏蔽命令字，只能完成单个通道的 DMA 屏蔽设置，由 CPU 写入地址 $A_3 - A_0$ 是 "A" 的寄存器（如表 4-10 所示）。如图 4-65 所示，屏蔽字的 D_1 和 D_0 位决定工作的通道。当 $D_2 = 1$ 时，屏蔽该通道；当 $D_2 = 0$ 时，不屏蔽该通道。

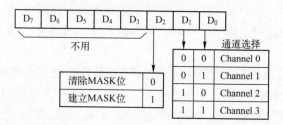

图 4-65　8237A 芯片的屏蔽命令字（单通道）格式

另一种是全通道的屏蔽命令字，可以同时完成 4 个通道的 DMA 屏蔽设置，由 CPU 写入地址 $A_3 - A_0$ 是 "F" 的寄存器（如表 4-10 所示）。如图 4-66 所示，屏蔽字的 $D_3 \sim D_0$ 位中有一位为 1 时，可以屏蔽对应的通道，其余为 0 的位所对应的通道则不屏蔽。

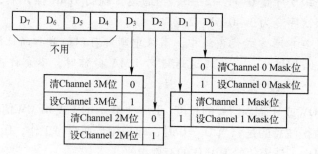

图 4-66　8237A 的屏蔽命令字（全通道）格式

5. 状态字

状态字是表 4-10 中唯一可以被 CPU 读到的寄存器（地址 $A_3 - A_0$ 是 "8"）内容，其中状态字低 4 位反映了 8237A 芯片当前 4 条通道的 DMA 操作是否结束，状态字高 4 位则反映了每条通道有没有 DMA 请求。状态字的格式如图 4-67 所示。

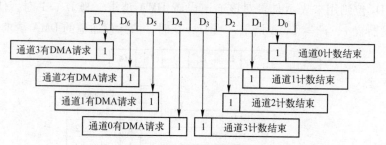

图 4-67　8237A 的状态字格式

每次 DMA 传送操作结束后，相关通道的 "请求" 标志位和 "计数结束" 标志位都置 1。上述标志位必须清零后，该通道才能再次使用；否则该通道无法正常使用。因此，每次 DMA 传送前都必须进行软件复位（写入 $A_3 - A_0$ 地址是 "D" 的寄存器），使状态字清零。

4.8.6 8237A 芯片的初始化过程和工作时序

综上所述，8237A 芯片初始化编程主要是设置 DMA 传送所需的源通道和目标通道首地址，数据传送总字节数，以及将 DMA 传送相关命令字写入对应的寄存器。初始化过程如下所述。

1）输出复位命令（对地址 $A_3 - A_0$ 为"D"的寄存器执行写入操作，写入任何数据都行）。

2）待访问的 I/O 外设地址或存储器单元首地址写入指定通道的基地址与当前地址寄存器。

3）待传送的字节数减去 1，写入指定通道的基字节与当前字节计数寄存器。

4）写入方式命令字（一次或多次配置地址 $A_3 - A_0$ 为"B"的寄存器，指定相应的通道）。

5）写入控制命令字（配置地址 $A_3 - A_0$ 为"8"的寄存器）。

6）写入屏蔽命令字（配置地址 $A_3 - A_0$ 为"F"或"A"的寄存器）。

7）若软件方式产生 DMA 请求，则写入请求命令字（配置地址 $A_3 - A_0$ 为"9"的寄存器），指定通道立即开始 DMA 传送过程；若非软件请求，则等待通道的 DREQ 端信号有效。

初始化编程结束后，8259A 芯片随即进入工作状态。其状态机由空闲状态、过渡状态和 DMA 传送状态组成，工作时序如图 4-68 所示（其中一个状态 Sx 在时间上相当于一个 CLK 时钟周期）。

（1）空闲状态 S_I

CPU 控制系统总线，8237A 芯片等待 I/O 设备的 DMA 请求（DREQ 端信号有效）。若检测到有效请求，8237A 芯片随即向 CPU 发出总线请求信号 HRQ，进入 S_0 状态。注意：若是软件请求，则在写入请求命令字后，8237A 芯片立即向 CPU 发出总线请求信号 HRQ，进入 S_0 状态。

（2）过渡状态 S_0

8237A 芯片等待收到 CPU 的同意占用总线信号 HLDA。收到 CPU 返回的 HLDA 信号后，8237A 芯片接管系统总线，进入 S_1 状态。

（3）DMA 传送状态 $S_1 \sim S_4$

- S_1 状态：使能地址允许信号 AEN 和地址选通信号 ADSTB，高 8 位地址 $A_{15} \sim A_8$ 锁存。
- S_2 状态：输出 16 位地址到存储器；向 I/O 设备发 DMA 响应信号 DACK，准备传送数据。
- S_3 状态：信号 $\overline{MEMR}$ 或 $\overline{IOR}$ 有效，从源地址（存储器或 I/O 设备）读出数据。
- S_4 状态：信号 $\overline{IOW}$ 或 $\overline{MEMW}$ 有效，向目标地址（存储器或 I/O 设备）写入数据。

注：8237A 芯片每传送一个字节数据，其状态机都遍历一次 $S_1 \rightarrow S_4$ 或 $S_2 \rightarrow S_4$ 循环。在 DMA 传送过程中，一般高 8 位地址 $A_{15} \sim A_8$ 不变，低 8 位地址 $A_7 \sim A_0$ 连续变动。所以，除了第一个字节的状态循环是 $S_1 \rightarrow S_2 \rightarrow S_3 \rightarrow S_4$，以后字节的状态循环则只需要 $S_2 \rightarrow S_3 \rightarrow S_4$ 即可（如图 4-68 所示）。在 DMA 传送结束后，8237A 芯片自动返回空闲状态 S_I。此外，若 I/O 外设速度较慢，可以扩展写信号，或者通过 READY 信号在 S_3 和 S_4 状态间插入等待状态。

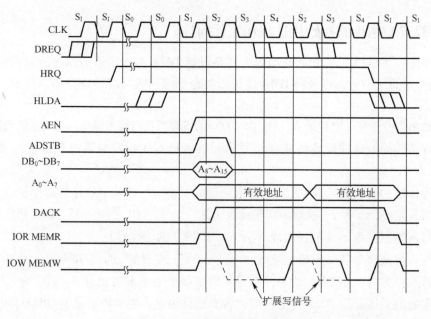

图 4-68　8237A 芯片的工作时序

4.8.7　"CPU + 外部存储器 + 8237A" 微机系统

本实验的 "CPU + 外部存储器 + 8237A" 微机系统电路如图 4-69 所示，其与实验 3.1 的微程序 CPU 电路非常相似，唯一不同的是把 CPU 的 I/O 接口直接换成了 8237A 应用电路（左下角），其他电路保持不变。

因为总线请求信号 HRQ 和允许占用总线信号 HLDA 是 8086CPU 独有的结构，实验 3.1 的微程序 CPU 没有相关的电路。所以，本实验中用一个 74LS74 触发器 U11：B 来实现总线的请求与响应：当 8237A 芯片将信号 HRQ 置 1 时，在下一个 8237A 时钟的时钟上升沿，信号 HLDA 跟随置 1，自动允许 8237A 芯片占用外部总线。同样的，因为拨码开关是一个没有逻辑电路的 I/O 设备，所以，本实验中采用开关手动引起 74LS74 触发器 U13：A 的输入端信号上升沿跳变，使能拨码开关对应的 DMA 请求信号 DREQ1 = 1；一旦 8237A 芯片置位 DMA 响应信号 $DACK_1$ = 1，将立即清零 74LS74 触发器 U13：A，撤销 DMA 请求信号 DREQ1（信号归零）。

8237A 应用电路如图 4-70 所示，由可编程 DMA 控制器 8237A、外部 I/O 设备（拨码开关）、外部存储器 EX_RAM 和 EX_ROM 构成，拥有独立的 8 位外部数据总线 DBUS_[7..0] 和 16 位外部地址总线 ABUS_[15..0]。在没有 CPU 干预的情况下，8237A 芯片可以通过信号 $\overline{8237\_IOR}$ 和 $\overline{8237\_MW}$ 自主把拨码开关的数据写入外部存储器 EX_RAM，也可以通过信号 $\overline{8237\_MR}$ 和 $\overline{8237\_MW}$ 控制数据在外部存储器 EX_ROM 和 EX_RAM 之间传输。值得注意的是，本实验中 8237A 芯片只控制外部总线，不影响微程序 CPU 的内部运行。

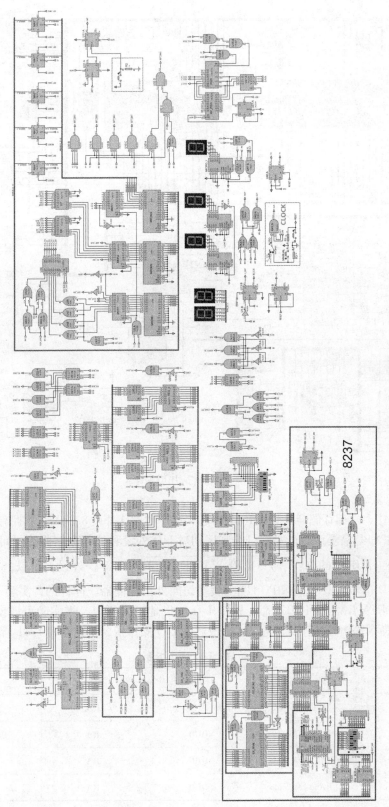

图4—69 微程序 "CPU+外部存储器+8237A" 微机系统电路图

8237

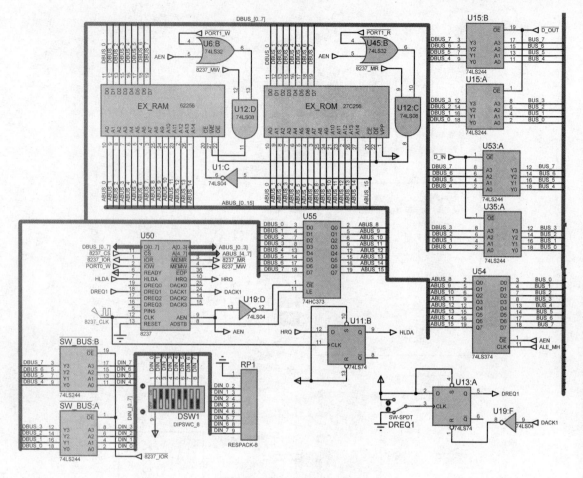

图 4-70　8237A 应用电路图

在图 4-70 中，外部存储器（EX_ROM/EX_RAM）和 I/O 外设 8237A 芯片拥有互相独立的地址空间。所以 CPU 需要两套读写信号线来区别对 I/O 外设和外部存储器的访问。因为实验 4.1~4.7 一直使用 CPU 的 IO 信号 $\overline{PORT0\_W}$ 和 $\overline{PORT0\_R}$ 访问 I/O 外设，所以，本实验使用 CPU 的另一组 IO 信号 PORT1_W 和 PORT1_R 负责访问外部存储器。同样的，实验 4.1~4.7 一直默认使用 "OUTA RA, PORT0" 命令输出 I/O 外设地址，所以，本实验可以使用 "OUTA RA, PORT1" 命令输出外部存储器地址。修改后的 I/O 操作指令格式如表 4-11 所示。

表 4-11　I/O 操作指令

汇编语言	功　能	$I_7 I_6 I_5 I_4$	$I_3 I_2$	$I_1 I_0$
IN　RA,PORTx;	（PORTx）→RA	0100	RA	PORTx
OUT　RA,PORTx;	（RA）→PORTx	0101	RA	0/PORTx
OUTA　RA,IO;	（RA）→IO_addr	0101	RA	1/0
OUTA　RA,M;	（RA）→M_addr	0101	RA	1/1

如图 4-71 所示，当 CPU 的地址锁存信号 ALE = 0 时，令 CPU 的 IO 输入使能信号 $\overline{IO\_R}$ = $\overline{D\_IN}$ 且 IO 输出使能信号 $\overline{IO\_W}$ = $\overline{D\_OUT}$，允许 CPU 通过 IN 或 OUT 指令从外部数据总线 DBUS 读入或写出数据；当 ALE = 1 时，表示 CPU 当前执行 OUTA 指令，CPU 系统总线 BUS 输出的是地址。此时，信号 $\overline{D\_IN}$ = 1 和 $\overline{D\_OUT}$ 皆置 1，外部数据总线 DBUS 与 CPU 的系统总线 BUS 隔离（如图 4-70 所示）。

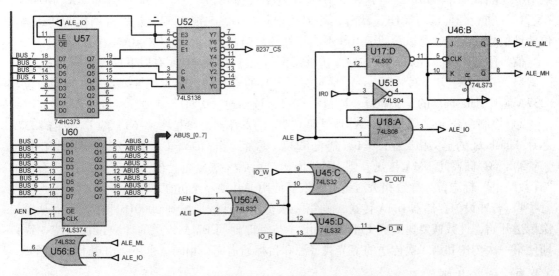

图 4-71　外部存储器及 I/O 设备的地址译码电路图

当 ALE = 1 时，若指令 OP 码的 IR_0 = 0（即指令的 I_0 = 0），则总线 BUS 输出的是 8 位 I/O 外设地址，令 IO 地址访问信号 ALE_IO = 1（上升沿跳变），把 8 位地址锁存到 74LS374 寄存器 U60 和 U57。其中地址 $[A_7 A_6 A_5 A_4]$ 送往 3 - 8 译码器 U52 译码，生成 8237A 片选信号 $\overline{8237\_CS}$（8237A 地址 $[A_7 A_6 A_5 A_4]$ = $[1101]$）；而地址 $[A_3 A_2 A_1 A_0]$ 用来选择 8237A 内部寄存器。

当 ALE = 1 时，若指令 OP 码的 IR_0 = 1（即指令的 I_0 = 1），则总线 BUS 输出的是外部存储器地址。16 位外部地址总线 ABUS 的地址空间是 0000H ~ FFFFH（64 KB），其中低 32 KB 地址为只读 EX_ROM 区（0000H ~ 7FFFH），高 32 KB 地址为可读写 EX_RAM 区（8000H ~ FFFFH）。

因为 CPU 系统总线 BUS 是 8 位，而外部地址总线 ABUS 是 16 位，所以，必须采用一个 JK 触发器（74LS73）U_{46}:B 来实现"字节指针"功能，如图 4-71 所示：当总线 BUS 输出外部存储器地址时，JK 触发器 U_{46}:B 的输入端下降沿跳变，引起信号 ALE_ML 和 ALE_MH 翻转。连续两次输出外部存储器地址，将引起信号 ALE_ML 和 ALE_MH 先后上升沿跳变，从而把外部地址总线的低 8 位 ABUS_[7..0] 和高 8 位 ABUS_[15..8]，分别锁存到 74LS374 寄存器 U_{60} 和 U_{54}。

注意：访问外部存储器地址，CPU 必须通过总线 BUS 连续输出两个地址（即连续执行两次 OUTA 指令）。第一次输出外部地址总线 ABUS 低 8 位，第二次输出地址总线 ABUS 高 8 位。否则，因为图 4-71 中的地址 ABUS "字节指针"（JK 触发器 U_{46}:B）是不可访问的，后续再对外部存储器的地址访问将无法确定究竟是对 ABUS 低 8 位还是高 8 位操作。

此外，当 8237A 芯片控制系统总线，开始 DMA 传送时（如图 4-68 所示的 S_1 状态），其地址允许信号 AEN = 1 且地址选通信号 ADSTB = 1。此时，8237A 芯片 $DB_7 \sim DB_0$ 引脚需要通过外部数据总线 DBUS 把高 8 位地址信号锁存到片外地址锁存器（74HC373 寄存器 U_{55}），并且输出到外部地址总线的高 8 位 ABUS_[15..8]。所以，信号 AEN = 1 使 CPU 系统总线 BUS 不仅与外部地址总线 ABUS 隔离（74LS374 寄存器 U_{54} 和 U_{60}），而且与外部数据总线 DBUS 隔离（信号 $\overline{D\_IN}$ = 1 和 $\overline{D\_OUT}$ 皆置 1），同时禁止对外部存储器 EX_ROM 和 EX_RAM 进行任何读写操作（此时，外部数据总线 DBUS 被 8237A 芯片占用作为传送高 8 位地址信号的路径，所以总线 DBUS 不能与外部存储器 EX_ROM/EX_RAM 相互影响）。

值得注意的是，Proteus 的 8237A 仿真模型与元器件 datasheet 有以下重大差异。

1）方式命令字（写入 $A_3 - A_0$ 地址是"B"的寄存器，参见图 4-62）的 D_3/D_2 位与 8237A 芯片 datasheet 的定义相反：D_3/D_2 = 0/1，读传输；D_3/D_2 = 1/0，写传输。

2）控制命令字（写入 $A_3 - A_0$ 地址是"8"的寄存器，参见图 4-63）的 D_2 位与 8237A 芯片 datasheet 的定义相反：D_2 = 0，禁止 8237A 芯片工作；D2 = 1，允许 8237A 芯片工作。

3）若存储器间 DMA 传送，则 DMA 传送结束后无法复位，即无法有效清除状态字的"计数结束"标志位，导致相关通道无法恢复使用，必须停止仿真，重新开始才恢复正常。

4）若外设与存储器 DMA 传送，则第一次传送的计数递减到 0000H 即停止，而从第二次传送开始，计数恢复递减到 FFFFH 停止（与存储器间 DMA 传送的计数过程保持一致）。即使第一次传送和第二次传送的字节数、源和目标通道完全相同，也还会出现上述问题。

4.8.8 实验步骤

实验 1：外部存储器直接访问

1）外部存储器直接访问程序 EXRAM.asm 存放在实验 4.8 项目的 test 子文件夹里，实现了对外部存储器 EX_RAM 的写入和读出功能：把通用寄存器的数据写入外部存储器 EXRAM，再把该数据从 EXRAM 读出并保存到另一个通用寄存器。具体代码如下所示。

```
ORG   0000H
      DB   00111000B;SET R2,00H      ;
      DB   00000000B;
      DB   00110100B;SET R1,80H      ;
      DB   10000000B;

      DB   00110000B;SET R0,FFH      ;
      DB   11111111B;
      DB   01011011B;OUTA R2,M_L8    ;写外部存储器低 8 位地址 A0 ~ A7 [00H]
      DB   01010111B;OUTA R1,M_H8    ;写外部存储器高 8 位地址 A8 ~ A15 [80H]

      DB   01010001B;OUT R0,PORT1    ;R0 数据写入外部存储器 EXRAM
      DB   00000001B;HLT
      DB   01001101B;IN R3,PORT1     ;外部存储器 EXRAM 数据写入 R3
      DB   00000001B;HLT

      END
```

2）编译、烧写、自动运行上述 EXRAM. asm 程序，在程序运行过程中，观察通用寄存器 R3 和外部存储器 EX_RAM 地址［8000H］的数据变化（注：程序编译、烧写、初始化、自动运行以及跳出断点的方法，参见"3.1.11 实验步骤"中的相关内容）。

3）通过以下程序 EXROM. asm，把 ASCII 码字符数组"HELLO! HELLO!"批量烧写到外部存储器 EX_ROM 首地址［0000H］。

```
ORG  0000H
     DB  01001000B;48H 'H'
     DB  01000101B;45H 'E'
     DB  01001100B;4CH 'L'
     DB  01001100B;4CH 'L'

     DB  01001111B;4FH 'O'
     DB  00100001B;21H '!'
     DB  01001000B;48H 'H'
     DB  01000101B;45H 'E'

     DB  01001100B;4CH 'L'
     DB  01001100B;4CH 'L'
     DB  01001111B;4FH 'O'
     DB  00100001B;21H '!'
END
```

4）参考程序 EXRAM. asm，编写程序，以通用寄存器为中转站，把从外部存储器 EX_ROM 首地址［0000H］开始的数组"HELLO!"逐个读出，并且依次写入从外部存储器 EX_RAM 地址［8000H］开始的存储区域。

实验 2：DMA 传送

1）DMA 传送程序 8237. asm 存放在实验 4.1 项目的 test 子文件夹里，实现的功能如下：配置 DMA 控制器 8237A，通过软件请求的方式，触发 8237A 自动把外部存储器 EX_ROM 首地址［0000H］开始的数组"HELLO!"，批量写入外部存储器 EX_RAM 地址［8000H］开始的存储区域。具体代码如下所示。

```
ORG  0000H

DB  00111000B;SET R2,00H  ;R2 保存常数"0",在后面地址/数据赋值中使用
DB  00000000B;
DB  00110000B;SET R0,DDH  ;片选 8237[1101xxxx],片内地址[xDH]是 8237 复位寄存器
DB  11011101B;

DB  01010010B;OUTA R0,IO  ;写 IO 外设地址 A0 ~ A7
DB  01011000B;OUT R2,PORT0;所有地址和计数寄存器清零,通道 0 - 3 全部屏蔽
DB  00110000B;SET R0,D0H  ;片选 8237[1101xxxx],片内地址[x0H]是通道 0 地址寄存器
DB  11010000B;

DB  01010010B;OUTA R0,IO  ;写 IO 外设地址 A0 ~ A7
```

```
DB  01011000B;OUT R2,PORT0;通道 0 发送首地址 0000H(EXROM),写入首地址低 8 位
DB  01011000B;OUT R2,PORT0;写入首地址高 8 位
DB  00110000B;SET R0,D1H  ;片选 8237[1101xxxx],片内地址 [x1H]是通道 0 计数寄存器

DB  11010001B;
DB  01010010B;OUTA R0,IO  ;写 IO 外设地址 A0 ~ A7
DB  00110100B;SET R1,05H  ;;通道 0 发送的字节数是 6,实际计数值是 (6 - 1) = 5
DB  00000101B;

DB  01010100B;OUT R1,PORT0;写入 16 位字节数的低 8 位"05"H
DB  01011000B;OUT R2,PORT0;写入 16 位字节数的高 8 位"00"H
DB  00110000B;SET R0,D2H  ;片选 8237[1101xxxx],片内地址 [x2H]是通道 1 地址寄存器
DB  11010010B;

DB  01010010B;OUTA R0,IO  ;写 IO 外设地址 A0 ~ A7
DB  01011000B;OUT R2,PORT0;写入首地址低 8 位,通道 1 接收首地址 8000H(EXRAM)
DB  00110100B;SET R1,80H  ;
DB  10000000B;

DB  01010100B;OUT R1,PORT0;写入首地址高 8 位 80H
DB  00110000B;SET R0,D3H  ;片选 8237[1101xxxx],片内地址 [x3H]是通道 1 计数寄存器
DB  11010011B;
DB  01010010B;OUTA R0,IO  ;写 IO 外设地址 A0 ~ A7

DB  00110100B;SET R1,05H  ;通道 1 接收的字节数是 6,实际计数值是 (6 - 1) = 5
DB  00000101B;
DB  01010100B;OUT R1,PORT0;写入 16 位字节数的低 8 位"05"H
DB  01011000B;OUT R2,PORT0;写入 16 位字节数的高 8 位"00"H

DB  00110000B;SET R0,DBH  ;片选 8237[1101xxxx],片内地址 [xBH]是 8237 方式寄存器
DB  11011011B;
DB  01010010B;OUTA R0,IO  ;写 IO 外设地址 A0 ~ A7
DB  00110100B;SET R1,84H
    ;数据块传送方式(10),地址递增(0),禁止自动重载(0),读传送(01),选择通道 0(00)

DB  10000100B;
DB  01010100B;OUT R1,PORT0   ;
DB  00110100B;SET R1,89H
    ;数据块传送方式(10),地址递增(0),禁止自动重载(0),写传送(10),选择通道 1(01)
DB  10001001B;

DB  01010100B;OUT R1,PORT0   ;
DB  00110000B;SET R0,D8H  ;片选 8237[1101xxxx],片内地址 [x8H]是 8237 控制寄存器
DB  11011000B;
```

```
    DB  01010010B;OUTA R0,IO   ;写 IO 外设地址 A0 ~ A7

    DB  00110100B;SET R1,85H
        ;DACK 高电平有效(1),DREQ 高电平有效(0),不扩展写(0),固定优先级(0)
    DB  10000101B;普通时序(0),选通 8237(1),通道 0 地址不保持(0),允许 M2M 传输 (1)
    DB  01010100B;OUT R1,PORT0;
    DB  00110000B;SET R0,DFH
        ;片选 8237[1101xxxx],片内地址[xFH]是 8237 全 4 位 MASKS 寄存器

    DB  11011111B;
    DB  01010010B;OUTA R0,IO   ;写 IO 外设地址 A0 ~ A7
    DB  00110100B;SET R1,0CH   ;xxxx1100,通道 0 和 1 全部开放
    DB  00001100B;

    DB  01010100B;OUT R1,PORT0;
    DB  00000001B;HLT
    DB  00110000B;SET R0,D9H   ;片选 8237[1101xxxx],片内地址是 8237 请求寄存器[x9H]
    DB  11011001B;

    DB  01010010B;OUTA R0,IO   ;写 IO 外设地址 A0 ~ A7
    DB  00110100B;SET R1,04H   ;xxxxx100,通道 0 的 DMA 请求位置位(软件请求)
    DB  00000100B;
    DB  01010100B;OUT R1,PORT0;

    DB  00000001B;HLT

    END
```

1）编译、烧写、自动运行上述 8237. asm 程序（注：程序编译、烧写、初始化、自动运行以及跳出断点的方法，参见"3.1.11 实验步骤"中的相关内容）。

2）同样是实现数组"HELLO!"在外部存储器间批量传送，比较本实验中采用 8237A 协处理的方法和实验 1 中用 CPU 亲自处理的方法，哪种方法更快，代码量更少？

3）上述 DMA 传送程序 8237. asm 采取的是软件请求方式触发 8237A 工作。请参考 8237. asm 程序，编写程序，配置 DMA 控制器 8237A，通过手动开关令 DREQ$_1$ 端置 1 的方式，触发 8237A 自动把拨码开关 DSW$_1$ 输入的 8 位数据依次填充从外部存储器 EX_RAM 地址［8000H］开始的 6 个存储单元（即填充的存储区域地址范围：8000H ~ 8005H）。

4.8.9　思考题

请把本实验的微程序"CPU + 外部存储器 + 8237A"微机系统改成相应的硬布线微机系统和流水线微机系统，并且运行本实验的 EXRAM. asm 和 8237. asm 程序。请问上述程序在硬布线微机系统和流水线微机系统中需要修改么？若需要，请修改并测试。

附　　录

附录 A　Proteus 虚拟仿真软件简介

A. 1　Proteus 软件概述

Proteus 是英国 Lab Center Electronics 公司出版的 EDA（Electronics Design Automation，电子设计自动化）工具软件，中国总代理为广州风标电子技术有限公司。该软件不仅具有其他 EDA 工具软件的模拟电路和数字电路仿真功能，还能仿真单片机及外围器件，是目前比较好的电子电路及 MCU（Microcontroller Unit，微控制单元，又称单片机）虚拟仿真工具。

本书使用的 Proteus 软件版本是 Proteus 8. 1，与以前的版本相比，该版本总体结构和界面变化较大，PCB（Printed Circuit Board，印刷电路板）设计和 VSM（Virtual Simulator Module，虚拟仿真模型）设计功能都有所加强。Proteus 软件是向下兼容的，Proteus 8. 0 以上版本所生成的文件在 Proteus 7. x 中不能运行，而 Proteus 7. x 生成的文件可以在 Proteus 8. 0 以上版本中运行。

与 Proteus 7. x 相比，Proteus 8. 1 自带汇编语言的源代码编辑器、编译器，不再需要外部文本编辑器，对汇编语言编程给予很大便利；同时，Proteus 8. 1 以上版本支持 C51 语言的编译和调试，这需要计算机本身已经安装 Keil 或 IAR 等可以编译 C51 语言的软件。

Proteus 软件的功能非常强大，不仅可以实现电路原理图的模拟仿真，还可以生成 PCB 图用以制版。在电路原理图仿真过程中，Proteus 可以提供 8051、8086、ARM、AVR、PIC 等丰富的 CPU 模型，非常方便对单片机和嵌入式系统的模拟仿真。但是，本书中不需要用到任何现成的 CPU 模型，仅通过中小规模数字逻辑器件以"搭积木"的方法来实现所有的实验，包括自主定义的 CPU 设计及其最小计算机系统的搭建。

A. 2　电路绘制与仿真技巧

1. 创建新工程

1）双击桌面上的"Proteus 8 Professional"图标，或是从"开始"菜单中选择"Proteus 8 Professional"文件夹，再选择"Proteus 8 Professional"选项，打开的 Proteus 主界面如图 A-1 所示。在绘制电路原理图之前，必须新建一个 Proteus 工程。单击工具栏中的"新建"按钮，如图 A-2a 所示，或者在"Start"窗格中单击"New Project"选项，如图 A-2b 所示。

2）在"New Project Wizard：start"对话框中指定该工程的文件名和保存路径，如图 A-3 所示。

3）在单击"Next"按钮，在打开的"New Project Wizard：Schematic Design"对话框中，选择"Create a schematic from the selected template."（从选中的模板中创建原理图）单选按钮，然后选择默认模板 DEFAULT，如图 A-4 所示。

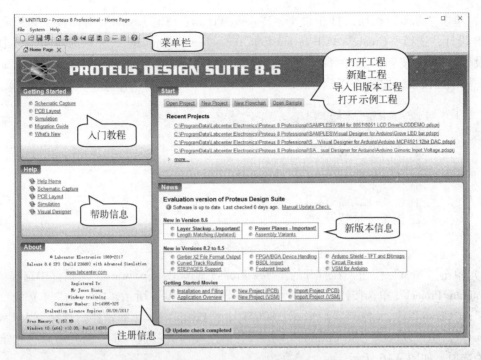

图 A-1 Proteus 主界面

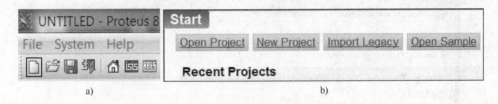

图 A-2 新建 Proteus 项目

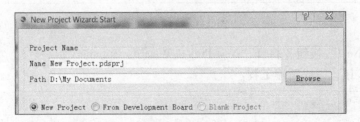

图 A-3 指定文件名和保存路径

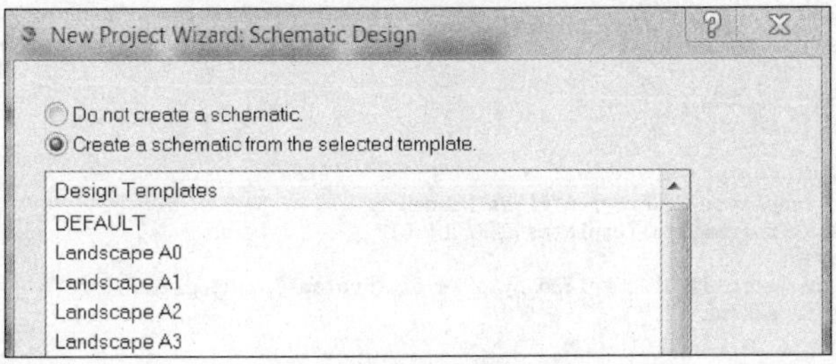

图 A-4 选择设计方案

4）单击"Next"按钮，打开"New Project Wizard：PCB Layout"对话框。如果需要进行 PCB 设计，选择"Create a PCB layout from the selected template."（从选择的模板中创建 PCB 设计）单选按钮。如果不需要进行 PCB 设计，可直接选择"Do not create a PCB layout."单选按钮，如图 A-5 所示。

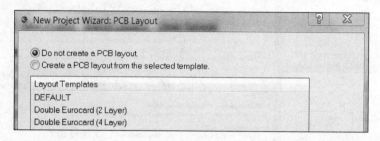

图 A-5　选择线路板布局

5）单击"Next"按钮，在打开的"New Project Wizard：Firmware"对话框中选择"Create Firmware Project"单选按钮，并设置代码编译器。如图 A-6 所示，"Family"（系列）选择"8051"；"Controller"（控制器）选择"80C51"；"Compiler"（编译器）选择"ASEM-51（Proteus）"。也可以选择"No Firmware Project"单选按钮跳过这一步，需要编译的时候再设置相关选项，如图 A-6 所示。

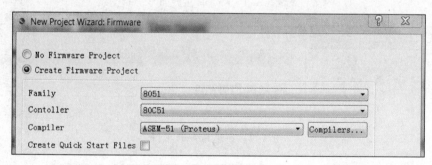

图 A-6　选择固件

6）单击"Next"按钮，打开"New Project Wizard：Summary"对话框，如图 A-7 所示。单击"完成"按钮，完成新建工程。

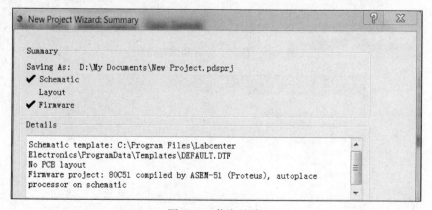

图 A-7　信息总览

2. 浏览电路原理图

建立好工程后，会生成一个新的空白电路原理图，如图 A-8 所示。如果选择已设计好的 Project 文件，将打开一个包含了电路图的原理图。

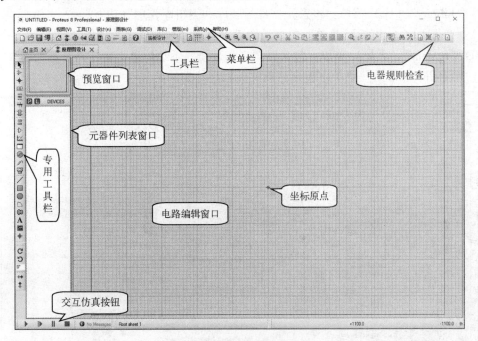

图 A-8　空白电路原理图界面

（1）电路原理图界面

电路原理图界面主要由电路编辑窗口、预览窗口、元器件列表窗口、菜单栏、通用工具栏和专用工具栏等组成。图 A-8 中最大的空白显示区域就是电路编辑窗口，它类似于一个绘图窗口，是放置和连接元器件的区域。界面左上方的较小区域称为预览窗口，用来预览当前的设计图。预览窗口下方则是元器件列表窗口，用来选择元器件、符号和其他库对象。当从元器列表窗口中选择一个新对象时，会在预览窗口中显示这个被选中的对象。

在元器件列表窗口或预览窗口中单击鼠标右键，在弹出的快捷菜单中选择 "Auto hide" 命令，可以把光标所在的窗口最小化为一个弹出框，使电路编辑窗口占据最大的可视面积。当把光标放在弹出框上或者选择不同的对象模式时，弹出框重新打开相应的窗口。同样的，可以通过在右击弹出的快捷菜单中取消选择 "Auto hide" 命令恢复原有的窗口。

如图 A-9 所示，菜单栏中包括了以下 11 个菜单。

1）"File"（文件）菜单：包含新建文件、载入文件、保存文件、打印等功能。

2）"Edit"（编辑）菜单：包含撤销、剪切、复制、粘贴等功能。

3）"View"（浏览）菜单：包含图样网络设置、快捷工具选项等功能。

4）"Tool"（工具）菜单：包含实时标注、自动放线、网络表生成、电气规则检查等功能。

5）"Design"（设计）菜单：包含设计属性编辑、添加图纸、删除图纸、电源配置等功能。

6）"Graph"（绘图）菜单：包含传输特性分析、频率特性分析、编辑图形、运行分析等功能。

7）"Debug"（除错）菜单：包含启动调试和复位调试等功能。

8）"Library"（库）菜单：包含元器件封装库和编辑库管理等功能。

9）"Template"（模板）菜单：包含设置模板格式和加载模板等功能。

10）"System"（系统）菜单：包含设置运行环境、系统信息、文件路径等功能。

11）"Help"（帮助）菜单：包含帮助文件和设计实例。

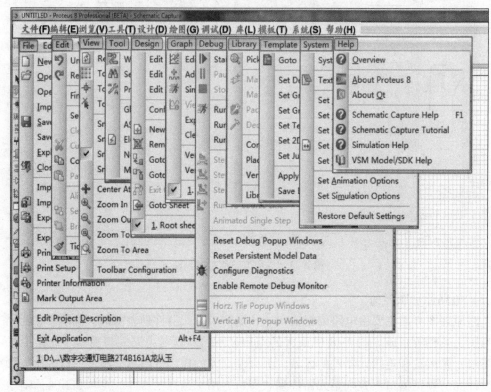

图 A-9　菜单栏

在专用工具菜单栏中选择不同的工具，可以在电路编辑窗格中执行不同的操作。专用工具菜单栏中包含编辑工具、调试工具和图形工具，其中最常用的 8 种编辑工具的功能说明如表 A-1 所示。

表 A-1　常用编辑工具功能说明

图　标	功　能　说　明
	Selection Mode：可以拖动电路编辑窗口中的元器件或连线
	Component Mode：在元器件列表窗口中查找元器件，在电路编辑窗口中单击放置元件
	Junction Dot Mode：在导线上放置节点，允许多条导线在节点电气连接
	Wire Label Mode：在导线上标注导线名称，同名导线可以实现电气连接
	Text Script Mode：在电路编辑窗口中放置文本信息

图 标	功能说明
艹	Buses Mode：在电路编辑窗口中通过"单击 + 拖动"的方式绘制总线
￪￬	Subcircuit Mode：在电路编辑窗口中绘制子电路块
冒	Terminals Mode：在电路编辑窗口中单击放置电气连接端子（输入/输出/电源/地）

注意：切记在执行某种操作之前，必须先在专用工具菜单栏中选择相应模式，否则无法选中所需操作。完成操作后选择下一个操作模式，或者单击"Selection Mode"工具图标，返回默认模式。

（2）缩放电路原理图

使用以下几种方法可以对电路原理图进行缩放。

① 移动光标到需要缩放的地方，滚动鼠标滚轮进行缩放。

② 移动光标到需要缩放的地方，按〈F6〉键放大，按〈F7〉键缩小。

③ 按住〈Shift〉键，鼠标左键拖动出需要放大的区域，这就是 Shift Zoom 功能。

④ 使用工具栏中的"Zoom In"（放大）、"Zoom Out"（缩小）、"Zoom All"（全图）、"Zoom Area"（放大区域）工具进行操作。工具图标依次为：🔍🔍🔍🔍。

注意：按〈F8〉键可以在任何时候显示整张图纸；Shift Zoom 功能和滚轮缩放也可应用于预览窗口，在预览窗口中进行操作的时候，电路编辑窗口将有相应的变化。

（3）平移电路原理图

使用以下两种方式可以在电路编辑窗口进行平移电路原理图操作。

① 在光标所在位置滚动鼠标滚轮进行缩放，快速到达目标区域。

② 在预览窗口内单击或拖动绿色方框，电路编辑窗口自动切换到需要到达的目标区域。

掌握上述操作，将会大大提高原理图绘制效率。特别是鼠标滚轮的使用，滚轮不但可以用于缩放电路原理图，还可以用于平移电路原理图。

可以在电路编辑窗口中显示网格点和网格线，网格点/线可以帮助用户在放置元器件和连线时进行快速对齐。在菜单栏的"View"（浏览）菜单下选择"Toggle Grid"（切换网格）命令，或者单击工具栏中的"Toggle Grid"图标，可以切换网格的显示。

3. 鼠标操作可视化

Proteus 提供了两种可视化方法帮助用户了解当前的操作对象和正在进行的操作：当把光标指向某对象时，该对象会被覆盖红色虚影；二是当把光标移动到某元器件上时，光标的样式会发生改变。此时单击鼠标左键，能够进行不同的操作。光标形状对应的鼠标操作如表 A-2 所示。

表 A-2　光标形状对应的鼠标操作说明

光标形状	描 述
▶	标准光标。没有指向任何对象时显示
✎	放置光标。显示为白色笔形光标，单击放置对象

光标形状	描 述
✏	连线光标。显示为绿色笔形光标，单击开始连线
✏	总线光标。显示为蓝色笔形光标，单击开始绘制总线
✋	选择光标。单击时光标所指对象被选中
✋✛	移动光标。可移动对象
↑	拖线光标。按住鼠标左键对连线或2D图形进行拖动调整
✋▤	赋值光标。使用属性赋值工具时，当光标指向对象时，单击把相关属性设置到该对象中

4. 选取元器件

在电路原理图中选取元器件的方法有以下两种。

① 已经选取过的元器件可以直接选取。在电路编辑窗口的任意位置单击鼠标右键，在弹出的快捷菜单中选择"Place"→"Component"→"已选取元器件列表"命令，单击所需元器件后进入放置模式。

② 选择专用工具栏中的第二个图标 ➡ （Component Mode），然后单击元器件列表窗口左上方的"P"按钮，弹出"设备选择"窗口，列出元器件分类及每个子类下所有元器件的型号、类型及特性。在窗口右侧有所选元器件的图形符号及 PCB 封装预览，如图 A-10所示。

图 A-10 "设备选择"窗口

在"设备选择"窗口中有以下 4 种方法可以找到所需要的元器件。

1）如果已经知道所需要的元器件名，则可以直接搜索。例如，需要七段 BCD 编码数码管 7SEG - BCD - GRN，则将元器件名开头部分"7SEG"输入到窗口左上角的"Keywords"（关键词）文本框中，对话框就会根据输入的关键字提供备选元器件列表，在列表中选择

"7SEG – BCD – GRN"。

2）如果忘记了元器件的具体名称，可以根据元器件的描述关键字来查找。例如，在"Keywords"文本框中输入"BCD display"（用空格隔开关键字），"设备选择"窗口将把所有符合关键字描述的元器件放置到结果列表中，同样可找到"7SEG – BCD – GRN"元器件。

3）如果忘记了元器件的具体名称，还可以根据电气特性或用途寻找元器件，可以直接从"设备选择"窗口左侧的元器件列表窗口中进行选择。例如，先选择分类"Optoelectronics"，然后在"Sub – category"（子类）中选择"7 – Segment Displays"。这样列表中会有多种七段数码管可供选择。注意，此时，"Manufacturer"（生产厂商）必须选择"All Manufacturer"。

4）如果需要浏览某一特定厂商的元器件，可以在选择了"Category"（目录）后，直接在"Manufacturer"（生产厂商）列表中查找厂商，然后再选择需要的元器件。

选择了元器件后，双击元器件可以把该元器件添加到元器件列表窗口，如图 A-11a 所示。单击元器件库右下角的"OK"按钮，关闭"设备选择"窗口，回到电路编辑窗口。此时光标已经变成白色铅笔形状，即放置对象模式；在电路编辑窗口单击，将出现 7SEG – BCD – GRN 数码管元器件的红色虚影，如图 A-11b 所示。移动光标到元器件在电路编辑窗口中要放置的位置，再次单击，即可将元器件放置到该位置上，如图 A-11c 所示。

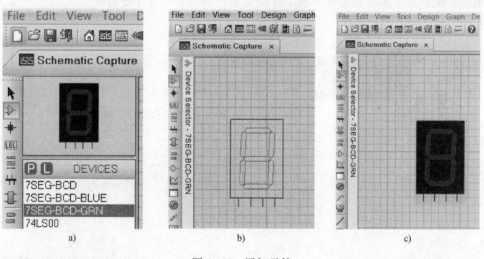

图 A-11 添加元件

参照上述方法，在电路编辑窗口中放置两个七段数码管 7SEG – BCD – GRN、一个排阻 RESPACK_8 和一个八位拨码开关 DIPSWC_8。如果选择已经选过的元器件（如第二个数码管），可以在选择专用工具栏中的第二个图标 （Component Mode）后，直接单击对象选择窗口中相应的元器件。此时，将光标移动到电路编辑窗口，光标已经变成白色铅笔形状。每单击一次就生成一个该元器件，多次单击就生成多个相同的元器件。

5. 设置元器件的标号、值和属性

所有放置到原理图中的元器件都有标签，包括唯一的标号（Part ID）、元器件值（Part

Value）和属性（Part Properties）。如图 A-12a 所示，拨码开关右侧从上到下分别是标号 DSW1、值 DIPSWC_8 和属性＜TEXT＞。元器件的标号是把元器件放置到电路原理图上时系统自动分配的；元器件值一般是元器件的类型名称，即选择元器件时在元器件列表窗口中看到的元器件类型名称。对于电阻、电容、电感器，元件值则是电阻值、电容值、电感值。如图 A-12 所示的电阻，其标号是"R1"，元件值是"10k"。而元件属性一律显示"＜TEXT＞"，双击可以看到元件的相关属性。

当进行元器件放置或连线时，如果连线的路径被元器件标签遮挡，可以将标签移动到更为合适的位置。具体方法是单击标签，当标签及其元器件都变红后，用鼠标左键按住要移动的标签（标签被红色虚影覆盖），拖动到合适的位置。要注意的是，虽然元器件的标签可以放置在图样的任意位置，但是为了区分元器件，标签最好不要离开所属元器件太远，一般只是微调到元器件的另一侧或放置到元器件符号中。

除了移动标签外，还可以选择更改元器件的标号。如图 A-12b 所示，选中元器件使其变红后，将光标移动到元器件上方，当光标变成↔形状时，单击将弹出"Edit Component"（标签编辑）对话框，可以修改标号；对于电阻、电容、电感器，将光标移动到元件上方，当光标变成🖑形状时，直接双击标签，弹出"Edit Component"对话框，可以修改标号或标称值。

注意：电路原理图中不能出现两个相同的标号，否则会导致网络表错误。因此除了电阻、电容、电感器，其他元器件一般不要改元器件值，否则会导致错误。

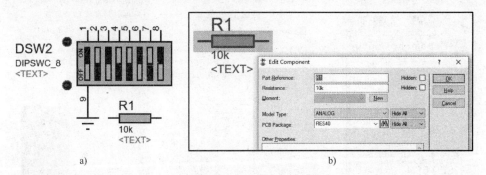

图 A-12　编辑标签

6. 移动元器件

若需要在电路原理图中移动单个元器件或移整体电路，可以用以下几种方法来实现。

1）单击选中需要移动的元器件（元器件变成红色），然后按住鼠标左键拖动，元器件变成虚影跟着移动到新的位置。释放鼠标左键，将对象放置到新位置。这个方法只能移动单个元器件，而且对某些元器件（如拨码开关 DSW 或 SPDT）不适用。

2）先把光标放置在需要移动的元器件上（元器件会变成红色），右击元器件，弹出快捷菜单，选择"Drag Object"命令，按住鼠标左键拖动，元器件会变成虚影跟着光标移动到新的位置。释放鼠标左键，将对象放置到新位置。这个方法适用于任何元器件，而且在元器件的右键快捷菜单中还可以执行顺时针/逆时针90°或180°旋转（Rotate）元器件、上下或左右镜像（Mirror）元器件等不同的操作，如图 A-13a 所示。

3）选择专用工具栏中的第一个图标 ▶（Selection Mode），在电路编辑窗口中按住鼠标左键拖动画出虚线方框选中一组对象（选中的对象会变红），如图 A-13b 所示。在虚线框内，光标变成移动光标模式 ✥。按住鼠标左键拖动，整个虚线框会跟着光标移动到新的位置。用虚线框框住对象后，还可以通过小键盘的〈＋〉或〈－〉键来对元器件进行旋转，再进行放置。这个方法一般用来选中多个对象组成的复杂电路。

注意：完成移动后，必须在电路编辑窗口的空白位置单击，解除选择移动的对象（覆盖的红色消除）。否则，当光标移动时，没有解除的对象会一起移动。

注意：在移动元器件或电路的时候，不要单独移动已经连线的元器件，否则会造成移动对象连接的走线混乱，如图 A-13c 所示。正确的做法是把所有连线对象框选在一起移动，如图 A-13b 所示；或是删除移动对象的所有连线，把对象放置到新位置后再连线。

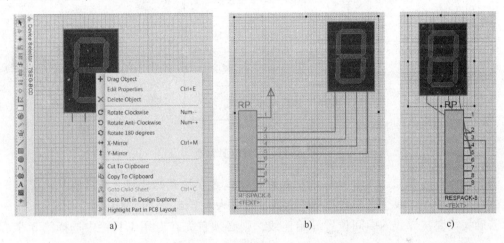

图 A-13 旋转、镜像及移动元器件

7. 放置电源和地

除了元器件外，电路系统还需要放置电源和地，具体放置过程如下：首先，在专用工具栏中选择第 8 个图标 ☐（Terminals Mode）；然后在元器件列表窗口中分别选择 POWER（电源）和 GROUND（数字地），如图 A-14a 和图 A-14b 所示。选择好电源或地后，光标变成白色铅笔形状 ✏，在电路编辑窗口单击即可放置，多次单击会放置多个电源或地。

8. 连线

放置好元器件、电源和地后，电路布局如图 A-14c 所示，即可开始进行连线。在专用工具栏中没有连线模式，即连线可以在任何时刻放置或编辑。这样避免了光标移动和模式切换，提高了开发效率。连线的操作步骤如下。

1）将光标放置在起始元器件的引脚上，光标自动变成绿色铅笔形状 ✏。

2）单击后，导线出现并且跟随光标移动。在移动的过程中，光标是白色铅笔形状 ✏。若导线转弯，需要在转弯处单击，此时再移动就不会影响转弯前放置的导线。

3）移动光标到目标元器件的引脚，光标再次变成 ✏ 形状，再次单击，完成连线。

如果在放置导线后需要进行修改（移动或删除），可以在导线上单击，导线变成红色。直接按〈Delete〉键就可以删除；或者把光标放置在变红的导线上，按住鼠标左键拖动，就可以移动导线了。

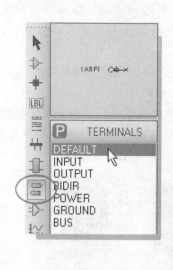

符号	功能描述
◯—	Default Port：默认端口
▷	Input Port：输入端口
→▷	Out Port：输出端口
◁▷	BIDIR Port：双向端口
⏚	Power Port：电源端口
⏚	Ground Port：数字地
⏚	CHASSIS Port：模拟地
◀	BUS Port：总线端口

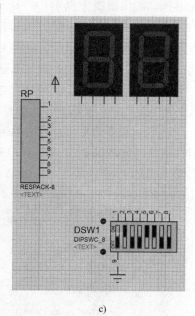

a)   b)   c)

图 A-14　设置电源和地

注意：Proteus 规定，不可以从导线上的任意位置直接开始连线，而只能从元器件的引脚或某个节点开始连线，连接到另一个元器件的引脚或节点。

若确实需要从导线的中间位置开始连线，则必须首先在专用工具栏中选择第 3 个图标 ✛（Junction Dot Mode），然后单击导线上连线开始的位置，放置节点，如图 A-15a 所示。把光标放置在节点上，光标会自动变成绿色铅笔形状✎，和放置在元器件引脚上的效果是一致的。同样，在连线过程中，若光标经过已经存在的导线，光标会在两条导线的交叉处变成绿色铅笔形状✎，此时若单击，系统会自动放置节点，然后结束连线操作。

如图 A-15a 所示，节点会把原来的一根导线切分成两段。此时，单击导线任意位置，只有节点到单击处的导线变红，另一段导线不变。所以，修改导线只能改动变红的那一段导线。要删除节点，可以采用上述移动元器件的方法 3），用虚线框框住节点再删除，而导线不变。此外，当一条或多条导线被删除的时候，Proteus 自动删除没有导线连接的节点。

注意：两根导线交叉不一定电气连接，必须在交叉处有节点，才是电气连接；若在交叉处没有节点，则两根导线互不影响。如图 A-15b 所示，数码管下方十字交叉的连线并没有电气连接。

9. 文本编辑

在电路图中可以放置没有电气特性的纯文本信息作为电路图的标注。选择专用工具栏中的第 5 个图标 ▦（Text Script Mode）；然后，将光标移动到电路编辑窗口，当光标变成✎形状（即放置对象模式）时单击，将弹出"Edit Script Block"对话框；在对话框"Script"选项卡的"Text"文本框中可以输入文本，在"Style"选项卡中可以调整文本的大小、颜色、字体等属性；单击"OK"按钮，即完成文本的编辑。当将光标移动到已经设置好的文本上方时，文本被红色虚影覆盖且光标变成👆形状。此时，可以用鼠标进行拖动。若双击文本，还可弹出"Edit Script Block"对话框修改文本的内容和属性。

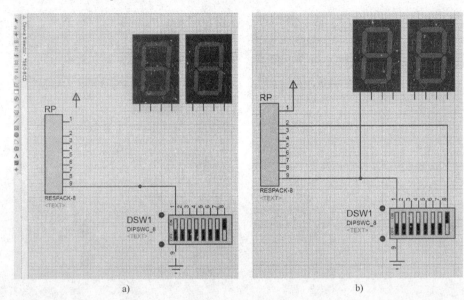

a)   b)

图 A-15　连线

10. 电路仿真

把电路原理图中的所有元器件都用导线连接起来后，就可以启动电路仿真了。原理图电路编辑窗口左下方有一排交互仿真按钮，从左到右分别是"启动""快进""暂停"和"结束"按钮，如图 A-16 所示。单击最左边的"启动"按钮，该按钮变成绿色，项目进入仿真状态。此时，若单击左起第三个"暂停"按钮，该按钮变成红色，此时，电路进入暂停状态（可以通过"Debug"菜单查看存储器内的数据），重新单击最左边的"启动"按钮，将重新返回仿真状态。在任何情况下，单击最右边的"结束"按钮▪，电路将回到默认的编辑状态。

上述电路的仿真状态如图 A-17a 所示。电路元器件的引脚处用色块来显示电平状态：红色/蓝色方块表示高/低电平，黄色方块表示电平冲突，灰色方块表示高阻。注意，电路在仿真状态下不可以添加、移动或删除元器件，必须回到默认的编辑状态才能改变电路。仿真状态结束后，如

图 A-16　交互仿真按钮

果电路运行没有问题，则单击"结束"按钮▪后右侧的仿真消息框内应该全是绿色消息；若有黄色消息，则表示有逻辑冲突（如在同一条导线上存在高低电平冲突）；若有红色消息，则表示有严重错误（如元器件同名）。

11. 电气连接端子

有时候，原理图中的电路需要连接的元器件太多，导致导线太复杂；或者有些元器件与需要连接的电路之间已经放置了其他电路，导致无法直接与导线互连。此时，可以采用电气连接端子的方式，通过"飞线"连接元器件：两个相同的端子标号可以把原理图中不同位

置的元器件引脚、子电路或导线电气连接起来，使得导线大大减少，简化了电路的复杂度。如图 A-17b 所示，排阻 RP 引脚上的端子与 8 根导线有相同的电气标号：BUS_0 ~ BUS_7。因此，排阻 RP 无论放置到原理图何处，其引脚都跟同名的导线有电气连接。

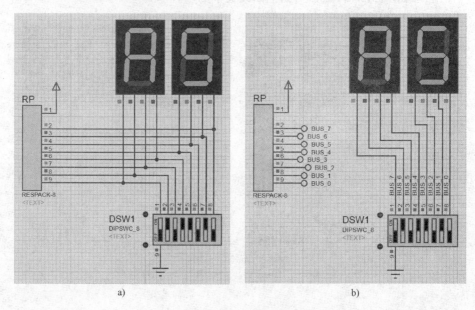

图 A-17　直接连接及端子连接

在专用工具栏中选择第 8 个图标 ⬛ （Terminals Mode），则元器件列表窗口中的端子列表如图 A-18a 所示。除了电源（POWER）和地（GROVND），若连接元器件引脚/子电路终端，则可以根据信号方向选择输入（INPUT）、输出（OUTPUT）、双向（BIDIR）端子；若连接电源、地或被动元件（电阻、电容、电感）引脚，则可以选择默认（DEFAULT）端子。

本实验是在排阻的 8 个引脚上连接端子的，所以选择 DEFAULT，在电路编辑窗口单击，出现端子红色虚影，放置到合适位置再单击即可放置，如图 A-18b 所示。跟元器件标号的修改一样，可以单击选中端子（端子变成红色），再次单击打开 "Edit Terminal Label"（端子编辑框）对话框后重命名。端子的命名非常重要，其标号指明了连接的电路网络。端子可以任意命名，但有意义的命名会让电路更加容易看懂。图 A-18b 中，第一个端子被命名为 "BUS_7"，则当选中第二个端子时，在 "String"（名称）下拉列表中，BUS_7 等端子的标号已经显示在列表中。所以，第二个端子可以先在下拉列表中选择 "BUS_7"，再改成 "BUS_6" 即可，不用重新输入。其余端子 BUS_5 ~ BUS_0 的命名方式同上。完成命名后，单击 "OK" 按钮关闭 "Edit Terminal Label" 对话框。

最后，把上述端子连接到数码管和拨码开关互连的导线上去，必须给这 8 根导线放置标签。首先，在专用工具栏中选择第 4 个图标 ⬛ （Wire Label Mode），光标变成白色铅笔形状 ✎ ，然后在导线上期望放置标签的位置（勿靠近拐点）单击，弹出 "Edit Wire Label"（导线编辑）对话框。要给图 A-19 中拨码开关的引脚 2 所连的导线放置标签，可以在 "String" 文本框中直接输入标签名称，也可以在下拉列表中选择已有的标签，如图 A-19 中的 "BUS_7" "BUS_6" 等标签已经在下拉列表中，不需要再手动输入标签名称，直接选择所需的标签，单击"OK"按钮即可完成标签的放置。导线上已有的标签可以通过按住鼠标左键拖动或是双击编辑。

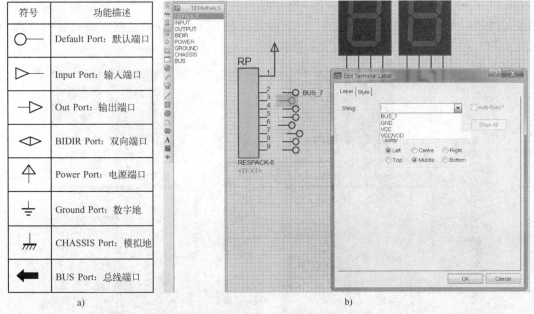

符号	功能描述
◯—	Default Port：默认端口
▷—	Input Port：输入端口
—▷	Out Port：输出端口
◁▷	BIDIR Port：双向端口
⏚	Power Port：电源端口
⏛	Ground Port：数字地
⏚	CHASSIS Port：模拟地
◀—	BUS Port：总线端口

a)   b)

图 A-18　命名电气连接端子

注意：删除标签时，必须是右击标签，在弹出的快捷菜单中选择"Delete Label"命令如果直接单击选中标签后按〈Delete〉键，则会把标签和导线一起删除。

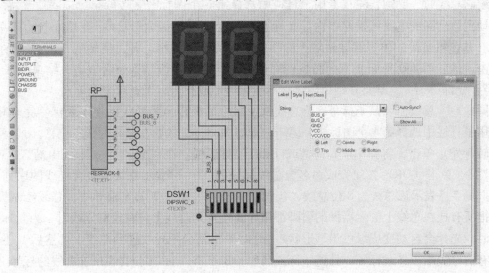

图 A-19　连接端子和导线

注意：选择 Wire Label Mode 为导线命名的时候一定要正确选择所属的导线，切记不要选错。倘若把两个标签名称赋予了同一根导线，则这两个标签名称相同的所有端子或导线全部电气连接在一起，会引起电路的混乱。

12. 总线

除了上述"连线"和"端子"模式外，还可以采用"总线"模式的电路布局。总线是多个部件之间进行数据传送的公共通路，不同的元器件可以挂在同一条总线上，以减少端子和导线的使用，简化电路布局。图 A-20 所示为单总线电路，拨码开关、排阻和数码管都挂在同一条总线上。而图 A-20b 所示则是另一种总线"飞线"的电路布局：图中两条总线的标号相同，都是 BUS_[0..7]。因此，拨码开关所在的总线无论放置到原理图何处，都与同名的总线（连接数码管和排阻 RP）电气连接在一起。

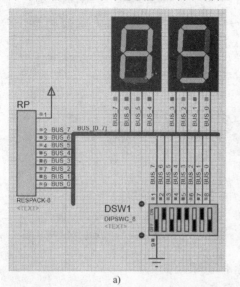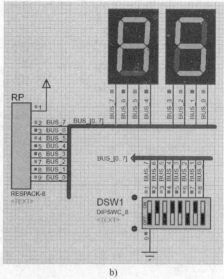

图 A-20　单总线电路及"飞线"总线电路

　　绘制总线时，必须首先在专用工具栏中选择第 6 个图标 ⊥⊤ (Buses Mode)，然后将光标移动到原理图的电路编辑窗口内，光标会自动变成紫色铅笔形状 ✎。在总线起始端单击，总线（蓝色粗实线）出现并且跟随光标移动。在移动过程中，若总线转弯，则必须在拐点处单击，然后再移动光标就不会影响转弯前的总线。在总线结束位置双击，结束总线放置（注意：光标必须完全静止在结束位置，不能偏离形成拐弯，否则双击无效）。

　　同样地，总线需要赋予标号，为总线赋予标号的操作与为导线添加连线标签完全相同。在专用工具栏中选择第 4 个图标 ▦ (Wire Label Mode)，然后在总线的任意位置（最好不要靠近转弯处）单击，将弹出"Edit Wire Label"对话框。在"String"文本框中输入"BUS_[0..7]"，单击"OK"按钮完成命名。总线标号的"[ ]"表示总线所包含导线的序列，如 BUS_[0..7] 表示该总线为 8 位总线，包含了 BUS_0 ~ BUS_7 共 8 根导线。总线绘制完后，必须把所有挂在总线上的元器件的引脚都用导线连接到总线上。在绘制导线时，当光标碰到总线时，光标会自动变成绿色铅笔形状 ✎。此时单击就会把导线连到总线上。然后，还必须为所有的导线赋予连线标签，且这些标签名称"BUS_×"必须包含在所连总线的标号 BUS_[0..×] 序列内。

　　小技巧：先赋予总线标号 BUS_[0..×]，再给连接总线的导线添加连线标签。这样在添加连线标签的时候，在"Edit Wire Label"对话框的"String"下拉列表框中就会出现总线所包含的所有导线的序列连线标签 BUS_×，直接选择即可，不需要手动输入。

　　注意：总线标号的修改或删除跟导线连线标签的修改或删除一样。首先单击选中标号，再次单击即弹出"Edit Wire Label"对话框，在此对话框中进行修改或清空；倘若单击选中标号后按〈Delete〉键，将会把标号和导线一起删除。

总线"飞线"模式需要选择专用工具栏中的第8个图标 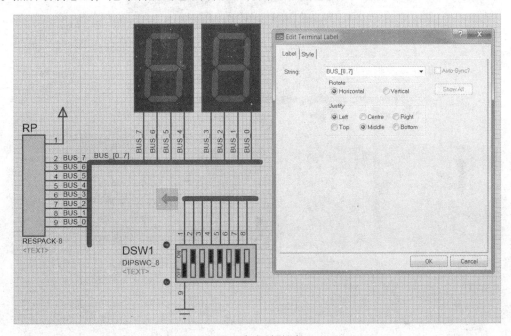（Terminals Mode），然后选择总线（BUS）端子，将光标移动到电路编辑窗口中单击放置。如图 A-21 所示，与元器件标号的修改一样，单击选中端子（端子变成红色），再次单击打开"Edit Terminal Label"对话框，在"String"文本框中输入"BUS_[0..7]"。命名完成后，单击"OK"按钮关闭对话框。然后绘制总线，把命名后的总线端子和右侧的总线连接在一起。

图 A-21　命名总线端子

13. 电路复制和粘贴

在电路绘制中，有时候需要重复利用某个电路，甚至在不同的工程之间互相复制电路。此时，可以选择专用工具栏中的第1个图标 ▶（Selection Mode），在电路编辑窗口中拖动绘制出虚线框选中所需复制的电路（选中的电路会变红）。在虚线框内，光标变成移动模式 ，单击鼠标右键，在弹出的快捷菜单中选择"Copy To Clipboard"命令，如图 A-22 所示。然后，在编辑窗口的空白处单击，释放选择对象。在需要粘贴的位置（可以在同一工程下，甚至可以打开多个工程，实现跨工程复制），单击鼠标右键，在弹出的快捷菜单中选择"Paste From Clipboard"命令，就会出现带红色虚影的复制电路。此时单击即可放置电路，放置后在电路编辑窗口的空白处单击，完成复制、粘贴操作。

在电路复制、粘贴的过程中，系统会自动命名新出现的元器件，但是端子名称、导线的连线标签和总线的标号需要手动修改，否则会出错。例如，在图 A-23 所示电路中，需要把总线标号改为"BUS_[0..15]"，即把总线扩展为 16 位总线，同时把复制出来的电路上的连线标签名称改为 BUS_8 ~ BUS_15。

最终得到的 16 位的 I/O（输入/输出）电路如图 A-23 所示。输入设备为两个拨码开关 DSW1 和 DSW2，输出设备为两对数码管，输入输出设备共用一条 16 位总线 BUS_[0..15]。

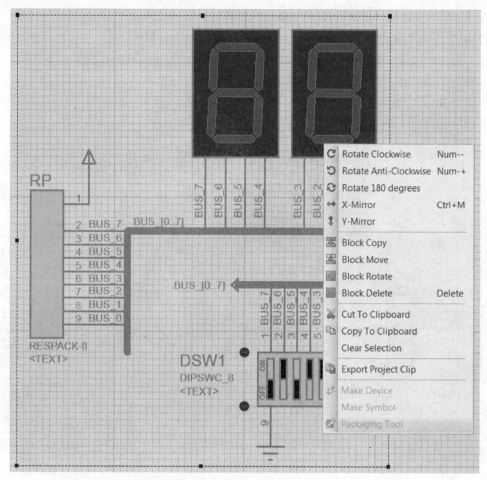

图 A-22　复制和粘贴操作

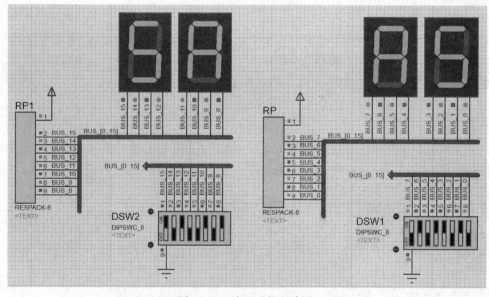

图 A-23　处理后的电路图

附录 B　计算机硬件课程综合实验平台系统

B.1　实验平台系统简介

本书第 1 章～第 4 章的 22 个实验都是在 Proteus 虚拟仿真平台环境中完成的，而计算机、电子专业的实验教学不仅仅只是软件仿真，还需要结合实际环境中的硬件外设电路，培养学生的实际动手能力。广州风标电子技术有限公司开发的计算机硬件课程综合实验平台系统从崭新的思路提出了"虚拟－实际"环境联合调试的解决方案。

如图 B-1 所示，计算机硬件课程综合实验平台系统（以下简称"实验平台"）由上位机（计算机）和下位机（实验箱）两大部分组成。上位机和下位机由通用串行总线（USB）连接。

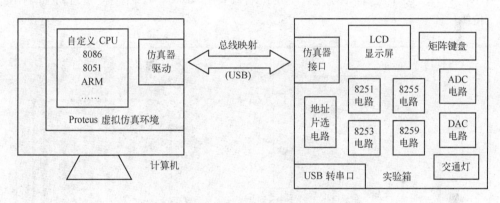

图 B-1　计算机硬件课程综合实验平台系统

与传统实验箱以 CPU 为核心不同，本实验平台以总线为核心，CPU 与各种外设一起挂在总线上，通过总线进行通信。如图 B-1 所示，在上位机的 Proteus 虚拟仿真环境中搭建的实验可以选用本书第 3 章所述的自定义 CPU，也可以选择微机原理实验常用的 8086、8051、ARM 等 CPU，甚至可以选择 AVR、PIC 等 MCU 或 MIPS 内核 CPU（PIC32）。

Proteus 虚拟仿真环境里则设置了一个总线模型 WWSIM－MCU，如图 B-2 左侧部分所示。该总线模型是一个集合，涵盖了 8086、8051 等 CPU 的总线定义及其常用的引脚。上述各种 CPU 可选择总线模型某个子集作为实验所用总线。WWSIM－MCU 模型的总线接口定义如下。

- AB[0..15]：16 位地址总线，单向传输，从上位机（CPU）输往下位机。
- DB[0..15]：16 位数据总线，双向传输。
- INTR/$\overline{\text{INTA}}$：中断请求/响应信号，INTR 信号由外设输入，其应答 INTA 由 CPU 输出。
- $\overline{\text{RD}}$/$\overline{\text{WR}}$：读/写总线控制信号，由 CPU 输出，控制被地址片选电路选中的外设。
- ALE：地址锁存信号，由 CPU 输出，高电平有效则把总线上的地址信息锁存以作译码。

- M/$\overline{\text{IO}}$：存储器/IO 选通信号，由 CPU 输出，高电平则访问存储器，低电平则访问 I/O 外设。
- Rx/Tx：UART 收发信号，给 8051A 等 MCU 使用，输出到下位机的"USB 转串口"电路。
- Clk/Data：PS/2 时钟/数据信号，输出到下位机的 PS/2 端口，可以外接 PS/2 格式的键盘。

Proteus 虚拟仿真环境里还设置了一个简化版的总线模型 WWSIM2 – LOGIC，如图 B-2 右侧部分所示。该模型的总线接口只提供了以下两组单向传输的总线，可给数字逻辑基础实验所用。

- IN[0..15]：16 位输入总线，下位机端口共用 DB[0..15]总线，由下位机输入到上位机。
- OUT[0..15]：16 位输出总线，下位机端口共用 AB[0..15]总线，从上位机输出到下位机。

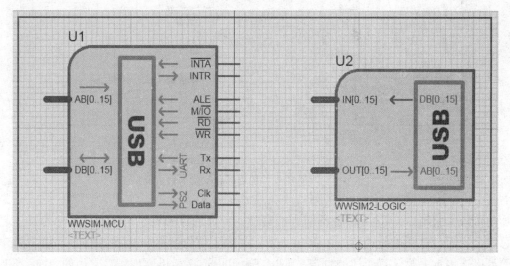

图 B-2　总线模型 WWSIM – MCU 和 WWSIM2 – LOGIC

总线模型 WWSIM – MCU 和 WWSIM2 – LOGIC 的主要功能是以高频率定期扫描上述总线接口的高/低电平，然后打包成 USB 协议的数据块，通过 USB 线传送到下位机的通用仿真器。下位机实验箱的布局如图 B-3 所示，其中红色模块部分即是核心模块——通用仿真器。通用仿真器是一个带 USB 接口的 ARM 单片机，负责把接收到的上位机数据块解析后，在下位机实验箱总线上模拟出相对应的高/低电平。同样的，在实验箱总线上的高/低电平也被 ARM 单片机以相同的高频率定期采集，亦打包成 USB 协议的数据块，传送到上位机的 Proteus 虚拟仿真环境中，在总线模型的接口上生成相对应的高/低电平。这样，上位机虚拟仿真环境中的总线和下位机实验箱上的真实总线可以看成"无缝"连接的同一条总线。

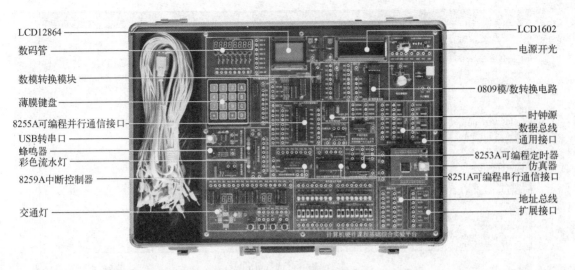

图 B-3　下位机实验箱布局图

左侧标注（从上到下）：LCD12864、数码管、数模转换模块、薄膜键盘、8255A可编程并行通信接口、USB转串口、蜂鸣器、彩色流水灯、8259A中断控制器、交通灯

右侧标注（从上到下）：LCD1602、电源开光、0809模/数转换电路、时钟源、数据总线、通用接口、8253A可编程定时器仿真器、8251A可编程串行通信接口、地址总线、扩展接口

如图 B-3 所示的下位机实验箱采用模块化的设计，众多外设模块统统挂在由核心模块——通用仿真器延伸出来的总线上。只要地址片选电路选中了某个外设模块，该外设即可直接通过实验箱的总线，经过仿真器映射，与上位机 Proteus 虚拟仿真环境中的 CPU 交互，极大减少了传统实验箱中的接线问题，大大提高了学生做实验的速度。

下位机提供的外设模块包括 8255A 可编程并行接口模块、8251A 可编程串行通行接口模块、8253A 可编程定时器/计数器模块、8259A 中断控制器模块、数/模转换模块 DAC0832、模/数转换模块 ADC0809、8 位联体数码管、16 位 LED 灯、16 位拨码开关、液晶屏 LCD12864/LCD1602 模块、USB 转串口模块、矩阵键盘模块、独立按键模块、信号源模块、时钟分频模块、蜂鸣器模块、电位器模块、彩色流水灯模块，PS/2 接口和交通灯实验模块。

综上所述，本实验平台系统相当于一个"万能"实验箱，不仅下位机提供了丰富的外设模块，满足了计算机硬件实验教学的要求，而且上位机可以任意选择 8086、8051、ARM 等各种型号的 CPU，甚至自行设计 CPU 来搭建计算机系统，非常快捷方便。

B.2　实验平台系统操作说明（交通灯）

下列操作过程将通过"2.1.5 状态机示例：交通灯"为例，演示如何通过总线模型 WWSIM2 - LOGIC，控制下位机实验箱上的电路与上位机的逻辑电路交互。

1）如图 B-4 所示，在虚拟仿真界面中的菜单栏中选择"Library"→"Pick parts from libraries"命令。输入关键字"WWSIM"，搜索到本实验所需的总线模型 WWSIM2 - LOGIC，如图 B-4 所示。

2）放置模型 WWSIM2 - LOGIC 到虚拟仿真环境中，为总线接口添加网络标号，名称任意但必须按照总线的定义方式设置，如图 B-5 中定义的总线 MyIN[0..15] 和 MyOUT [0..15]。

图 B-4　选择元件

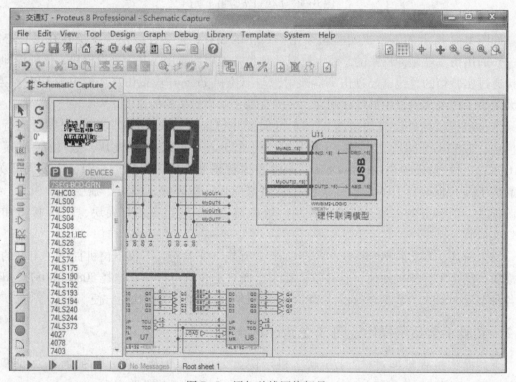

图 B-5　添加总线网络标号

3）选择需要输出的逻辑信号到实验箱（如驱动 LED 灯和数码管的信号）。把 MyOUT［0..15］网络标号分配给需要输出的信号，如图 B-6 所示。

4）总线模型 WWSIM2–LOGIC 在具体使用中，可以独立修改若干端口的属性，以匹配实验箱上的实际电路。修改模型的方法为，双击模型，在 "Edit Component" 对话框中修改输出为 0x0700（即 AB_8、AB_9、AB_{10} 线输出反相），如图 B-7 所示。修改模型的原因是实验箱的 LED 灯与 Proteus 仿真中的 LED 灯驱动相反，具体可以参见本附录 "B.5 实验箱硬件电路原理图"。

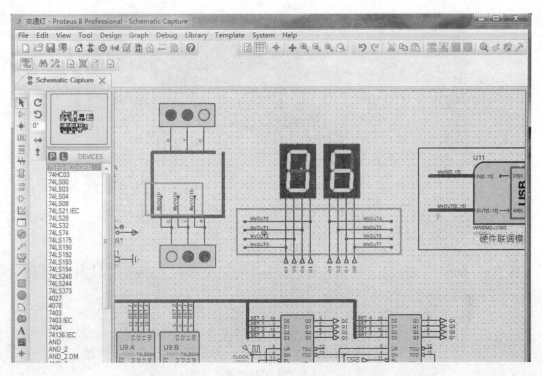

图 B-6　分配网络标号

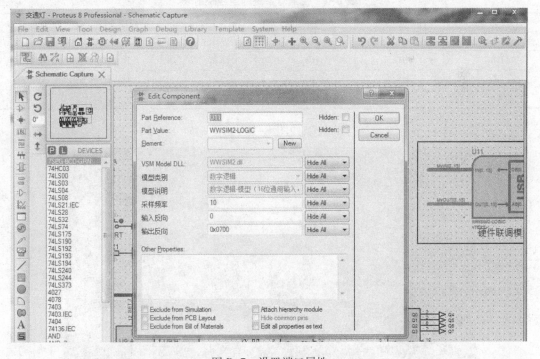

图 B-7　设置端口属性

5）下位机实验箱上相关的连线区域如图 B-8 红色部分所示（仿真器接 USB 线到计算机）。

6）实验箱的模块连线映射如表 B-1 所示。

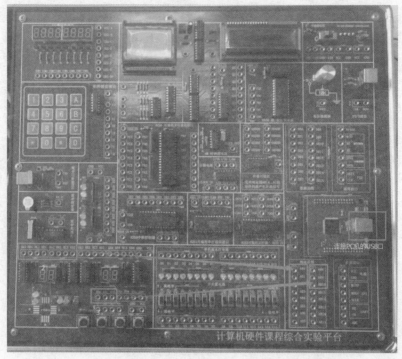

图 B-8　下位机实验箱相关连线区域

表 B-1　交通灯系统的连线映射表

外设交通灯	地址总线	外设交通灯	地址总线	外设交通灯	地址总线
HA_1	AB_0	HA_2	AB_4	D_{30}	AB_8
HB_1	AB_1	HB_2	AB_5	D_{31}	AB_9
HC_1	AB_2	HC_2	AB_6	D_{32}	AB_{10}
HD_1	AB_3	HD_2	AB_7		

7）下位机实验箱连线及运行的效果如图 B-9 所示。

图 B-9　下位机实验箱连线及运行效果

B.3 实验平台系统操作说明（CPU + 8255A）

下列操作过程将演示如何在"4.1 I/O 端口扩展实验"的工程文件夹中，通过总线模型 WWSIM – MCU，实现上位机虚拟仿真环境内的（自设计）微程序 CPU，控制下位机实验箱上的 8255A 并口扩展电路（外接拨码开关、LED 流水灯及矩阵键盘）。所有的计算机组成原理、系统结构和微机接口实验都可以参考以下操作步骤，实现上位机虚拟仿真环境中的 CPU 与下位机实验箱上外设电路的交互。

1）在菜单栏中选择"Library"→"Pick parts from libraries"命令。输入关键字 "WWSIM"，搜索到本实验所需要的总线模型 WWSIM – MCU，如图 B-10 所示。

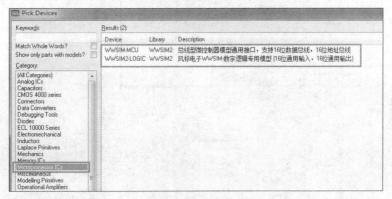

图 B-10　选择元件

2）将模型 WWSIM – MCU 放置到虚拟仿真环境中，为总线接口及其他独立引脚添加网络标号，名称任意但必须按照总线的定义方式设置，如图 B–11 中定义的总线 A[0..7]和 BUS_[0..7]。

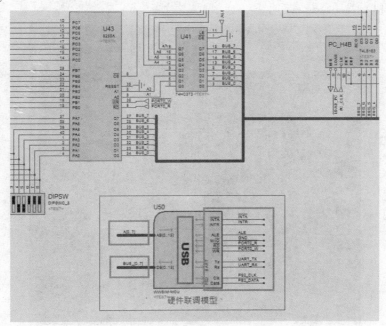

图 B–11　添加总线网络标号

277

3）把 CPU 系统总线 BUS、地址片选线和读/写等控制信号都连接到模型 WWSIM –
MCU，如图 B-12 所示。

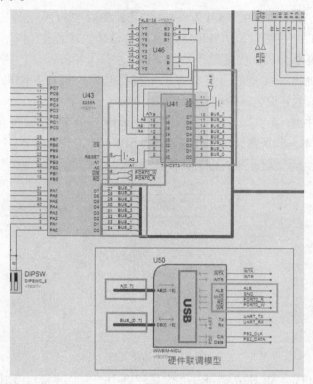

图 B-12　连接所需线路

4）下位机实验箱上相关的连线区域如图 B-13 中箭头指向的对应区域所示（仿真器接
USB 线到计算机）。

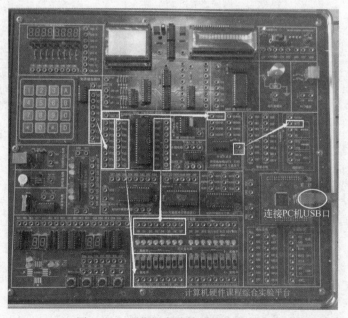

图 B-13　下位机实验箱相关连线区域

5）实验箱的模块连线映射如表 B-2 所示。

表 B-2　"CPU + 8255A" 实验的连线映射

外设模块 8255A	外设模块矩阵键盘	外设模块 8255A	外设模块单色流水灯
PC_0	C_0	PB_0	D_0
PC_1	C_1	PB_1	D_1
PC_2	C_2	PB_2	D_2
PC_3	C_3	PB_3	D_3
PC_4	R_0	PB_4	D_4
PC_5	R_1	PB_5	D_5
PC_6	R_2	PB_6	D_6
PC_7	R_3	PB_7	D_7
外设模块 8255A	外设模块开关量电路	外设模块 8255A	外设片选区
PA_0	S_0	8255_CS	0000H
PA_1	S_1	外设片选区	通用接口
PA_2	S_2	IO_CS	M/IO
PA_3	S_3		
PA_4	S_4		
PA_5	S_5		
PA_6	S_6		
PA_7	S_7		

6）下位机实验箱连线及运行效果如图 B-14 如示（图中为按矩阵键盘 2 后的效果）。

图 B-14　下位机实验箱连线及运行效果

B.4 仿真器驱动安装步骤详解

在上述实验平台系统操作过程中，必须首先在计算机中安装下位机实验的 USB 驱动，才能令总线模型 WWSIM - MCU 和 WWSIM2 - LOGIC 与下位机正常通信。驱动安装步骤如下。

1）双击驱动软件图标，弹出提示对话框。若 Proteus 软件已关闭，单击"是"按钮，若尚未关闭，则单击"否"按钮，如图 B-15 所示。

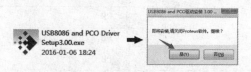

图 B-15　仿真器驱动安装

2）选择"Chinese（Simpli fied）"（简体中文）选项，单击"OK"按钮。打开安装向导，单击"下一步"按钮，如图 B-16 所示。

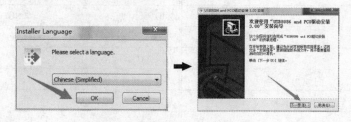

图 B-16　选择语言及安装向导

3）选择安装位置，可以选择默认安装路径或自定义安装路径，单击"安装"按钮，如图 B-17 所示。

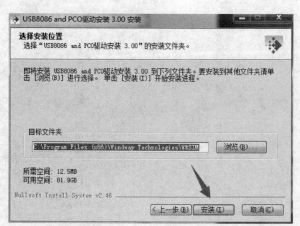

图 B-17　选择安装路径

4）勾选"运行 USB8086 and PCO 驱动安装 3.00"复选框，单击"完成"按钮。然后在下一个界面中单击"Next"按钮，安装 8086 编译器，如图 B-18 所示。

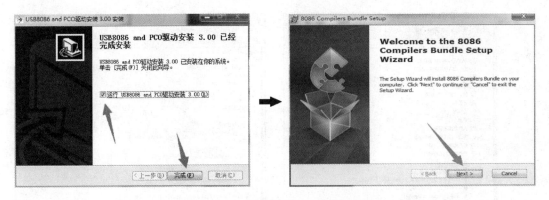

图 B-18　安排驱动及 8086 编译器

5）单击"Install"按钮，开始安装 8086 编译器，安装完成后单击"Finish"按钮结束安装，如图 B-19 所示。

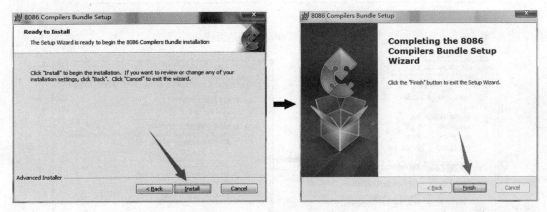

图 B-19　8086 编译器安装完成

6）下位机实验箱的仿真器接口通过 USB 线连接到计算机的 USB 接口，从 Windows 设备管理器查看硬件驱动。如果加载驱动成功，如图 B-20a 所示。如果设备管理器在"其他设备"下显示"Windway USB8086 Driver"并且带有黄色警告标志，如图 B-20b 所示，则说明加载还未成功，需要在该驱动图标上右击，在弹出的快捷菜单中选择"属性"命令。

7）在弹出的"Windway USB8086 Simulatr 属性"对话框中选择"驱动程序"选项卡，单击"更新驱动程序"按钮，在弹出的对话框中选择"浏览计算机以查找驱动程序软件"选项。

8）在弹出的对话框中选择路径"C:\Program Files（x86）\Windway Technologies\WWSIM\Drivers"搜索驱动，单击"下一步"按钮。如果安装成功，设备管理器应该如图 B-20a 所示。

B.5　实验箱硬件电路原理图

本实验箱的硬件电路如图 B-23 ~ 图 B-38 所示。

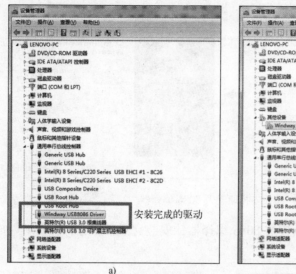

图 B-20 查看驱动加载是否成功

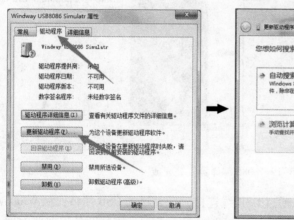
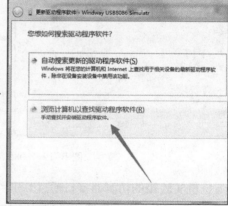

图 B-21 手动加载驱动

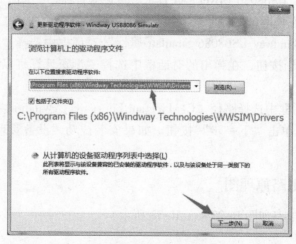

图 B-22 选择驱动路径

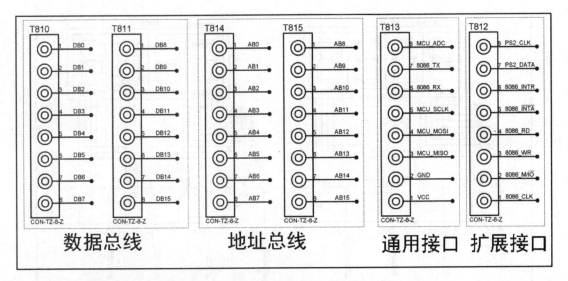

图 B-23　总线接口图

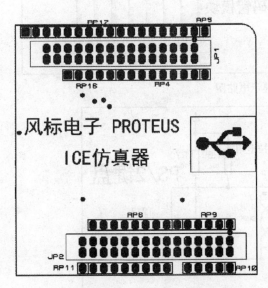

图 B-24　仿真器接口图

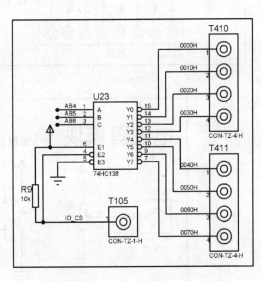

图 B-25　外设片选电路图

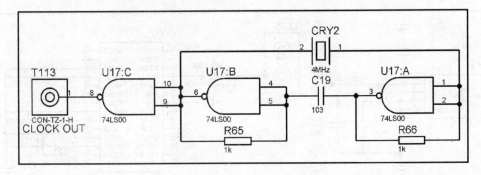

图 B-26　时钟源电路图

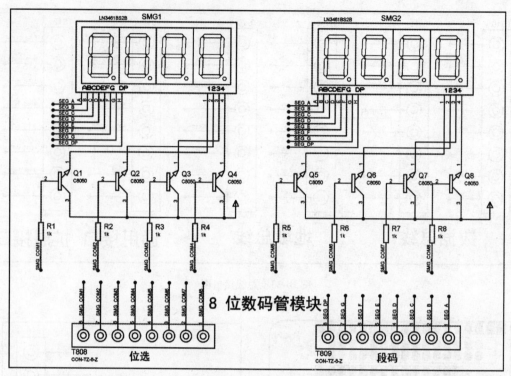

图 B-27　显示电路图

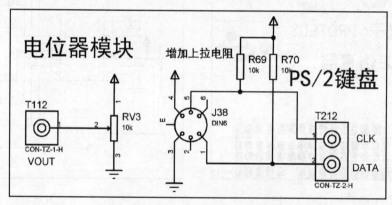

图 B-28　电位器和键盘接口电路图

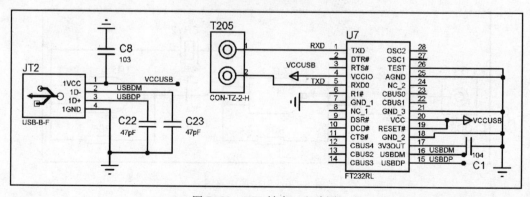

图 B-29　USB 转串口电路图

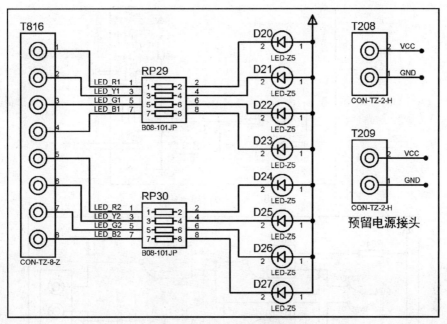

图 B-30　彩色流水灯电路图

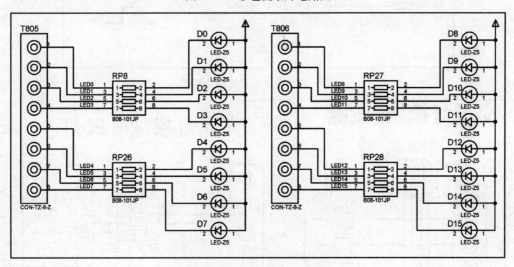

图 B-31　单色流水灯电路图

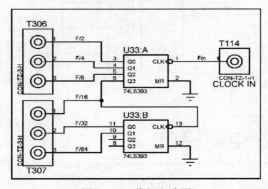

图 B-32　分频电路图

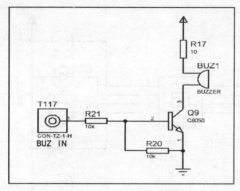

图 B-33 蜂鸣器电路图

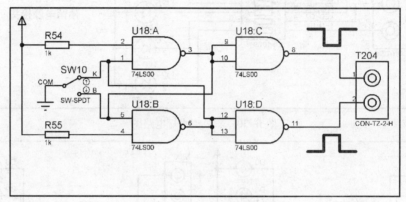

图 B-34 单脉冲发生器电路图

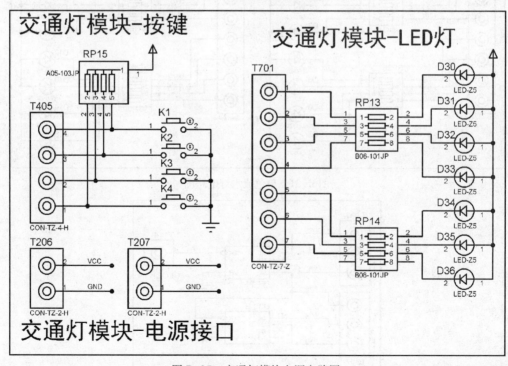

图 B-35 交通灯模块电源电路图

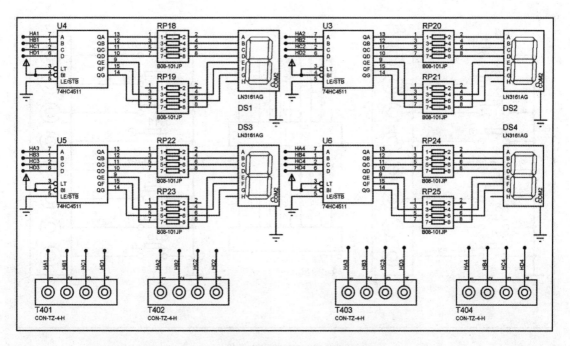

图 B-36 交通灯模块显示电路图

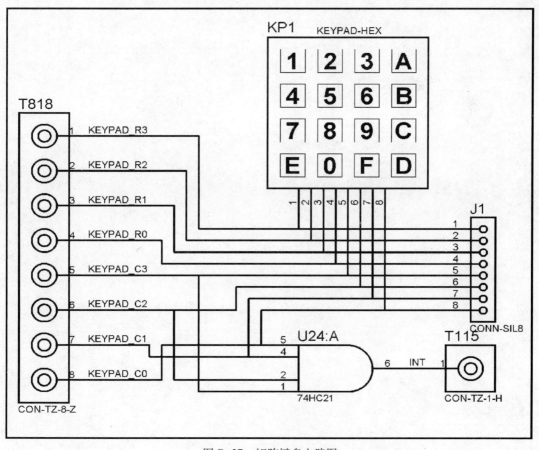

图 B-37 矩阵键盘电路图

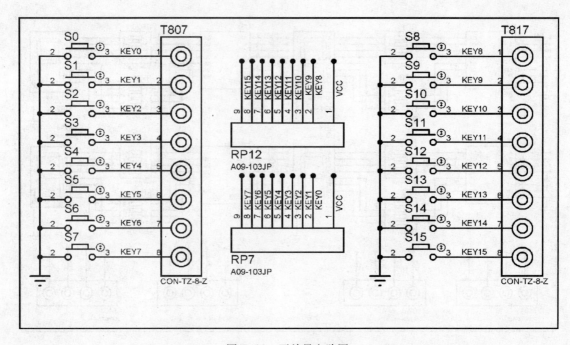

图 B-38　开关量电路图